后浪出版公司

Jim Endersby

［英］吉姆·恩德斯比 著

刘夙 译

兰花诸相

ORCHID

A Cultural History

海峡出版发行集团 THE STRAITS PUBLISHING & DISTRIBUTING GROUP | 海峡书局

献给帕姆

目　录

导　言

想象兰花

一种独特的花卉可以让我们想到爱情或天堂，它可以象征从政治目标到药物渴求[①]的任何事例，或是让我们想到它作为食物、药物或纯粹装饰物的实用之处。让人密切产生过兴趣的每一种植物，总是会积累出它们自己的文化意涵，所以像兰花这类非比寻常的花卉当然毫不意外地有一套非常特别的意象、观念和象征。然而，放眼我们附加在任一植物上的意义，兰花身上的可能最为奇特。

我们可以看看两部非常不同的影片，借此一瞥兰花在我们想象中的一些古怪又特别的呈现方式。在詹姆斯·邦德（James Bond）系列电影的第 11 部《铁金刚勇破太空城》（*Moonraker*, 1979）中，凶恶的反派雨果·德拉克斯（Hugo Drax）计划从虚

---

① 形成药物依赖的人，会持续频繁出现觅药行为，这种行为带来的体验即药物渴求（drug craving）。——本书所有脚注均为译注，以下不再说明。

构的南美洲兰花 *Orchidae Nigra* 中提取原料，制造一种致命的神经毒气，把人类全部消灭。情报机构的常驻科学专家 Q 鉴定出了这种花，邦德听到后表示，这“真的是一种非常稀有的花朵”，一度以为已经灭绝，后来一位传教士在亚马孙丛林的某个深处重又发现了它们（邦德甚至还纠正了 Q，说出了其准确的产地）。人们常常把兰花视为花中贵族，高洁而卓越，所以邦德和德拉克斯因为各自知晓这些花的专业知识而建立起了一种亲近感，认定彼此都是有教养且见多识广之人。当邦德来到这位反派的藏身之处，在那个装饰奢华、满是传统气息的地下之所，德拉克斯很自然地开始侈谈他要统治世界的秘密计划［我们的英雄一直挺幸运的，他的所有对手竟没有一个人想过直接开枪把他崩了——罗杰·穆尔（Roger Moore）扮演这一角色时，认为这一点尤其令人费解］。德拉克斯傲慢地指向悬挂在他上方的兰花说：“这是一个文明的诅咒。”他的老巢隐匿在一座已经成为废墟的古城之中，建造古城的当地原住民很崇拜这种花，但长期暴露在这些花粉之中会不育。德拉克斯夸耀说，他已经让这些花比致人不育更“进”一步：“还是这些种子，现在可以直接致死了。”因此，那个向全世界释放毒气、然后由他亲自精挑细选出的优等种族重占世界的计划，就被他称为“兰花行动”。

丛林中有带着致死性的兰花，这个观念在被邦德电影的编剧拿来创作之前就已经流传了数个世纪。事实上，就像我们在后文会看到的那样，致死性兰花本身正是众多异域元素中的一种，它们共同构建起了欧洲人假想中的“丛林”（jungle）。“丛林”一词的英文本身源于梵语，经由印地语中的 *jangal* 进入西文，原意指的是瘠薄的荒地，包括荒漠；然而几百年后，这个词背后的观念已经成了欧洲人热带幻想的核心：一片瘴气弥漫、四面凶险之地，但又布满了兰花之类难觅的宝藏；一处远离文明的所在，白种男人可以去那里证明他们的阳刚风采——或者死在证明途中。

《铁金刚勇破太空城》上映20多年之后，电影《兰花贼》(又名《改编剧本》，*Adaptation*，2002)以非常不同的方式运用了兰花。不过，这两部电影之间又有一些令人意外的相似之处。《兰花贼》改编自苏珊·奥尔良(Susan Orlean)的畅销书《兰花贼》(*The Orchid Thief*)，这部纪实文学的主人公约翰·拉罗什(John Laroche)是一位现实存在的现代兰花窃贼，因为从一个自然保护区偷窃濒危的幽灵兰(*Dendrophylax lindenii*)而遭逮捕，也正是这一事件激发了奥尔良对这些兰花的兴趣。在调研和写作过程中，奥尔良开始把拉罗什觅取这种兰花的行为视为强迫性欲望(obsessive desire)的象征，这种欲望的真实目的似乎并不在兰花，而只在拥有某种几乎无法获得的东西。就像她写的那样："我觉得我自己也有一种令人尴尬的激情——我想知道狂热地关注某样东西是什么感觉。"[1] 在尝试改编成电影的过程中，"如何把一本不适合改编成电影的书拍成电影"的难题始终萦绕着主创团队。后来，他们根据奥尔良的"令人尴尬的激情"巧妙地设置了一系列欲望，由此解决了这个难题。电影的导演和编剧塑造了一个虚构的奥尔良[梅里尔·斯特里普(Meryl Streep)饰]，然后想象这位出身大城市的高雅丽人陷入浪漫的激情，迷恋于拉罗什[克里斯·库珀(Chris Cooper)饰]，一个来自偏远地区的、不修边幅的土气男人。电影拍出了幽灵兰的精致之美，也直呈了满口乱牙的拉罗什身上的粗野气质，还有他的男性意愿——为了用计逃过法律的制裁而想要涉入看上去不可通行的沼泽(这是当时一种新型的丛林幻想)，由此从视觉上强烈地凸显出花与人的对立。这种脆弱(而最终无法获得)的兰花，是一个转瞬即逝的幽灵，如

图 1　约翰·拉罗什（克里斯·库珀饰）与传奇的幽灵兰在一起。
（引自电影《兰花贼》，2002）

此珍稀而濒于灭绝，看上去几乎不是世间应有之物；拉罗什这个形象从外表上就被塑造得令人厌恶至极，与兰花构成了鲜明对比。然而，他对这种兰花的欲望又让他散发出一股奇特的吸引力；他那一口糟烂的牙齿和精致而苍白的花朵所形成的对比，映现了吸引力与排斥力的怪诞混合，而兰花似乎确实在某些面对它们的人身上唤起了同样的反应。

这两部电影让我们可以一窥兰花较为晚近时被赋予的一些意蕴。它们能置人于死地，却又濒危。它们如此诱人，甚至可说是性感。它们奢华又昂贵。它们是精美脆弱的“温室”花朵，并不真正适应于现实世界，却又可以致命。兰花大多见于神秘而窎远的丛林，常常被人描绘得带有女性气息，精巧易损，可能正是因为这一点，人们不得不想象那些富于传奇色彩的男性英雄才是唯一能把它们安全护送回家的人。为了兰花，人可以犯罪，甚至杀人或者丧命。

兰花用了两千多年时间才成为人类繁多欲望的反映和宣泄欲望的对象。在过去的几百年间，人们通常认为兰花是柔弱的异域奇珍，是空洞的奢侈品，非常适合用来象征那些游手好闲的富人——正是靠着他们的温室，兰花才得以存活下去。然而到了21世纪，人们更倾向于把兰花视为濒危的自然珍品，是脆弱的生态系统迫切需要保护的指示物种。然而，兰花身上这些不同的意象有着共同的根基：很多兰花的珍稀性让它们易于成为富有收集家手中昂贵的战利品，而把它们带到欧洲温室的帝国网络则导致曾经不可接近的兰花生境终遭毁灭。

本书将通过历史、商业、艺术、文学、科学和电影来追踪兰花，从大约公元前300年的古希腊追到今日英国南部海边的白垩低地，意在发现兰花于何时、因何、以何方式获得了种种文化意象。在这个历程中，我们会发现一些意想不到的关联；无论是欧洲人对美洲的征服，还是查尔斯·达尔文（Charles Darwin）的演化论，我们能看到许许多多的事件都紧密缠绕在兰花的故事之中。

本书的核心，是我们从科学上了解兰花的历史。一代代的人们进行了几个世纪的科学研究，才认识到兰花实际上都属于植物中的一个科，有关它们生物学特性的很多谜团直到不久之前才刚刚解开。所以，如果你不太确定兰花是什么、科学上是如何界定这个类群的，那也不必担心——与你一样的大有人在，因为在我们这个故事的大部分篇章中，并没有人非常清楚兰花是什么。在接下去的连续几章中，我们会采用非常类似于历史上那些科学考察者的方式去发现兰花。（不过，如果想跳过这些部分，直接对兰花的生物习性和形态结构有个大概了解，那么可以在第五章的“所有的琐碎细节”一节中找到相关的基础知识。）随着欧洲人旅

图 2 一株真正的幽灵兰，由布朗什·埃姆斯（Blanche Ames）绘制。
［引自奥克斯·埃姆斯（Oakes Ames），《回想兰花》
（*Orchids in Retrospect*），1948］

行、贸易和征服的地域越来越广，他们为不断发现的所有新地点、人群、动物和植物命名，但是新事物连同新名字的这种井喷式爆发很快就引发了混乱。同一种植物在不同的地方常常有很多不同的名字；当兰花显露出潜在的价值时，解决这个问题就成了当务之急。

兰花（以及其他所有生物）的现代科学名称的起源应归功于18世纪的瑞典博物学家卡尔·林奈（Carl Linnaeus），是他把前代学人所做出的多样成就整合成了一个统一、简单而坚实的系统，可以用来命名在不断扩大的世界版图中所发现的大量生物。在今日的现代思维看来，这个命名系统里有一点多少让人意外，林奈最初竟是以植物的性作为核心；他用非常拟人化的术语去审视植物，比如他会说几位“丈夫”和几位“妻子”通过“花的婚礼”结合在一起。（有时候他甚至竭力想要从这花的婚床上发掘出与自己内心相符的严格的道德准则。）之后的一个世纪中，达尔文也部分因为植物的性生活而关注到兰花。达尔文在自家花园和温室中花了多年时间苦苦思索，兰花为什么如此千方百计地想要与为它们传粉的特定种类的昆虫建立亲密关系。那时候风靡的“兰花热”（orchidmania）为达尔文的研究助了一臂之力；为珍稀兰花支付的高价养活了整条产业链上的人——从采集者、运货商、育苗工、文字作者到插画师。由英国海军保护的帝国贸易网络把新的兰花带到英国，这让达尔文得以把他的研究从英国本土种延伸到异域的热带兰花之上。而当他写成那本兰花著作之后，维多利亚时代养兰赏兰的时尚又保证了他的观点能传达给非常广泛的读者群（哪怕这本书其实是非常枯燥而专业的植物学专著）。然而，那本书里无意流露出的宗教信息让达尔文的一些读者大为震惊。像兰花这样的花朵依赖昆虫为它们传粉，作为交换，它们又把花蜜给予昆虫，这个事实数百年来都被用来论证上帝不仅必然存在（如此完美的造物必然出自其手），而且他显然有仁慈之心——在呵护兰花和昆虫的同时，还要给前者添加一种无谓的美感，以悦人心目。人们通常认为，这种令人欣慰的场景之所以终遭摧毁，要部分归因于达尔文的著作；确实有一些读者因为他所描述的图景而痛苦不已，但也有另一些人正因为上帝并没有创造兰花而始料未及地从达尔文的兰花那里获得了心理安慰。

人类采集、种植、利用和研究兰花的许多方式也塑造了我们想象兰花的方式，反之亦然。兰花在大小、形态和颜色上呈现出极大的多样性。有的气质优雅，有的却容貌诡异（没有哪两位兰花爱好者会在这些判断上达成一致）。有些兰花看上去摹拟了昆虫、动物或人类的身体部位（就连达尔文都没法解开这种拟态的意义；通过20世纪的三位博物学家——一位法国法官、一位英国上校和一位澳大利亚学校老师——的工作，达尔文所错失的真相才被发现）。部分是因为兰花有着如此非凡的形态，所以它们会出其不意地反复在我们人类给自己讲述的故事中露面。不管是电影、小说、戏剧还是诗歌，从莎士比亚到科幻小说，从冷硬的惊悚片到精雕细琢的现代派小说，兰花都频频现身其中。跨越这么多样的流派去追踪其中的兰花，可以揭示出未曾预见的联系。比如兰花曾在19世纪晚期的帝国孤胆英雄的故事中露面；在《男孩自己的故事报》（*Boy's Own Paper*）的报页上，在H. 赖德·哈格德［H. Rider Haggard，爱德华时代的畅销书作家，著有《她》（*She*）和《所罗门王的宝藏》（*King Solomon's Mines*）等，详见第八章］的小说中，爱冒险的男主角常常是为了搜寻兰花而陷入直面死亡的境地。未经勘察的热带丛林为哈格德这样的写手提供了无穷无尽的题材，丛林就是一面深色画布，可以在其上描绘想象中的食人部族、狡诈迷人的土著女子以及其他引人入胜的神秘事物。然而，作为维多利亚女王统治将终之时的作家，哈格德意识到地图上的空白地域已经被逐渐填满；他很想知道，未来的写手会把适合展开冒险和浪漫故事的场景设置在哪里？与他同时代的，也是彻头彻尾的帝国主义拥护者的塞西尔·罗兹（Cecil Rhodes）无意中回答了这个问题。他告诉一位记者，既然地球已经“几乎全被瓜分”，如果可以的话，他想并吞那些遥远的行星。[2] 的确，在20世纪早期，科幻小说已经把兰花带入太空，它们在那里被用于设计更激动人心、更不可预料的冒险情节。

在跨越多个世纪的各式虚构作品中，兰花被反复运用，它们常常与性联系在一起，象征着浪漫的意图或正在图谋施展的诱惑。人们曾经相信兰花有催情性能（不过让人想不到的是，古人竟认为它们既能激起又能压抑性欲），其中一些传说似乎还在欧洲人发现新大陆时随他们一起漂洋过海。美洲的新奇珍稀事物中有一种香草香料，是用一种兰花的干燥果荚制取的，这种兰花在很长一段时间内曾是唯一一种真正具有商业价值的兰花，直到很晚近的时候（也就是当科学使“机场兰花”的大批量培育成为可能的时候）这个局面才被打破。就像来自新大陆的很多东西一样，人们曾经相信香草是种催情药，这很大程度上是因为它与唤醒感官的热带地区相关联。具有讽刺意味的是，用来提取香草香料的这种植物并没有马上被人认识到是一种兰花，所以人们想象中的催情功效有可能影响了那些最终为它做出分类的人。人们用了花样百出的方式给兰花灌注情色内涵，我们考察其中一些方式时会越来越容易发现：性感的兰花所能告诉我们的东西，更关乎我们自己，而不是在说这些植物本身的性生活。作家和电影制片人用兰花来象征从传统婚姻到同性恋的种种关系；他们用兰花暗示了花样繁多的情感，既有男性面对在性爱上更为自信的女人时的不安，也有对施虐受虐狂的颂扬。

本书主要关注欧洲文化（以及明显受到欧洲人影响的文化），探究人们赋予兰花的一些奇特而出乎意料的意蕴。其中会涌现出两个清晰的主题：性与死亡。在西方人对兰花的想象中，这是两个会反复出现的观念，它们把兰花身上的诸多文化意象贯连一体。讽刺的是，兰花与性的关联始于巧合；为了能忍受每年夏天的半干旱气候，大多数地中海地区的兰花的种都有一对块根，这便是兰花英文名 orchid 的由来（源自古希腊语词 *orkhis*，意为“睾丸”）；这对块根可贮藏养分，让兰花能存活到雨季重来之时。全世界大部分种类的兰花生于热带，很少面临这个问题，因此大多数兰花都没有块根。如果兰花的故事开始于世界上的其他任何地方，可能从来都不会与人类的性欲产生什么关联（事实上，中国和日本的传统兰文化中就绝不见这种关联，要知道兰花在这两个国家都有上千年的栽培照料史）。兰花性感而致命的名声，又进一步与欧洲人成为世界上最活跃的旅行者、征服者和殖民者的历史事实联系在一起；兰花是异域珍宝的典型代表，欧洲人孜孜不倦地搜寻这些珍宝，以至为此大加杀戮，这便塑造了他们对自己启程前往吞并的新大陆的观感。今天，尽管科学已经发展成全球性的事业，但它仍然被始于地中海之滨的传统所支配，那里也是兰花最早得到其科学名称的地方。当然，帝国主义和西方科学几乎在相同的时间降生于相同的空间，这绝非偶然；它们从诞生的那一刻起就齐头并进，从未真正分离。不过，这要另写一本书来论了。

人们因为兰花的美丽而喜欢兰花，当然，正是因为兰花有着迷人多变的花色和花形我们才想要种植它们，但是在悦人双眼之外，兰花身上还围绕着更多东西。科学、帝国、性和死亡都塑造了我们理解兰花的方式；随着我们的文化发生变迁，我们看待兰花的方式也会变迁。反过来，兰花也塑造了人类的文化，包括我们的科学；直到 20 世纪的植物生物学家发现兰花会欺骗昆虫、诱惑它们传粉却不提供花蜜作为回报时，兰花与昆虫之间完整的亲密关系才终被揭开。一直到人们把植物重新想象为主动、狡猾而充满魅力之物，兰花非凡的策略才为人所识——而除了达尔文，这个重新想象的过程很大程度上还要归功于现代科幻小说之父 H. G. 威尔斯（H. G. Wells）。多亏了科学和文学之间这种始料未及的联系，兰花繁殖自身的诡计才能被人们发现。某些兰花和其传粉昆虫之间所形成的这种“锁与钥匙”的模式，让今天的生态学家能够把兰花作为测量气候变化所带来影响的灵敏指示物。

像兰花这样的植物，人们通常视之为自然的一部分；这里的自然指的是一个存在于外部的、独立于我们的世界，我们通常把它拿来和文化，也就是人类所创造的世界做对比。然而，自然世界和文化世界之间并没有稳定的界限；不管我们什么时候想象兰花，我们都在穿越、擦除又重绘这道边界。

1

被删改的起源

洛布古典丛书（Loeb Classical Library）专门再版古希腊和古罗马的经典，这些经典塑造了西方文化的基本面貌。丛书中的每一本都在原文旁边放上英译文作为对照。然而，因为丛书被广泛用作中学和大学的参考书，早期的编辑不得不面对一个棘手的问题——至少在这套丛书刚开始出版的20世纪前期，有些经典中的段落在当时的人们看来实在不适合推给年轻人阅读，觉得那样会荼毒这些经不起诱惑的心灵。就拿雅典剧作家阿里斯托芬（Aristophanes）来说吧，他在名剧《吕西斯特剌忒》（*Lysistrata*，这个人名直译出来是“军队瓦解者”）里写道，雅典和斯巴达的妇女试图结束这两个城邦之间无休无止的战争。她们想到一个简单有效的主意：除非丈夫们停止争斗，否则就拒绝和他们做爱。于是，当男人们最终会面谈和时，极为淫秽的一幕出现了——因为被强迫禁欲，每个人的阴茎都一直处于勃起状态，怎么也软不下来。剧本的这一段满是下流的双关语，而观众只要见到古希腊演员表演时装上的巨大假阴茎，就绝对不会理解不到字面之外的另一层意思。面对这些内容，一家体面的出版社该怎么处理呢？

像《吕西斯特剌忒》中的这些文字，出版社就是简单地晾着那些惹麻烦的段落不翻译，只给出拉丁文或希腊文原文（这倒让一代代的年轻学子有了额外的动力去掌握这些古代语言）。然而，在洛布古典丛书庄重的绿色和红色封皮之下，隐藏了一个没按这条规则处理的例外。在不计其数的强奸、乱伦、狂欢和宣淫的故事中，只有一段文字因为太过伤风败俗而被整个删掉了。阿瑟·霍特爵士（Sir Arthur Hort）在为洛布古典丛书编订泰奥弗拉斯托斯的《植物志》[*Historia Plantarum*，又名《植物探究》（*Enquiry into Plants*）]一书时，省掉了“论催情药和性药”（Ⅸ.18.3—Ⅸ.18.11）一节，不光没放英译文，就连希腊文原文也都删光了。在洛布古典丛书出版的500多部经典中，这样大的删改仅此一处，而且出版方一定是在全书快要付印的时候才做出了删节的决定，因为书后的索引中仍然残存着一个神秘款目，指向一种从书中失踪的催情植物——兰花。[1]

要理解这种勾人性欲的兰花在西方文化中的地位，我们需要像谈论西方科学、文化、医学和神话中的很多话题一样，从古希腊讲起。在西方，了解生物的传统始于地中海沿岸。对动物研究来说，亚里士多德是始祖；但对植物研究来说，我们就要首先关注亚氏的朋友和学术继承人，厄瑞索斯的泰奥弗拉斯托斯（Theophrastus of Eresus，约公元前371年—约公元前287年）。如今，泰奥弗拉斯托斯被公认为“植物学之父”，这个头衔乍一看非常像一种荣誉，对一个死了两千多年之后还能获得这个头衔的人来说似乎更是如此。然而，如果泰氏本人获知这个称呼，他大概会非常失望。尽管他确实很喜欢植物、为它们着迷，但植物学不过是他从事的诸多研究中的一种罢了。他可是柏拉图和亚里士多德两位大贤的学生，后者还曾经称赞他是“一个极为聪敏的人，可以理解和阐释所有东西”。[2]

泰奥弗拉斯托斯的《植物探究》第九卷中的文字会被出版审查盯上，可以说出乎人们的意料，因为《植物探究》其实是传世的古希腊本草书中最早的一种。赖此一书，我们才能了解古希腊很多有关植物及其用途的知识。书中包含了多个主题，在这之中泰氏曾经提到，“除了能影响健康、疾病和死亡的植物，人们说有些植物还具有其他特殊的生理或心理功效。首先，说到生理功效，我指的是促进或阻碍生殖的能力”：

> 至少有一种植物的根同时有这两种效力。这种植物叫“萨勒普”（salep），有两个球根，一大一小。大球根与放养山地的山羊之奶同服，可让人在性交时更加生猛；小球根却能抑制和禁断性欲。[3]

在这段短短的文字之中，兰花在西方科学中首次登场。“萨勒普”是一种营养粥的名字，如今中东的部分地区仍有人喝。这种粥的原料之一常被称为“兰花球根”，在植物学上，它们是雄兰（*Orchis mascula*）等兰花的块根或根状茎，其中贮藏着淀粉（较大而光滑的块根由当年生的叶形成；另一个块根则由上一年的叶形成，① 随着其中的养分储备不断被消耗，它会越来越小，表面也

① 这句话的意思是说，因为当年生的叶通过光合作用制造的养分，一部分被兰花植株贮存在地下，所以形成了较大的块根；同样，上一年的叶也让植株形成了上一年的大块根。

THEO
PHRASTI DE HI
STORIA, ET CAVSIS
plantarũ, Libri Quindecim.
Theodoro Gaza in=
terprete.

Eiuſdẽ, Tabulas duas capita librorũ cõ=
plectentes: quarũ unam libris de hiſto=
ria, alteram de cauſis plantarũ, unàcũ
uocabulis quibuſdam Græcorũ & La=
tinorum nominum, præfixas inuenies
lector. Theodoro Gaza interprete.

Vænit Pariſiis apud Chriſtianum
VVechel, uia ad diuum Iacobum ſub
ſauto Baſileienſi.

1 5 2 9

图 3　泰奥弗拉斯托斯的植物学著作于 16 世纪再版的一个拉丁文译本（巴塞尔，1529）的标题页。这个版本由阿瑟·霍特爵士捐赠给邱园，正是他删掉了书中有关兰花催情特性的详细描述。

会起皱纹）。[4] 正是因为泰奥弗拉斯托斯决定把有关兰花有催情功效的民间传说记录下来，所以兰花第一次出现在西方文献中就和性建立了联系，此后从未断绝。

兰花的名字 orchis（由它又派生出现代英语形式 orchid）并不是泰奥弗拉斯托斯生造出来的。这个名字——连同这类植物有催情作用的知识——都来自所谓的“切根者”（rhizotomai）。这是一群籍籍无名的草药师，擅长用植物的根来烹饪或治疗。（和 rhizotomai 同源的 rhizome 一词，现在意为“根状茎”，专门用来指植物生于地下的茎，但在非正式场合仍然常被用来指真正的根。）古希腊人认识很多种兰花，它们都生长在地中海周边地区。正如我们已经看到的，这些兰花为了能熬过夏季的半干旱天气，在地下发育出了贮藏器官；植物学家把它们描述为一对“球形块根”，然而自古代世界以来的其他所有人都觉得它们就像一对睾丸。（这些兰花中有一种曾经使用过 *Cynosorchis* 这个学名，直译过来就是“狗卵子”。）

勒斯玻斯男孩

泰奥弗拉斯托斯的出生地厄瑞索斯，位于勒斯玻斯岛（Lesbos，今译莱斯沃斯岛），因此他有个绰号叫“勒斯玻斯男孩”（Lesbian Boy，现在的读者单看这个英文字面可能略生困惑，因为它还可以理解成“蕾丝边男孩”）。在古代世界，勒斯玻斯岛因“其产品、原料、艺术和智识的卓越品质”而闻名；一代代的古希腊人和古罗马人如果想给予任何东西尽可能高的评价，“不管那是一首曲子，一节诗歌，还是一桶葡萄酒，都习惯称之为‘勒斯玻斯式的’”。[5] 泰奥弗拉斯托斯的本名是梯尔塔摩斯（Tyrtamus），很小的时候就进入柏拉图学园学习。柏拉图去世、亚里士多德（柏拉图的前弟子）继续执掌学园之时，泰奥弗拉斯托斯还只有 21 岁；正是亚里士多德给他这位朋友和前同学改名为“泰奥弗拉斯托斯”，意指他有“神一般的口才”。[6]

根据泰奥弗拉斯托斯的第一位传记作者所记载，他一共写了 220 多部著作，凡两百多万言。[7] 这些著作涵盖了古希腊哲学博大精深而变幻莫测的全部领域。泰奥弗拉斯托斯的兴趣之一是知识本身的性质，这是哲学上的一个分支，叫认识论。他写了一本书，提出了“有哪些不同的获取知识的形式”这样一个问题（此外他还有三卷本《论撒谎》）。在这些我们仍然会视为基本哲学问题的讨论之外，泰奥弗拉斯托斯又写过《论癫痫》《论热情》《论恩培多克勒》等书。更不用说他还写过“三卷本《论反对》”（这个哲学分支如今主要由 9 岁小孩来践行）。在他无所不包的著作中还有一本《论被误解的愉悦》，外加一本（有可能唱了前一本反调的）《根据亚里士多德的定义论愉悦》。

然而，对一位古希腊哲学家来说，知识（英文中的 knowledge 一词与希腊语中的 *gno*，*γνω* 同源）无法被分学科的专家及其同人所创造和管制的界限分明的种种现代学科所涵盖。泰奥弗拉斯托斯的思索无拘无束，既不用考虑自己应该属于大学里的哪个院系，也不用考虑要在哪一本同行评议的期刊上发表文章，于是他写了一本《论气味》，一卷《论酒与油》，甚至还写了一卷《论毛发》，一卷《论暴政》，三卷《论水》，一卷《论睡眠与梦》，三卷《论友谊》，两卷《论宽容》以及三卷《论自然》。[8] 当我们把关注投射到曾经归类在哲学中、现在被我们称为“生物学”（biology，这个希腊味的术语要到两千年后才被创造出来）的分支时，这位勒斯玻斯男孩同样高产，完成了一本《论相似动物的叫声之不同》，一

图 4 画家想象的植物学之父——厄瑞索斯的泰奥弗拉斯托斯的肖像。
（引自《植物志》的一个荷兰语译本，1644）

卷《论骤现》，一卷《论咬人或螫人的动物》，一卷《论据说有妒心的动物》，以及正好可以保证其著作真正无所不包的七卷本的《动物通论》。

尽管泰奥弗拉斯托斯著述甚宏，其中却只有很小一部分流传下来，主要是其植物学著作的残篇；但就是这些残篇，绰绰有余地保证了他可以荣膺“世界上第一位植物学家”的称号。在“植物学家”（botanist）这个同样带着希腊味的术语诞生的两千年前，泰奥弗拉斯托斯就已经在植物世界中做出了最为深刻的划分，把植物分出了双子叶植物［种子中包藏两枚子叶（胚叶）的植物］和单子叶植物（种子中只有单独一枚子叶的植物，兰花也属于这一类群）。他十分详尽地描述了植物的解剖结构，还有很多种的地理分布；明确指出了这些植物的药用与烹饪价值，包括它们的魔力和催情效力；甚至还对植物的栽培做了介绍。他在附属于雅典学园的花园中做了细致的研究，他的知识正是由此而来（他拥有至少 10 个奴隶为他打理园艺；在他的遗嘱中，他让其中几位获得人身自由，还明确表示，其他几人如果工作足够长的时日，也将获得自由）。

要理解泰奥弗拉斯托斯为什么能够青史留名，不妨看一下他两本植物学著作的题目：《植物探究》和《植物之因》（*Causes of Plants*）。认为植物和动物有成因，这可是新认识。就我们从古代残篇的片言只句中所了解的证据，更早撰写植物专著的作者只对植物的用处感兴趣；他们的著作属于农学、园艺或医药领域。虽然亚里士多德和泰奥弗拉斯托斯延续了这一传统，但是他们也为了生物本身而研究，师徒二人有时候会被人嘲弄成“到乡下闲逛，捡拾自然中最琐细、往往没有任何利用可能的东西，拿来仔细端详”。在泰奥弗拉斯托斯的《植物探究》开头处，他就列出了乔木之类的植物外在且显眼的器官：根，茎，枝，芽，叶，花，还有果实。那本书里有一种纯粹由好奇心驱动的逻辑，让植物不再只是达成某种目的的手段，而是令其本身就可以成为人们感兴趣的对象。[9]

尽管我们可以明确地从古代世界中辨认出现代植物学的源头，但是必须小心谨慎，不要把其中被现在的我们严肃对待的知识与古希腊人那时理解植物的所有其他方式割裂开来。泰奥弗拉斯托斯的著作明显是本于前人的著作，和这些医药学作者一样，泰氏对人们能从植物那里获取的实际利益也很感兴趣。事实上，他在开列植物的各个部位时先从根开始，这就是他深受早期“切根者”

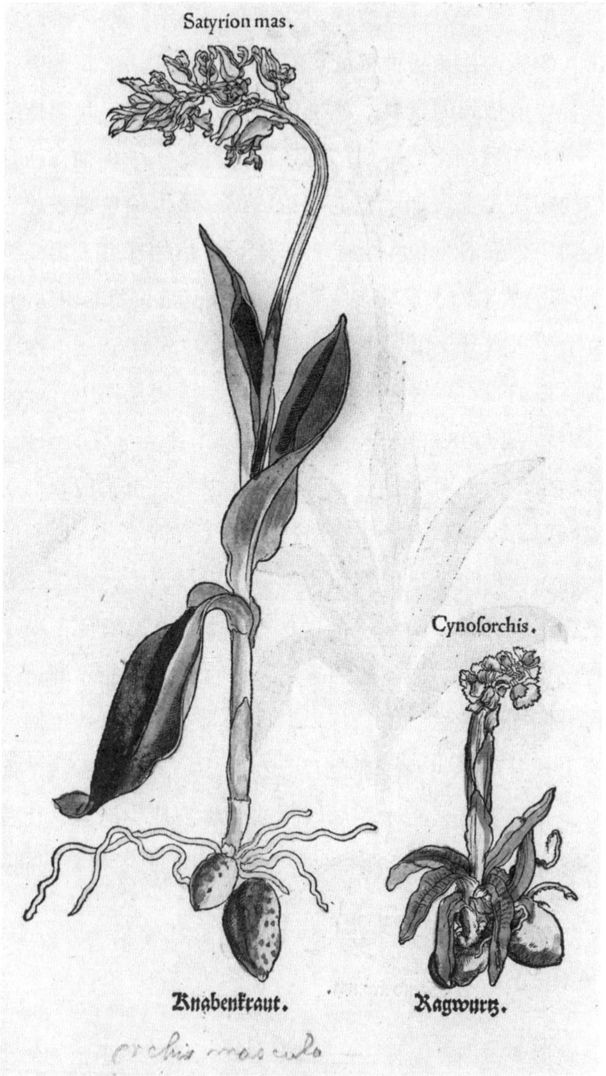

图 5　植物巴别塔：这是一幅 16 世纪的插图，画的是今天被称为雄兰的兰花，其中展示了它的其他几个名字，如 Knabenkraut，意为“男孩草”。

［引自奥托·布伦费尔斯《模拟自然的活植物图志》（*Herbarum vivae eicones ad naturae imitationem*），约 1530］

影响的证据。这些人一直痴迷于埋藏在地下的根的神秘力量：茄参会让人变疯，兰花的块根则可以促进或压抑性欲。泰奥弗拉斯托斯的著作所依赖的资料，就是这些民间神话和实践智慧的大杂烩——他常常欣而采之，偶尔也会有所质疑——但他在所开列的植物结构顺序之上增加了一道理论依据，可以简单地表述为“在所有植物中，根的生长先于地上部分”(《植物探究》第一卷第二章)。兰花的故事始于泰奥弗拉斯托斯有关其部位及其用途的记录，但是这个故事本身又隶属于一个更为宏大的故事——古希腊哲学漫长而缓慢的衰亡。在接下来两千多年的历史长河中，一个又一个主题相继从原初的知识体系中脱离出去；如今，无论天上地下，留给哲学家遐想的对象已寥寥可数，远少于古希腊前辈们所面对的。像亚里士多德和泰奥弗拉斯托斯这样的哲学家，他们的研究对象极为宏富，包括世界整体和世界之中、以上、以下、以外的所有事物，既有天堂的本质也有友谊的本质，既有宇宙秩序的诞生又有昆虫的诞生。他们的后学花了千百年的时间不断退却到越来越狭窄的知识领域之中，每个领域在回答“有哪些不同的获取知识的形式”这个问题时都自有一套严格限定的答案。然而，今日的科学正是从这些越来越局域化的学术事业中涌现，让我们有能力去回答泰奥弗拉斯托斯和亚里士多德问都问不出来的问题。

兰花的用途

当泰奥弗拉斯托斯探究起 *pharmaka*（药物）用植物的具体用途时（也就是《植物探究》第九卷中的内容），他记下了兰花看上去自相矛盾的效用——既能刺激男人勃起，又能导致阳痿（考虑到兰花与睾丸的相似性，这里没有考虑女性的欲望并不意外，然而在后来的千百年间，所有的男性考察者都没有补上这个疏忽）。他注意到，单独一种植物居然同时有两种效力，这似乎挺惊人的，但他仍然相信，“具有这样两种效力并不显得荒谬”。作为证据，他记述了一位知名药商在售卖另一种可以导致彻底阳痿的植物所说的：“它所导致的阳痿可以是永久性的，也可以是暂时的，比如两个月或三个月，因此可以用在仆人身上，作为惩罚和规训。”[10]

除了可能煽动年轻读者心中的好奇，这种类型的材料也可以帮助我们理解为什么霍特要把这一段内容整个删去。在20世纪前期，历史学者竭力想要把泰奥弗拉斯托斯安排进科学史，这样可以让科学史以一种平稳而理性的进程示人，是向前的、向上的，最终会抵达今日的真理。作为西方科学之父中的一位，这位伟大的古希腊人必须是理性的典范，不能是一个民间故事的二道贩子。（如果还是带有情色的民间传说，那就显得更不得体了。）所以，霍特也许是说服自己相信这段有关兰花的下流文字其真实性存疑，或者只是觉得显得太没品；不管理由如何，反正这一段被删掉了。

不过没有疑问的是，不管20世纪的历史学家同意与否，在泰奥弗拉斯托斯和其他伟大哲学家的著作中，现存的大多数文字在今天的我们看来都只能算是民间传说。就像这段有关兰花的文字清楚展示的那样，泰氏的一些资料来源于“切根者”和药贩，他明显采纳了他们的观念，认为一种植物的外观可以为其用途提供线索——一种看上去像男人睾丸的植物理应在性上具有某种效用。[这种思路观念后来被称为“法象药理”（doctrine of signatures）。就像我们在下一章会看到的，在泰奥弗拉斯托斯去世之后的一千五百多年里，一直有一些学者以严肃的态度对待这个观念。] 泰奥弗拉斯托斯倒是也公开批评过很多这类说法。他承认有些植物很危险，需要小心对待，然而——

> 下面的一些观念可能会被认为牵强附会、毫无关联；比如说，他们说芍药……应该在夜晚挖取，因为如果一个人在白天挖取，而且被一只啄木鸟看到他在采集果实，那么他就有失去视力的危险。(《植物探究》第九卷第八章)

与大多数古希腊的科学一样，泰奥弗拉斯托斯的著作是传统知识的杂烩，偶尔点缀着一些怀疑和他在自家花园中所观察到的新现象。[11]

不管水平如何，泰奥弗拉斯托斯的著作在他去世之后的几个世纪中似乎并没有太多人看过，他的观念——以及有关兰花效力的神话——却经由其他几位作者延续下来，特别是古罗马学者盖乌斯·普林尼乌斯·塞孔都斯(Gaius Plinius Secundus)，他更为人熟知的名字是普林尼(Pliny the Elder)。普林尼撰有许多著作，其中包括一部37卷的巨著，题目很简单:《博物志》(*Natural History*，或译为《自然史》)。这位公元1世纪的作者把他所知的有关自然界的一切都编集起来，成就了这部内容详尽的大作。他表示，书中包含了20,000条重要的事实记录，引用自2,000多部不同的著作。在一些现代学者看来，如此描述还是过谦了。

普林尼是一位卓越的骑手，是骑兵将领，也是一名忙碌的律师，忙到吃午饭或坐在轿子里被人抬着在罗马城里走的时候，都雷打不动地要有一名仆人大声念书给他听。哪怕是坐在摇摇晃晃的轿子里经过拥挤罗马街头，普林尼也在编排他听到的文字，必要时还会匆匆忙忙地把希腊语翻成拉丁语，再让第二名仆人把这文本记录下来，方便他插到《博物志》的下一卷中。[12] 所以不令人意外地，这部书中有一些错误，但鉴于作者的职业操守(据说普林尼曾经指责他的外甥，说如果坐轿子期间不听书或口授，那就是浪费时间），这些错误实在太难避免了。[13] 普林尼如此缺乏锻炼，最终付出了代价。据说在毁灭庞贝城的维苏威火山喷发时，他竭力拯救了几位同乡之后因心脏病突发而过世。不过，他的著作流传了下来，其中有关植物、岩石和动物的古代知识与信仰使其成为这方面最大的资料宝库之一。在这位《博物志》的作者去世 18 个世纪之后，法国植物学家米歇尔·阿当松（Michel Adanson）这样评价普林尼："这位永不疲倦的编撰者"记录了如此宏富的古典植物传说，"用的是这样华丽的行文，我们可以说这整部书都处在美丽的混乱之中"。[14]

普林尼很熟悉泰奥弗拉斯托斯的著作，在书中再次主张，把兰花较大、较硬的块根"浸于水中，可以激发性欲；把较小的——或者说较软的块根浸于山羊奶中，则可以起到抑制情欲的作用"。普林尼所描述的这个种，有可能是意大利红门兰（*Orchis italica*）或护蕊兰（*Orchis morio*）（古代植物学文献的名物考证通常很难），此外他还描述了另一个被称为"萨堤耳花"（Satyrion，可能是倒距兰 *Orchis pyramidalis*）的种，说"其根分两部分，下部，也是较大的部分，利于怀男胎；上部则较小，利于怀女胎"（与催情功效一样，这种古老的信仰也保持了千百年）。[15] 然而这里所指的是哪个种让后人深感困惑，特别是普林尼也提到，"萨堤耳花"似乎是古希腊语里一个通用的植物名字，可以用它来指任何有催情力量的植物［萨堤耳花以萨堤耳（satyr）命名。在希腊神话中，萨堤耳是一族兽人，贪酒好色，常常追随在酒神狄俄尼索斯左右］。

普林尼也提到了"狗卵子"兰（*Cynosorchis*），说它具有类似的功效，但又补了几笔细节，说"在色萨利（Thessaly）"，人们会把它的两个块根浸到葡萄酒中，让这两个块根在性欲的驱动上发挥相反的功效”。[16] 色萨利是希腊北部的一个地区，普林尼提到的这个地方挺有意思，因为与他几乎同时代的罗马医师迪奥斯科里季斯（Dioscorides）在描述一种兰花时，也提到了这里：

> 根为球根，略长而狭，像油橄榄，分两块，一块在上，另一块在下，一块丰满，另一块柔软而满是皱褶。根（煮熟后）可食，似芋。据说男性食用较大的根之后，后代皆为男性；女性食用较小的根之后，所怀皆为女胎。更有人说，色萨利亚（Thessalia，即色萨利）的妇女会将其与山羊奶同服。较软的根服下会助长性病，较干的根则可以抑制和根除性病。[17]

没有证据表明迪奥斯科里季斯知道泰奥弗拉斯托斯的著作，也没有证据表明他和普林尼彼此认识（虽然他们肯定用了同一信息来源），由此可见，有关兰花情色力量的传说，在古代世界肯定早就广为流传。色萨利的妇女据说是很有名气的女巫，她们可能向人介绍过用兰花引发和治疗性病的用法——不过，迪奥斯科里季斯的著作《论本草》（*De Materia Medica*）也不是每个版本中都有这段记载。

在同时代人开列的那些兰花之外，迪奥斯科里季斯又增补了若干种类。同样，这些新种类的兰花，其现代名称也已经难于考定，只知道他管其中一种叫“塞拉皮亚斯”（“serapias”，他说“关于这种兰花的传说，与前一种的一样多”），而且他为这些兰花提供的介绍往往类似于普林尼著作中的内容。（迪奥斯科里季斯提到一种他称之为*Erythraïan*的兰花时，说它的块根“据说只是拿在手里就能催情，如果以葡萄酒送服，功效更强”。）[18] 迪奥斯科里季斯能记下更多有关兰花的传说倒不令人意外，因为他一生中有很长一段时间担任罗马军团的军医，曾广泛游历于古代近东地区。显然他每到一处都把那里有关植物的知识收集了起来，所以经常会在植物的希腊语名字之外再给出它们在埃及语或波斯语等源语言中的叫法。

图 6 迪奥斯科里季斯《论本草》的一个希腊文版（1518），由阿尔杜斯·马努蒂乌斯（Aldus Manutius）在威尼斯印行。

泰奥弗拉斯托斯、迪奥斯科里季斯和普林尼的著作，在后来的一千多年里一直是西方兰花知识的基础。他们所提及的医疗和催情效力，或许有助于解释偶尔出现在古罗马建筑上的兰花的意义。举例来说，从罗马恺撒广场的维纳斯神殿（Temple of Venus Genetrix）废墟的天花板上就能识别出兰花的细节。在这个场景中，维纳斯让人联想到生育力和母性，所以画面中绘出兰花并不让人意外。另外一些有兰花现身的古典绘画和建筑，也一般与春天和生育力相关联。[19] 然而，虽然不计其数的现代文献都说得煞有介事，但实际上没有一种正统的古典神话传说提到过兰花。

和大多数可以把其起源追溯到古希腊的科学一样，在植物学研究中，怀疑论和对一手证据的需求最终也占据了上风。但是下面我们会看到，比起其他植物，笼罩在兰花之上的神话、民间传说和迷信顽强地存在了更长时间。事实上，在泰奥弗拉斯托斯第一次写到兰花之后，即使已经过去了两千年，有关兰花的神话还层出不穷。

左　雨果·德拉克斯在他的老巢里向邦德解说“兰花行动”。
（引自《铁金刚勇破太空城》，1979）

詹姆斯·贝特曼的兰花巨著中的一种明星兰花，奇唇兰属的 *Stanhopea tigrina*，
由奥古丝塔·威瑟斯（Augusta Withers）绘制。
（引自《墨西哥和危地马拉兰科植物》，1837—1843）

薄荷吊桶兰，蜂类掉进吊桶状的唇瓣后，往外爬的时候就会为花朵传粉，
由萨拉·德雷克（Sarah Drake）绘制。
（引自詹姆斯·贝特曼《墨西哥和危地马拉兰科植物》，1837—1843）

可能是第一株在英国本土开花的长距彗星兰，由瓦尔特·胡德·菲奇（Walter Hood Fitch）绘制。

［引自威廉·胡克《柯蒂斯植物杂志兰科植物世纪精选》（*A Century of Orchidaceous Plants Selected from Curtis's Botanical Magazine*），1849］

精美的卡特兰跨页插图，是 19 世纪 80 年代重新发现这种兰花之前仅有的两幅图像中的一幅，由 S. 霍尔顿（S. Holden）绘制。

［引自《帕克斯顿的植物学杂志》（*Paxton's Botanical Magazine*），1837］

2

红宝书和黑色花

梵蒂冈图书馆里有一本小书，已经收藏了大约四百年。它的尺寸是 150 毫米 ×200 毫米，厚 19 毫米。封皮是红色的天鹅绒，书页边缘都滚了金边；书上还曾经有两个金属夹扣，它们留下的压痕至今清晰可见。这本书写于 1552 年，之后没多久就送到罗马庋藏。当这本书在 1929 年重被发现时，根据它良好的品相可知，过去几个世纪里几乎没有人动过它。这本书有很多名字，但最常见的是《巴迪亚努斯手稿》(Badianus Manuscript)。它的历史意义主要体现在两个方面：第一，这是现存的有关阿兹特克人植物传说的最古老的记录，记载了这些墨西哥原住民被西班牙人征服之前如何利用植物。第二，书中有一种美洲兰花的最早记录，用它可以制取一种名为“旅人保卫者”的药剂。[1] 在纳瓦特尔语（这是阿兹特克人——或叫墨西卡人——以及中美洲其他很多人群所讲的语言）中，这种兰花名叫 *tlilxóchitl*，过去常常被误译为

“黑色花”。今天，我们管它叫香荚兰（*Vanilla planifolia*），也叫香草。香草香精就是从这种兰花的果荚提取的。

无论是我们对兰花的认识，还是西方对自然界本身的认识，都在那个时候发生了革命式的转变，香荚兰正是这场革命的象征。一千五百年来，人们所知的兰花仍然与泰奥弗拉斯托斯、普林尼和迪奥斯科里季斯所描述的那些种类一样多，但美洲的发现（严格来说是再发现，因为维京航海者早已到访过那里）让很多欧洲学者大为震惊。千百年来，这些学者一直忙于评注古代著作，但随着新大陆的植物为人所知，他们越来越意识到，光靠援引那些古典学者是没法给这些植物命名的。新大陆生长着香荚兰之类的新植物，这个认识标志着博物学领域数百年来相对停滞的状态开始出现松动。

我们若想了解自古代学者写下那些著作以来知识的变化之小，不妨看一本出版于1568年的书，其作者叫威廉·特纳（William Turner），是萨默塞特公爵（Duke of Somerset）的医师。这是第一部以英语印行的本草书（有关药用植物的著作），特纳为它起了一个简洁明快的书题——《新本草：包含希腊语、拉丁语、英语、荷兰语、法语以及药剂和本草拉丁文中的本草名字，还包含这些所采集和加工的药物的药性和天然产地》（*A New Herball: Wherein Are Conteyned the Names of Herbes in Greke, Latin, Englysh, Duch, Frenche, and in the Potecaries and Herbaries Latin, with the Properties Degrees and Naturall Places of the Same, Gathered and Made*）。在我们现在这个厌恶烦琐的时代，特纳的这本书以《新本草》（*New Herball*）这个简称流通，但书名里的“新”这个字眼有点误导人。如果你看过这本书，就会在很多熟悉的植物中发现有一种植物长着“形同睾丸”的根。这是“多种兰花”中的一种，“orchis（兰花）这个词在拉丁语中对应的是*testiculus*，也就是睾丸”。它还有其他名字，比如*cullions*（来自拉丁语*culleus*，本义是“口袋”，即阴囊，经法语的*couillon*一词变形而来）。在特纳描述的种中，有一种现在叫雄兰的兰花，“其叶有很多斑点，在诺森伯兰（Northumberland）叫‘蝰蛇草’（adder grasse）；生于其他国家的其他种类叫‘狐狸蛋’（fox stones）或‘野兔蛋’（hare stones），在希腊语中也叫‘狗卵子’（dogstones，也即*Cynosorchis*）”。至于这些兰花的益处，特纳的介绍会让我们觉得极为熟悉：

> 他们记载，如果这种植物较大的根为男人所食，可让男人还童，如果根为女人所食，则可让女人返童；此外，按照记载，色萨利的女人趁其柔嫩时就着山羊奶服食，可以激起躯体的愉悦，但如服食干燥的根，则会阻碍和中止躯体的愉悦。[2]

当然，这些细节直接取自迪奥斯科里季斯的著作，这些著作在罗马帝国衰亡之后的很长一段时间里仍然是西方医学界的重要典籍。同样的描述在其他大部分早期的英文本草书中也一再重复，只是准确程度不同罢了。比如在特纳的著作出版30年后，约翰·杰勒德（John Gerard）在其所著的《本草》（*Herball*，1597）中解释兰花的用途时就承认，迪奥斯科里季斯的书是他的资料来源。他写道：“在我们的时代，人们用所有种类的兰花（stones）唤起激情。”但是他也告诉饶有兴味的读者，其中一种叫“山羊蛋”（*Tragorchis*，这种兰花现在叫带舌兰，学名*Himantoglossum hircinum*）的植物效力最佳。不过，那些想要唤起自身激情的人应该知道，“这些兰花球根不应该不加甄别地服用，而应挑选较硬、较饱满者，其中应含有极多的汁水：那些已经皱缩的球根功效会削弱，甚至完全不适合入药”。[3]

特纳和他的同时代学者并非懒人。在一千多年的时间里，大多数西方学者坚信，古希腊和古罗马的哲学家无所不知，但很多知识在后来那个被（多少有些不公正地）称为“黑暗时代”的时期中佚失了。这一时期的学者们在欧洲的大学和修道院中工作，但很多人认为他们的主要任务是把古代智慧尽可能多地保留下来，其中也包括他们能从新发现的残卷中找到的散佚文本［翁贝托·埃科（Umberto Eco）的《玫瑰的名字》（*The Name of the Rose*）就描写了亚里士多德一份失传的手稿如何让人兴奋不已，以小说的形式生动地展现了那个时代真正的热情所在］。这样一来，古代的手稿便在15个世纪之中被反复誊抄、订正和评注，但同一段有关兰花的基本记载在所有抄本中都原封未动。对兰花来说是这样，对所有其他植物来说也是这样，甚至对其他大部分的西方知识来说都是如此。创造崭新知识的念头——比如发现全新的土地、人群和事物——几乎是不可想象的。这种局面到16世纪开始剧变，《巴迪亚努斯手稿》所描述的包括香荚兰在内的新植物，对于理解现代西方科学甚至整个现代世界的诞生来说至关重要。但在领会到这本小红书中所呈现的知识革命之前，我们首先需要知道，古典世界落幕之后，在兰花身上、在西方科学和医学之中都发生了什么。

乌托邦植物学

早期的现代本草书中加在兰花之上的各式注释，完全是那个时代植物学的典型特征；迪奥斯科里季斯著作的译注工作一直大规模持续到出现文艺复兴时期和印刷术兴起的年代。不过，尽管人们对古代学识推崇备至——也因此常常导致知识更新的停滞——但事情还是在慢慢地变化。听起来颇为矛盾的是，有一个历史事件虽然被欧洲人视为史上最可怕的大灾难之一，却可能加快了西方智识的增长速度，这就是 1453 年君士坦丁堡（拜占庭帝国的都城，今名为伊斯坦布尔）陷落于奥斯曼苏丹穆罕默德二世的军队之手。可能是因为那里的学者拯救了许多希腊手稿，并带着一起逃亡，这些手稿自此开始从昔日的东罗马帝国抵达西欧。还有其他很多来自伊斯兰世界的图书，它们在那里曾经保存了很长时间，但不懂阿拉伯语的学者无法利用它们。为了让这批新来的手稿发挥用处，教宗尼古拉五世作为学术研究的一位重要资助者，委托学者们把泰奥弗拉斯托斯的《植物探究》和《植物之因》翻译成拉丁文。译本在 1454 年完成；一千多年之后，西欧第一次有人可以直接阅读泰氏的著作了。

差不多在君丁坦丁堡陷落的同时，金属活字印刷术在德意志的美因茨发展到了完善的程度，书籍生产开始呈现出爆炸性势头。曾有估计，西方发展出活字印刷术后的最初 50 年（约 1450—1500 年）中，欧洲印匠生产的图书数量就超过了全世界人类在此之前所制作的图书总和。[4] 那时对古代植物学经典的需求肯定颇为可观，因为这些书都出现在威尼斯著名印刷商阿尔杜斯·马努蒂乌斯（约 1450—1515）的书目中。他印制了迪奥斯科里季斯著作的拉丁文版（1478）和泰奥弗拉斯托斯著作的希腊文版（1497），之后又印行了迪氏著作的希腊文版（1499）。[5] 这些版本与阿尔杜斯印制的其他图书一样，是小开本的袖珍书。印刷术的出现让图书变得便宜，但是阿尔杜斯的版本让图书变得更便宜，由此开启了书籍普及的历程，最终让每个人都能买书来看。[为了保持图书的小开本，阿尔杜斯采用了一种美观的新字形，以当时学者的手写体为范本，可以占用较少的空间；因为这种倾斜的字体源于意大利，后来就被称为 *italic*（即斜体）。] 阿尔杜斯版图书声名赫赫，就连托马斯·莫尔爵士（Sir Thomas More）① 在描述想象中的乌托邦岛时，都让他笔下虚构的旅行者希斯罗德（Hythlodaeus）拿着阿尔杜斯版的迪奥斯科里季斯著作（其中的植物以字母序排列）作为字典，教乌托邦的居民学习阅读希腊文。[6] 莫尔对乌托邦的构想，一定程度上是在针对发现美洲的重大意义而展开富有想象力的反思；把古典语言和学问传授给乌托邦居民的情节，则反映了当时在整个欧洲反复上演的真实的学问传播场景——自从人类发明书写之后，学者就一直依赖于手抄稿本；然而随着越来越多的古典文本被印成了便宜的印刷本，印刷业便为渴求书籍的学者创造了一个乌托邦。

然而，随着印刷术传播而来的不全是好消息。越来越易得的文本，让学者能够比较不同的版本，他们由此开始留意到文本中的讹误。特别是普林尼的著作，人们由此发现了他对希腊语的驾驭能力似乎远称不上娴熟。一位名叫尼科洛·莱奥尼切诺（Niccolò Leoniceno）的意大利医生就出版了一本《论普林尼和其他许多医者的医药错误》（*De Plinii et Plurium Aliorum Medicorum in Medicina Erroribus*，1492），而后，其中考证出了普林尼所犯的许多错误通常是对希腊语的误译。其他学者也参与进来，有批判普林尼的，也有捍卫他的，说这些错误实际上缘于后世抄写者的失误。这些争论逐渐让学界形成了一个广泛共识，就是古典文本

---

① 托马斯·莫尔爵士（1478—1535），英国律师，法官，政治家，社会哲学家，文艺复兴时期著名的人文主义者。著有《乌托邦》。

远称不上完善。莱奥尼切诺和其他一些学者就认为，千百年来实行的这种单纯的文本校勘工作永远无法解决这些争论，真正需要的是新鲜的观察，要从自然界那里获得新颖的一手信息。只有利用这些信息，才能撰成他所谓的“不是用词，而是用物”写就的博物志。当然，古典文献并没有被弃之不顾。相反，正是因为仔细重读了这些著作，所以在 16 世纪前期才会有人提出要重视一手观察的新颖论调。[7]

在莱奥尼切诺的著作出版的同一年，这种用新事实来补正书本学问的欲求得到了一次强有力的推动，因为克里斯托弗·哥伦布（Christopher Columbus）宣布，他发现了满是新奇瑰宝的新陆地。他写到自己发现的新动物时说道：“让我极为悲伤的是，我无法鉴定出它们是什么，因为我非常确定它们都非常珍贵；我已经带上了一些样品，此外还有那里植物的样品。”[8] 当然，哥伦布一开始以为自己到达了亚洲海岸，但是他的同人、意大利航海家阿梅里戈·韦斯普奇（Amerigo Vespucci）证实，这块新大陆［后来就是以阿梅里戈的名字命名为“亚美利加洲”（America）的，简称“美洲”］实际上是整整一个新世界——古典时代的那些大思想家们似乎从来都不知道它的存在。哥伦布、韦斯普奇和继他们之后扬帆出航的那些探险家们的发现引发了一种新流派图书的出版热潮，强调新奇甚于传统，陶醉于描述欧洲人此前从未见过的事物，并给它们命名。出现在这些书中的有新邦国、新居民、新动物——自然还有香荚兰之类的新植物。

到了 16 世纪，很多人开始尝试给新大陆的珍奇编目和命名。1570 年，西班牙国王腓力二世的医师弗朗西斯科·埃尔南德斯（Francisco Hernández）顶着“印第安人首席医官”（*Protomédico de Indias*）这个很有派头的头衔，乘船前往名为“新西班牙”（今墨西哥）的殖民地。在接下来的 7 年间，他的使命是寻找新的动植物，大胆描述那些欧洲人没有描述过的东西。埃尔南德斯学会了原住民所讲的纳瓦特尔语，尽力去了解他们所知的东西。他甚至还把他的发现译回纳瓦特尔语，让新西班牙的居民可以阅读并从中获益。他在 1577 年返回旧西班牙，带回了好几船新大陆的植物，还有 38 卷笔记和绘画。遗憾的是，腓力二世那时似乎已经对博物学意兴阑珊；而埃尔南德斯与形形色色思想解放的人文主义者的友谊，可能也让宗教裁判所不怀好意地盯上了他。不管什么原因，埃尔南德斯的大部分著作还没等到出版，很多手稿就在 1671 年毁于了一场大火。[9]

梵蒂冈图书馆中那本名为《巴迪亚努斯手稿》的小红书，其作者是纳瓦人（Náhua），治疗师，名叫马丁·德拉克鲁斯［Martín de la Cruz，因此这份手稿有时也被称为《德拉克鲁斯－巴迪亚诺抄本》（*Codex de la Cruz Badiano*）］。比起埃尔南德斯手稿，这份手稿的遭遇也没好到哪里去。[10] 这份手稿撰成的时候，阿兹特克人的都城特诺奇蒂特兰（Tenochtitlan）已经陷落了近 30 年，那时西班牙人已经为纳瓦特尔语创制了以拉丁字母书写的文字，有一整代的纳瓦人都接受了相关教育，能够阅读和书写这种文字。德拉克鲁斯就是其中之一，他用新文字记录下了自己所知的有关旧国的植物及其传统用途的知识。另一位原住民胡安·巴迪亚诺［Juan Badiano，其名字有时写作 Joannes（霍安内斯）］则受聘把这部著作译成拉丁文［他是当地圣克鲁斯学院（Colegio de Santa Cruz）的教授］，并用拉丁文为书稿重起了标题［*Libellus de Medicinalibus Indorum Herbis*（《印第安本草书》），1552］。虽然西班牙人确实强行指定拉丁语作为医学和学术的唯一语言，但不论翻译与否，这本书本来就打算作为礼物赠给西班牙国王，而

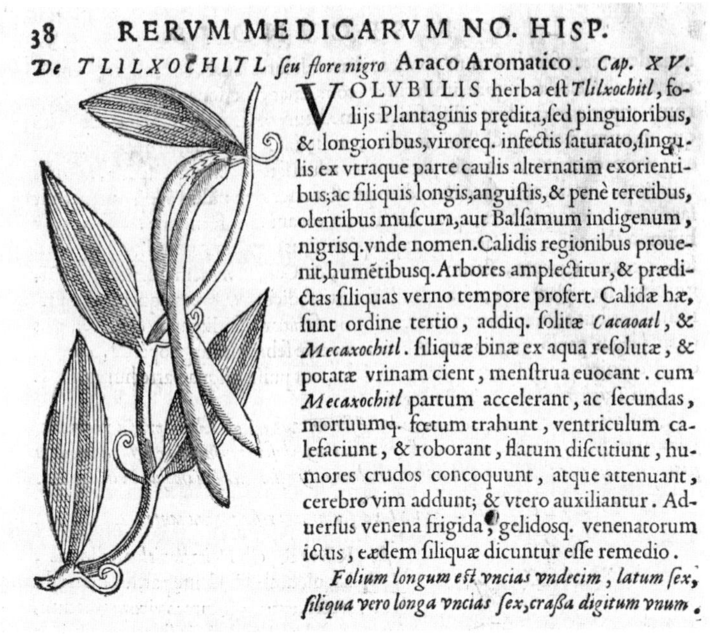
38 RERVM MEDICARVM NO. HISP.

De TLILXOCHITL ſeu flore nigro Araco Aromatico. Cap. XV.

VOLVBILIS herba eſt Tlilxochitl, folijs Plantaginis prędita, ſed pinguioribus, & longioribus, viroreq. infectis ſaturato, ſingulis ex vtraque parte caulis alternatim exorientibus; ac ſiliquis longis, anguſtis, & penè teretibus, olentibus muſcum, aut Balſamum indigenum, nigriſq. vnde nomen. Calidis regionibus prouenit, humĕtibusq. Arbores amplectitur, & prædictas ſiliquas verno tempore profert. Calidæ hæ, ſunt ordine tertio, addiq. ſolitæ Cacaoatl, & Mecaxochitl. ſiliquæ binæ ex aqua reſolutæ, & potatæ vrinam cient, menſtrua euocant. cum Mecaxochitl partum accelerant, ac ſecundas, mortuumq. fœtum trahunt, ventriculum calefaciunt, & roborant, flatum diſcutiunt, humores crudos concoquunt, atque attenuant, cerebro vim addunt; & vtero auxiliantur. Aduerſus venena frigida, gelidoſq. venenatorum ictus, eædem ſiliquæ dicuntur eſſe remedio.

Folium longum eſt vncias vndecim, latum ſex, ſiliqua vero longa vncias ſex, craſſa digitum vnum.

图 7　黑色花（*flore nigro*）或“特利尔肖奇特尔”（香荚兰）。
［引自弗朗西斯科 · 埃尔南德斯《新西班牙药物辞典》
（*Rerum medicarum Novae Hispaniae thesaurus*），1651］
图片来源：洛杉矶盖蒂研究所（Getty Research Institute，93-B9305）

他肯定是看不懂这些他刚征服的臣民所用的文字的。最终写定的手稿中包含近 200 幅墨西哥植物的精美彩色插图，存放在埃斯科里亚尔宫（Escorial，位于马德里郊外的大型王宫）的西班牙皇家图书馆中。17 世纪时，这个图书馆成为弗朗切斯科 · 巴尔贝里尼（Francesco Barberini）枢机主教图书馆的一部分［因此这份手稿另有《巴尔贝里尼抄本》（*Codex Barberini*）之名］，之后这份手稿又从那里被转移到了梵蒂冈图书馆。直到 20 世纪 20 年代重见天日之后，它才有了英文译本，并开始得到广泛研究。一开始它被誉为已知的唯一一部没有被欧洲医学和本草知识“污染”过的

“阿兹特克”本草书。但是后来有学者发现，这仍然不过是本模仿之作，完全照搬了那个时代欧洲本草书的形式。当然，真实情况应该介于这两种说法之间：虽然原住民的写作团队确实了解欧洲人的本草书（手稿中某个地方曾经援引普林尼作为权威出处），但是学界的最新发现表明，在这部著作中，本土知识和欧洲知识颇为复杂地混合在一起。比如很多插图中都绘有象形文字（一种用来书写纳瓦特尔语的传统符号），还有其他一些原住民的信仰和实践也零星分散在书中各处。[11]

运营着圣克鲁斯学院的天主教士，竟然会培训他们眼中的异教徒，让他们记录下那些肯定会被西班牙人当成迷信的信仰，这听上去颇让人惊讶。其实，就在哥伦布抵达美洲的那一年，来自阿拉贡王国（今伊比利亚半岛东北部）的亚历山大六世即位为新教宗。在他的推动之下，天主教会对魔法所持的那种不可通融的敌意曾短暂缓和过。文艺复兴让人们重新萌发兴趣，去研究所谓的“自然魔法”，并重新研读那些神秘的古代文本。对一些欧洲人来说，新大陆及其传奇般的新物种让他们产生了新的兴趣，想要通过“自然魔法”去控制自然。这样一来，美洲原住民的“魔法”在很多欧洲人眼中就远非需要无视或毁灭的邪念，反而是他们热切搜求的新知。也难怪在 16 世纪 40 年代，方济各会传教士贝尔纳迪诺·德萨阿贡（Bernardino de Sahagún）会开始在位于特拉特尔科（Tlatelco）的圣克鲁斯学院的校园里要求他的学生（包括马丁·德拉克鲁斯在内）把他们能了解到的所有关于本土植物、医学和治疗术的知识统统记录下来。[12]

虽然描述新大陆植物的一些重要手稿已经佚失，或是几百年来都无人问津，但还有很多其他手稿确实在文艺复兴时期就已为人所阅。卡罗卢斯·克卢修斯［Carolus Clusius，本名夏尔·莱克吕兹（Charles L'Écluse）] 曾把用葡萄牙语或西班牙语等语言撰写出版的著作译为拉丁文，因为那时拉丁语仍然是整个欧洲通用的学术语言，而葡萄牙语之类的语言出了本国或地区就基本没有其他欧洲人能懂。在这些译著中，有一部是尼古拉斯·莫纳德斯（Nicolás Monardes）论述新大陆医药的著作，译成拉丁文后书题取为 *Simplicium Medicamentorum ex Novo Orbe Delatorum*（《新世界药用本草状》），1579 年由文艺复兴时期另一位伟大的印刷商克里斯托弗·普朗坦（Christopher Plantin）在安特卫普印行。这本书之后又译成了很多语言版本，其中也包括英语 [英译本的书题又成了 *Joyful Newes out the New Founde Worlde*（《新世界怡人奇物志》）]。[13]

克卢修斯是神圣罗马帝国皇帝马克西米利安二世和鲁道夫二世的朝臣（当时的皇廷位于维也纳，后来一度迁至布拉格），这两位皇帝都对新大陆的诸多新奇玩意深深着迷。在他们的帮助下，克卢修斯积累了可观的收藏，在他担任莱顿大学教授之职后全都搬到了荷兰。随着当时欧洲兴起的用直接观察来补益书本学问的风尚，大学受此影响纷纷建起了本草园（植物园的前身），用来给学生教授植物的药性。这些大学因此也开始聘用杰出的博物学家，莱顿大学（成立于 1575 年）的教授们就劝动了克卢修斯来协助建设他们的植物园。克卢修斯把他能获得的所有异域植物都种在这里，包括他在荷兰东印度公司的帮助下从荷属东印度（今印度尼西亚）获得的种类。然而，东印度公司的船长似乎不如神圣罗马帝国皇帝那么乐于助人，于是克卢修斯便开始与学者、商人和旅行者建立广泛的通信网络，以从他们那里获得植物样品和各式情报。[14]

克卢修斯的巅峰之作是《奇珍十书》（*Exoticorum Libri Decem*,

1605），他把自己研究新发现的动植物所得的全部知识都汇编在这本书里，其中的很多动植物来自美洲。在书中描述的众多“奇珍”中，有一些种荚被克卢修斯称为“芳香长荚”（*Lobus oblongus aromaticus*），是他从英国女王伊丽莎白一世的御用药剂师休·摩根（Hugh Morgan）那里获得的。这些貌不惊人的干燥黑东西，是阿兹特克人所用的香草调味品的来源（所以这种植物会被称为“黑色花”——更准确的称呼本来应该是“黑种荚”）。[15] 就这样，新大陆的兰花终于出现在欧洲的白纸黑字中（虽然那时还无人知道结出这些果荚的植物本身是一种兰花）。

在文艺复兴时期，很多博物学上特别的新知都出现在克卢修斯笔下。他游历颇广（虽然只限于欧洲境内），交际甚多（神圣罗马帝国的皇廷是他关键的赞助来源），收藏极富［文艺复兴时期的收藏常被称为“好奇柜”（cabinets of curiosities），是今天自然博物馆的前身］。他从一手观察的可靠记载中提取新知，又在植物园中多加观察，以此补充订正古典作者的知识。那时已经有人发现，生长在美洲的是全新的植物，为泰奥弗拉斯托斯所不晓、迪奥斯科里季斯所未知，而克卢修斯是最早参与这批新发现的其中一员。这样的新世界，需要新的名字。[16]

万物之象

印刷术的出现，让克卢修斯的《奇珍十书》能够更自由地流通，但这并不会自动引出新知。事实上，印刷革命引发的前所未料的后果之一，就是谬误可以像新的事实一样快速散播。最惊人的例子可能是1631年在伦敦由皇家印刷坊印行的《圣经》版本。不幸的是，他们的清样审校和道德都不够完美，让这个版本的摩

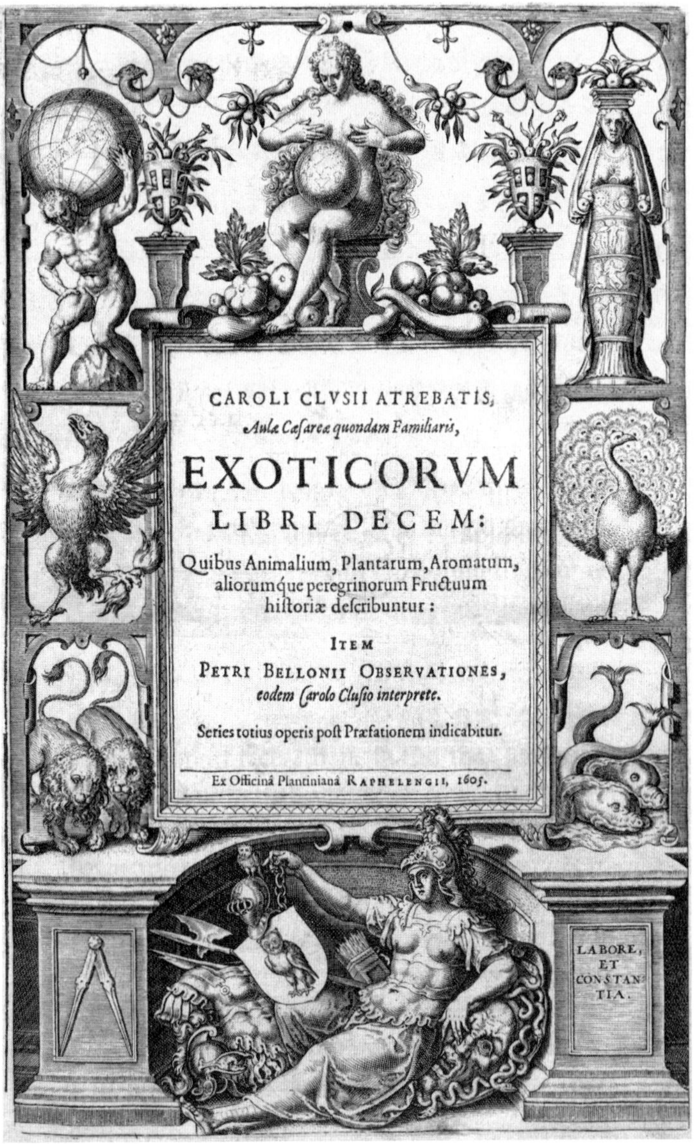

图 8 克卢修斯的《奇珍十书》描述了来自美洲的很多新的动植物。
（引自《奇珍十书》，1605）

西十诫中的第七诫丢了个“不”字，于是这个版本（后来被称为《邪恶圣经》）马上被围追堵截，绝大多数印册被烧掉，少数流转至今，成了非常珍贵的收藏品。[17]

道德有欠的印刷错误相对来说比较稀罕；更为常见的是动不动就重复一段古代文字，比方说我们上面已经看到的，把兰花的催情特性无休无止地重印下去。不过，16 世纪的德意志本草书中也的确出现了一种重要的创新，就是在以文字写就的植物描述中加入了博物学性质的木刻插图，从而让植物的鉴定更为容易。文字本身仍然常常取自迪奥斯科里季斯的著作，但图画是新的，而且成为 16 世纪的三位德意志学者——奥托·布伦费尔斯（Otto Brunfels）、莱昂哈特·富克斯（Leonhart Fuchs）和耶罗默·博克［Jerome Bock，他将自己的姓名拉丁化为希耶罗尼穆斯·特拉古斯（Hieronymus Tragus）］著作的重要特征。博克新著的本草书《植物书》（*Kreütter Buch*，1539）中还出现了另一个变化：它是用朴实的德语口语写成的，而在那个时代，大多数有学问的人仍然在用拉丁文写作，加上这本书中的植物描述简洁优美，综合在一起令其获得了巨大成功。在 1546 和 1551 年，这本书又推出了两个新版，添加了更多插图；后一年这本书的拉丁文版本译成，更加快了它在非德语区的流传速度。

与大多数本草书一样，博克根据植物的药性或类似特性（比如分为浓郁气味的植物或根可食的植物）来为它们分类，但他也在植物研究中静悄悄地开启了一场革命。他有意识地把外观类似的植物归在一起（而不是根据比如用这些植物来治疗的人体部位等人类的需求来分）。博克说他建立的这些新类群由其本质联系在一起，因为它们常常有类似的特性，因此，他便开始探索，确定那些独立于人类利益而存在的本质类型。他相信，这个探索的关键在于细心的观察，因此他非常仔细地打量他所研究的植物，经常注意到其他人此前忽略的特征。他认为植物本质的隐藏秩序就是上帝造物的原始计划，在研究这个秩序的过程中，他也在寻找证明植物中隐藏着法象或意义的证据。[18]

就兰花而言，博克的书中只包括了那些生有特征性的睾丸状块根的种类。虽然博克仍然没有用它们的花来分类，但是他确实查看了这些兰花的花，而且发现它们似乎不结种子，于是对其生殖方式感到困惑。他知道这些兰花每到秋天就会枯萎，此时会产生一种非常细小的粉尘，从花原来所生的位置撒落，但他坚信这些粉末会与兰花的茎叶一同死去。[19]（几个世纪之后，植物学家才发现，这种“粉尘”实际上是兰花不计其数的微小种子。）对博克来说，兰花最大的未解之谜是，新的植株是从哪里长出来的？虽然这个谜题还要再困扰兰花研究者几百年，但是博克的解谜方法为兰花的故事增添了一层令人着迷的神话感。他以此试图解释，为什么很多兰花和昆虫像得令人费解。

第一章中已经提到，在古希腊早期的切根者看来，兰花块根状如睾丸的形态意味着这些植物一定具有催情特性。植物的外形一定预示着它们的用途，这种观念后来被称为“法象药理”，一直流传了千百年，塑造了欧洲人对兰花（以及其他很多植物）的认识。法象药理最为成熟的论述形式，可以追溯到一位名叫菲利普斯·奥雷奥卢斯·泰奥弗拉斯图斯·邦巴斯图斯·冯·霍恩海姆（Philippus Aureolus Theophrastus Bombastus von Hohenheim）的杰出人物。他给自己另外起了一个念出来不需要花太长时间的拉丁名字，叫帕拉塞尔苏斯［Paracelsus，其中的“para”意为“超越”，与英文中“超心理学”（parapsychology）一词中的“para”类似］，借此夸耀他的医药知识已经超越了伟大的古罗马医师奥卢斯·科尔内利乌斯·塞尔苏斯（Aulus Cornelius Celsus）。帕拉塞尔苏斯短暂地担任过巴塞尔大学的医学教授，但他是个难以相处的人，好辩且不肯让步。他决心用世俗的瑞士德语（而不是其他所有教授所用的拉丁语）授课，而且以他自己的经验作为教学基础，对那些古典权威视而不见。他甚至还焚毁过一些伟大的古典医药权威的著作。由此在学生中激起的抗议，比他同事发起的更激烈。最后他只得匆匆离开巴塞尔，留下一场未结的官司和他全部的手稿。[20]

与很多同时代人一样，帕拉塞尔苏斯笃信炼金术（他父亲和他一样，既是医师又是炼金术士）。炼金术是一套复杂的理论，讨论的是在矿物和生物中都很常见的嬗变现象的隐藏力量和可能性。帕拉塞尔苏斯在寻找可以治病的隐秘力量时，复兴了古代的法象药理，视其为发现植物无形之力的指导。一部 17 世纪的医药著作里有一段据说是翻译自帕拉塞尔苏斯原文的文字，其中这样解释法象药理的观念：

> 我经常声明，知道了事物的外形和品质，我们便可以知道它们内在的益处，这是上帝为了人类的福祉而赋予其中的。因此，我们可以留意贯叶连翘的叶形和花形，其叶上的孔洞作为呈现给我们的法象，预示这种药草可以治疗皮肤内外的空洞或割口……[21]

毫不令人意外地，帕拉塞尔苏斯也建议用兰花（他称之为 *Satyrion*）来催情。[22]

帕拉塞尔苏斯的学说，后来得到了詹巴蒂斯塔·德拉·波尔塔［Giambattista della Porta，也叫约翰·巴普蒂斯塔·波尔塔

(John Baptista Porta)]的采纳和扩展。波尔塔大概在帕拉塞尔苏斯去世前不久生于那不勒斯。他和文艺复兴时期的其他很多思想家一样，对魔法重新生发了兴趣，因而写道：

> 我认为魔法不是别的什么东西，魔法就是对自然全过程的考察。因为我们在思考上天、恒星、元素以及它们如何运动、如何变化的时候，通过魔法可以发现有关生物、植物、金属以及它们产生和腐败的隐秘奥妙。[23]

波尔塔在一本名为《植物之晷》(*Phytognomonica*，1588)的书中分析了植物的"隐秘奥妙"。他在书中断言，黄色植物可以治疗黄疸，昆虫形状的花可以治疗虫咬。在另一本《自然魔法》(*Magiae Naturalis*，1588)中，他又把兰花当成催情药，论证说它们不仅可以提升性能力、延长性交时间，而且可以让女性也兴奋起来(与此相反，莴苣应该避免食用)。政治哲学家尼科洛·马基雅维利(Niccolò Machiavelli)也同样信奉这种有关兰花力量的流行信仰。他有一部戏剧是以一位年老的花花公子为主角，这个老色鬼为了引诱一位比自己年轻得多的女性而准备了一桌菜肴，用洋葱、蚕豆、少见品种的鸽子、香料和兰根做成，真是理想的引诱之餐。[24]

16世纪后期，有一位典型的帕拉塞尔苏斯主义者名叫奥斯瓦尔德·克罗尔[Oswald Croll，他把名字拉丁化为奥斯瓦尔杜斯·克罗利乌斯(Oswaldus Crollius)]，德意志人，是炼金术士和医学教授，在大学受训成为外科医生。他曾广泛游历，但最终定居布拉格，跻身宫廷社交圈，常常接受神圣罗马帝国皇帝鲁道夫二世的咨询。克罗尔只出过一本书，名为《化学大堂》

（*Basilica Chymical*，1609），但这本书影响力很大，不到50年就印了18版，包括法语、英语和德语译本。书中有一节叫“论万物之法象”（*De Signatura Rerum*），其中“法象”（signatura）这个词也有“签字”之意，因为克罗尔解释说，“上帝用神圣的手指”在尘世万物之上都有所书写，包括“植物、矿物和动物”。他批评本草学家只用外部形态来评估法象。在他看来，真正的医生也必须是炼金术士，能够通过炼金术这种真正的自然魔法来了解植物内在的益处。不过就植物研究来说，他似乎并不像他所宣扬的那样做过什么实践，因为书中的大部分文字还是从前人著作中摘编而成。[25] 这本书是根据人体部位来编排的，比如在“头之法象”的标题下，他提到“长着果冠的罂粟具有头脑之象，因此，罂粟煎剂在很多方面对头部有益处”。

谈到“私处”（也就是生殖器）之象时，克罗尔声称，毕达哥拉斯不会吃豆子，因为它们是催情剂，而且“还生有私处的全套结构，以及枝上橡果”（这是17世纪常用来表示阴茎的委婉用语，堪称男性乐观主义的代表说法）。而在“睾丸或生殖器之法象”这个标题下所介绍的其他种种所谓的催情剂中，我们不出意料地见到了这样一段话：

> 因为形似睾丸，所有种类的兰花都是性欲的刺激剂，但有缺陷：一个块根会溶解在另一个块根的汁液中，上方的块根较大而丰满，能有力地促进交配；下方的块根较软而萎缩，会妨碍生育力。勤于繁衍人类的自然，以这样呈现出来的法象，预示兰花有促进性欲、怀孕和生育后代的强大力量。

“勤于繁衍人类的自然”代表了当时广泛存在的一种信仰，

持此信仰者认为法象是表明上帝仁慈心的证据；上帝不仅提供了治疗人类疾病的药材，还引导人类去找到它们。如果有谁无力遵守上帝的旨意，不能多多生育繁衍，则可以求助于“狗卵子”花，它们能“诱起春心，增进性欲，使人愉悦而善淫”。虽然克罗尔在书中要求人们对植物开展详细的炼金术分析，但他提到 *Satyrion erythronium*（即“红色萨堤耳花”）时仍然说它“能强烈刺激色欲”，甚至“就像迪奥斯科里季斯及其后的洛贝利乌斯（Lobelius）所见证的，光是拿在手里就能起效，浸入葡萄酒中服用更佳”。[26] 对迪奥斯科里季斯的引证，再一次让我们见识了这位古罗马医师的名声流传之久。

16 世纪的学者普遍相信法象药理。这样一种曾经被斥为异端迷信的学说，因为经过基督教的改造而更容易为人接受。占星植物学家罗伯特·特纳（Robert Turner）就大胆断言：“和圣书字一样，上帝在植物、药草和花卉之上，也镌刻了它们益处的法象。”在法象药理的晚期宣扬者中，有一位名叫威廉·科尔（William Cole），他是牛津大学新学院的教师。他出版了一本名为《伊甸园的亚当》（*Adam in Eden*，1657）的书，在其中解释了法象药理在医学上如何应用。举例来说，他说核桃发皱的果仁与人脑非常相似，所以用核桃“治疗头伤是极好的”。不过，与他之前的其他人一样，科尔也不得不去解释一个谜团：明明早就知道有些植物有药效，但造物主好像并没在它们身上留下什么法象。对此他推测说，上帝有意让我们去注意那些带着法象的植物中所蕴含的线索，因此我们应该竭尽全力去探索造物，以寻找其他药物。不仅如此，“法象的稀少，本来是件乐事”；如果万物都有法象，那么“在同一根琴弦上拨动太多次，会让这种乐事荡然无存”。[27]

然而，在科尔出版其著作之际，法象药理已经开始走下坡路

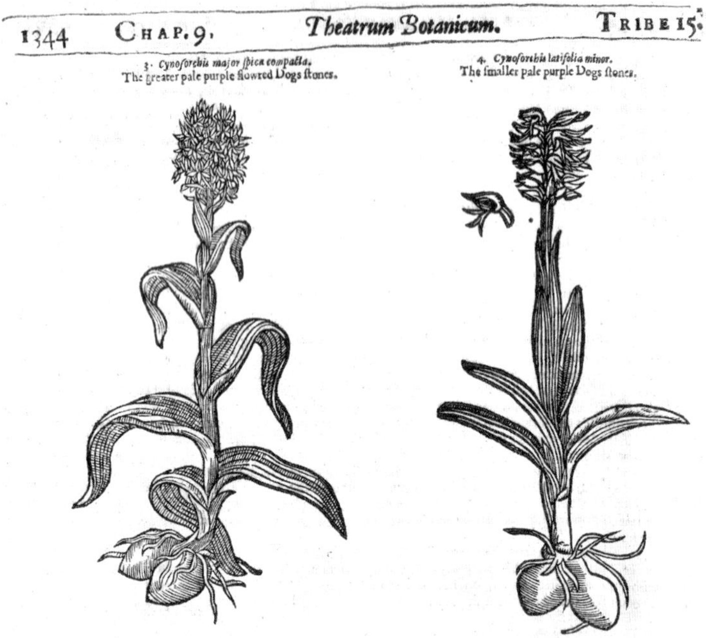

图 9　约翰·帕金森的插图，所绘的兰花块根据说有催情功能。
（引自《植物剧场》，1640）

了。约翰·帕金森（John Parkinson）是英格兰、苏格兰及爱尔兰国王詹姆斯一世和查理一世的御用药剂师，他在出版的《万园汇一：所有宜人之花的花园》（*Paradisi in Sole Paradisus Terrestris, or, a Garden of All Sorts of Pleasant Flowers*，1629）一书中，就对兰花的催情特性表示了一定的怀疑：

> 对于（它们）激发性欲的效力，我自己没吃过多少，无可谈论；虽然我赠给过别人一些，但我也无法根据他们的情况谈论什么……尽管迪奥斯科里季斯确实把一种强大的催情

能力归于其种子，但据我所知，还没有人与我们一起做过任何专门实验。[28]

文中不仅有“专门实验”一语，而且他还承认自己没“吃过多少”，这些都是证据，表明当时出现了一种更具批判性的新态度，而这正是通常所谓的“科学革命”（不过，科学革命的真正实质和发生范围在史学界一直很有争议）的特点。[29]说到科学革命，大多数时候会让人想到伽利略（Galileo）、约翰内斯·开普勒（Johannes Kepler）和艾萨克·牛顿（Isaac Newton）等17世纪中期的天文学家，但是从帕金森的评述中流露出的是可以称为“实验哲学”的思想；这种思想把知识构建在一手证据和恰当的实验之上，在当时博物学界已经广为传播了。不过，我们看到“革命”这个词时，万勿以为这些变革发生得非常快，也不要以为旧知识轻易就能废弃。对兰花写下怀疑性的评述十多年后，帕金森又写了一本厚得多的书，名为《植物剧场》（*Theatrum Botanicum*，1640），其中的评述看上去又变得非常陈腐。他写道：“普林尼也写过和迪奥斯科里季斯一样的文字，人们本来普遍相信，但今已基本消逝，只有那个坚硬的块根对这个目的有效，而那个松软的海绵状块根要么没有效力，要么会起到妨碍作用。”作为早在17世纪就试图管理药物交易的药剂师协会的创始人之一，看到一些同时代人假装自己拥有并不掌握的专业知识，对这样的行为帕金森嗤之以鼻。尽管从古代开始，文献就一直在说兰花的两个块根具有不同的效力，可是“今天大多数药剂师还是胡乱地把两个块根一并应用，而且还把所有种类的兰花一概拿来应用”。[30]

十多年之后，尼古拉斯·库尔佩珀（Nicholas Culpeper）出版了《本草全编》（*Complete Herbal*，1653），虽然只是从众所周知的那些文献中厚颜无耻地摘抄出文字编集在一起，却成为早期英国本草书中流传最广的一本。被抄袭的书中有一本正是伦敦药剂师约翰·杰勒德的名作《本草》，库尔佩珀只简单摘抄了其中所提醒的兰花的根“要审慎使用”。不过那个时候法象药理基本已经不受青睐，于是库尔佩珀在书中为兰花的效力另外提供了占星术的解释，说它们的根“在金星的支配下，具有热和湿的性质，可以极大地唤起色欲”。库尔佩珀写下这些话的时候，法象药理的理论基础已经被动摇了半个世纪以上。弗兰德斯的植物学家尤利乌斯·兰伯特·多东斯（Julius Rembert Dodoens，1517—1585）就表示：“植物的法象药理没有得到任何受人敬重的古代学者的权威认可；不仅如此，其理论屡屡变换，没有定法，只要人们从科学或做学问的角度去考虑，绝对会觉得这套东西不可接受。”[31] 可是，虽然植物学家开始放弃上帝在植物的外形中隐藏了医药信息的观念，兰花的花却又被用来佐证另一种更诡异的观念。

博克可能是第一个提到兰花与昆虫或鸟类在外形上具有奇妙相似性的人。在详细讨论长相奇特的鸟巢兰（*Neottia nidus-avis*）时，他说这种兰花长在篱笆和灌丛里，而那里也是小型鸟类交配和筑巢的地方。[32] 他由此得出结论，在这些鸟类的精液落地之处，就会长出兰花。虽然多东斯很鄙夷法象药理，但他接受了博克的这些观点，还发现兰花中有为数众多与昆虫（及其他动物）形象相似的种类。尽管他也没办法对这些古怪的相似性做出任何更深入的理解，但是他严密细致的观察激励了后来的植物学家去更仔细地打量这些花朵。（多东斯论兰花的章节之所以在植物学史上具有重要意义，还因为其中第一次给出了放大兰花细部的插图。[33] 很快植物学插图开始普遍纳入细部图，人们由此可以更充分地了解植物的解剖结构。）

自博克首倡之后，即兰花生发自与它们形似的昆虫的精液，这一观念一直流行了一百多年。耶稣会的博物学家阿塔纳修斯·基尔歇（Athanasius Kircher）也接受了这一观点。基尔歇在罗马拥有一个“好奇柜”，里面满是各式奇技淫巧，比如有好些水力或磁铁驱动的机器，其中一台可以让雕像动起来，演出基督复活的场景。[34] 基尔歇写了30多本书，其中之一是《地下世界》（*Mundus Subterraneus*，1665），以某种方式继续了以前的炼金术士探寻自然界中隐藏效力和秘密力量的工作。书中讨论了许多奇迹，其中就包括形似昆虫的兰花。基尔歇论述说，正如蜜蜂与胡蜂可以（分别）从牛和马的腐尸中自然产生，只要是蜜蜂与胡蜂的精液落地之处，形似它们的兰花就一定会从这里破土而出。

现在不清楚基尔歇对待这些说法到底有多严肃。他在书中描述的很多机器和实验，要么早就不管用了，要么他本来可能也知道不管用，所以这些东西可能是某种哲学玩笑，意在激发读者产生新的想法，而不在描述已经充分建立的观念（他对兰花的论述，看上去就不像是一本正经之论）。然而10年之后，也就是多东斯著作出版的100年后，另一位名叫雅各布·布雷纳（Jakob Breyne）的弗兰德斯商人仍然对兰花的拟态深为着迷：

> 如果自然曾经在植物的结构上展示出她的玩笑，那么在兰花身上就能看到这种玩笑最让人惊奇的形式。兰花千变万化的形状激起了我们最高扬的爱慕。它们可以呈小鸟形、蜥蜴形或昆虫形，可以看起来像男人或女人。有时候它们仿佛严厉而邪恶的斗士，有时候则像逗人大笑的小丑。它们还能呈现出懒惰的乌龟、阴郁的蟾蜍以及灵活而聒噪的猴子的形象。自然把兰花塑造成了如此面目，让它们即使不能惹人欢

笑，也一定能激起我们最强烈的爱慕。引发这些神奇变化的原因，（至少在我看来）被自然隐藏在一张神圣的面纱之下。[35]

直到20世纪，这张“神圣的面纱”才终于被人撩起。但在兰花拟态的奥秘得到破解之前，还需要做大量的工作，而这些工作的起点，也是任何一门科学的历史上最为重要但也颇被人轻视的一步——命名。兰花之名在西文中第一次出现的两千年后，还没有人想到，这些长着睾丸状球根的欧洲植物竟然与香荚兰之类的新大陆植物多少有点关系。现代意义上用来指称整整一个科的近缘植物的“兰花”概念，这时候还不存在。

3

兰花之名

泰奥弗拉斯托斯第一次记录了兰花的“orchis”之名，自那以后的两千年里，没有人能特别肯定这个名字指的是什么植物。到了18世纪末，把兰花的名字彻底整理清楚便成了一件迫切需要解决之事。要明白其中缘由，我们有必要看一下植物分类学史。与这段历史相伴始终的，是欧洲人认识到的兰花数量越来越多。迪奥斯科里季斯命名了大约500种植物，其中只有两种是兰花。15个世纪之后，尽管欧洲人已经花了几百年时间收集和命名兰花，但满打满算也只认识了13种。[1] 然而，就像我们在前一章中看到的，就连这么少的一群兰花也已经有了太多名字。光是在英国，寥寥数种已知的兰花就有几十个不同的俗名——比如蝰蛇草、狗卵子、死人之指（Dead Man's fingers）以及山羊卵子（Goat's stones）。而在全欧洲境内，每个国家又会给同样的植物增添更多名字；一种在意大利叫*Uomo nudo*（裸男）的兰花，在德国

叫 *Italienisches Knabenkraut*（意大利男孩草），在法国叫 *Orchis ondulé*（波叶兰）。欧洲那些有学识的植物学家好像还嫌不够乱似的，又为这些兰花增加了各种拉丁名和希腊名，除了最早的 *Orchis*，还有 *Satyrion*、*Cynosorchis*、*Serapias* 和 *Tragorchis*，越加越乱。与此同时，一直没有一个统一的系统指导人们使用这些名字（或是核查这些名字是否已经被其他什么人用过）。不过，最根本的问题在于，所有这些名字的指称都是含糊的：一个种可能有许多不同的名字（哪怕在一个国家之内都经常如此），而更麻烦的是，很多不同的种可能用同一个名字称呼。欧洲的本草学家、植物学家、炼金术士、探险家、药剂师和商人彼此只要开始以书面或口头讨论植物，就会造成无穷无尽的混乱。

然而，比起哥伦布和韦斯普奇出海航行之后几个世纪内发生的事情，上面这些欧洲本土植物名称的混乱又不算什么了。香荚兰的纳瓦特尔语名“特利尔肖奇特尔”给欧洲植物名称的稳定性和实用性带来了巨大威胁，牵涉其中的不止兰花，而是所有植物。欧洲至多只拥有全世界兰花种数的百分之一，但就像我们已经看到的，光是已知的不到一打的种，就让博物学家困在命名的乱麻之中了。随着欧洲人远离自家海岸、前往世界上越来越多的地方探险和贸易，又以武力征服了很多地方，他们逐渐发现了兰花的许多新种，但在不断发现的数量更为庞大的陌生植物中，这些兰花也不过占了很小一部分。所有这些植物都既没有古典名字，也没有俗名。欧洲的博物学家一定时不时就觉得，每艘从热带地区返航的船只都会随船带回一大堆让人头疼的新玩意。鸟类、兽类、昆虫和植物的每个新种都需要一个新名字——不管它是来自新大陆、东印度、非洲，还是遥远的东方。当来自更广阔世界的珍宝堆积成无名之山的时候，欧洲历经两千年之久的博物学传统颇有崩溃之势。

为了让这些汹涌而来的海量新种能够为人所认识，欧洲的植物学家开始创造分类和命名的新方法。正如我们已经看到的，最早的植物分类以人为中心，以我们所相信的植物用途为基础。泰奥弗拉斯托斯和其他一些学者虽然已经开始针对植物本身来研究，但是在中世纪和现代早期的本草著作中，更常见的还是纯粹根据实际用途来分类。奥斯瓦尔德·克罗尔就像迪奥斯科里季斯曾经做过的那样，决定根据当时人们相信的植物能够治疗的人体部位来排列它们，这反映的正是把人类本身置于宇宙中心的悠久传统。古代天文学家假定宇宙是有限而封闭的，地球位于其中心的不动点上；这个观念在基督教中进一步发展，认为地球是上帝为人类创造的居所，所以世间万物都自然而然地绕着我们打转。在科学革命期间，本来被置于宇宙中央的地球被太阳替换，地球的地位被降级为行星，与其他行星并列，在空旷的空间中运行，而这空间的广袤程度在每个新世纪都比前一世纪所认识的大得多。随着欧洲人有关更广阔世界的知识越来越多，博物学家也开始用类似的方式审视欧洲的动植物。他们发现，拥有如此众多新奇非凡物种的热带地域才是生物多样性真正的中心，欧洲不过是这一丰饶地域的外围。[2]

在欧洲人给抵达本土的所有新植物编目和命名的辛苦工作中，我们可以看到打量它们的新方法的雏形。克卢修斯在《珍稀植物志》（*Rariorum Plantarum Historia*，1576）中采用了可追溯到泰奥弗拉斯托斯的排列方法：在这本书的第一部分中，他描述了乔木和灌木（即有木质茎的植物）；然后描述了有球根的植物（其中包括兰花）；之后是有香花的植物，第四部分则是花无气味的植物；第五部分专述有毒植物和麻醉性植物；含有乳汁的种

（以及无法放在前面各部分的多种植物）则作为全书的最后一部分。很明显，他在竭力把看上去彼此相像的植物归拢在一起，为它们创造新类群，而不考虑它们的用途；不过，人类的态度和观点仍然强烈地体现其中。举例来说，克卢修斯在书中重点列出了兰花之类通常不太重要的植物。为了表明这一做法的正当性，他解释说，这是因为其中很多种的“花优雅多变，姿态非凡，引人注目，让所有人产生愉悦的观感，因此不应该归入最低的品类，泯然众花之列”。[3] 与此同时，克卢修斯的朋友马蒂亚斯·德洛贝尔［Matthias de l'Obel，也叫洛贝利乌斯（Lobelius），半边莲属（*Lobelia*）就是用他的姓氏命名的］也采用了多少有些类似的方法，根据植物叶子的形状来为植物分类。他从人们熟悉的具有狭窄单叶的禾草开始，之后列出叶形类似，但略大、略宽的植物，比如百合和兰花，再之后则是叶形更复杂的植物。这样一来，他就把单子叶植物和双子叶植物区分开来（虽然这两个术语那时还没有被造出来），这与后来的现代分类是一致的。[4] 与这两位学者同时代的多东斯则在著作中放了一些图片，可以从中认出是某些种类的兰花。不过，虽然这一时代的图画质量有所提高，用于描述植物的语言也逐渐变得精确，但分类方法基本还是停留在之前数世纪的水平，很大程度上着重于人类的用途。[5]

在 17 世纪初，巴塞尔植物园主任加斯帕德·鲍欣［Gaspard Bauhin，一名卡斯帕尔（Caspar）］觉得他可以撰写一部植物通志。这就是《植物剧场图志》（*Pinax Theatri Botanici*，1623，后简称《图志》）。他希望在书中给每一个植物的种加以分类和描述，由此便可揭示其存在于自然本身之中的原型（pattern）。莱昂哈特·富克斯在他所著的出色的本草书（1542）中列出了 500 个种（这个名单实际上与迪奥斯科里季斯著作中的相同），但仅仅

80 年后，鲍欣就描述了 6,000 个种。不过，虽然在鲍欣的《图志》中，植物种数有了如此巨量的增长，但在很多方面，他的著作还是受到古老西方本草学传统很大的影响。尽管一些历史学者在鲍欣整理庞大名录的方法中见到了现代分类的一些特征，但是很明显，在这个名录里占优势的还是古典观念—— 而这些观念在新种的冲击之下正在崩溃。[6]

鲍欣费力地处理当时已知的植物，结果让种数扩大到原先的 12 倍。然而，这不过是如洪水般涌来的新种的第一个浪头罢了，海量的新种最终宣告了古典植物学传统的死亡。从 17 世纪中期开始，欧洲人探险的脚步显著加快，随之而来的新植物也明显增多，其中的一个重要原因是，欧洲的花园开始派遣专门搜寻新植物的探险者。单是巴黎的皇家植物园，就在 1670 年和 1704 年间组织了 5 次大规模考察。伦敦的《皇家学会哲学汇刊》（*Philosophical Transactions of the Royal Society*）第一卷（1666）也刊载了介绍如何采集新奇植物标本的详细指导，“供海陆旅行者之用”。[7] 结果便是让更大量的陌生植物摆到欧洲植物学家面前，需要他们命名和分类，其中就包括新的兰花。

组建“家族”

18 世纪伊始，剑桥大学第一位系统研究植物学的学者约翰·雷（John Ray）完成了他的洋洋巨著《植物通志》（*Historia Plantarum Generalis*，1686—1704）。约翰·雷注意到，自鲍欣在《图志》一书中详细描述了 6,000 种植物之后，在接下来的大约 50 年时间里，植物的已知种数已经增加了两倍还多，超过了 20,000 种。[8]

新大陆是这一增长的主要来源之一；约翰·雷通过朋友汉斯·斯隆（Hans Sloane，他的藏品构成了后来伦敦自然博物馆馆藏的核心）知道了弗朗西斯科·埃尔南德斯的著作。斯隆不光拥有埃尔南德斯著作的一份手抄本，他本人也一定提供了一些一手信息；1687 年，他被派遣到牙买加，为这个岛的总督当了一年的私人医师，其间采集了 800 多份植物标本，“其中大部分是新植物”。按照斯隆的解释，他开展这次旅行是“想要看看在那些地方能遇见什么本性非凡的东西”。他对药用植物尤其感兴趣，相信这趟旅行很可能“对作为医师的我有所裨益；很多古代学者和最优秀的医师都曾到他们所用药物的出产地旅行，以期让自己更了解这些药物”。[9] 斯隆这种通过一手证据来寻找异域植物和药物来源地的做法，可以作为科学革命强调经验的例证，但是他也理所当然地把自己的观察与引用自埃尔南德斯、克卢修斯和其他一些学者著作中的混杂在一起。[10]

虽然人们越来越熟悉新大陆的植物，但很多植物的描述一直没有发表。举例来说，虽然埃尔南德斯于 16 世纪 70 年代在墨西哥采集了大约 1,300 种植物，但在 80 年之后，他的手稿才终于在 1651 年由山猫学会（*Accademia dei Lincei*）出版了一个选本。山猫学会堪称世界上最早的科学学会，伽利略也是会员。[11]

埃尔南德斯著作的山猫学会版首次描述了新大陆的很多动植物，但仍然按照传统欧洲观念排列它们。虽然书中也能见到纳瓦特尔语观念的痕迹，全书与阿兹特克人的《巴迪亚努斯手稿》也有类似之处，但是埃尔南德斯手稿的编辑还是决定根据迪奥斯科里季斯的观念，把书中的植物按着可以用它们来治疗的身体部位排列。这样的做法，一方面让新大陆的植物显得更有用，另一方面也把它们强行塞进了旧大陆的名录，让它们看上去比实际情况多了一丝熟悉感。[12] 除了用欧洲的观念和名录去给美洲物种分类与命名，很多引入欧洲的新植物（包括烟草、玉米和番茄）传播得非常迅速，以致植物学家有时候竟然搞不清楚一种植物到底是不是新来的。如果是新来的，也可能搞不清楚它来自这个辽阔陌生世界的哪个角落。所有这些因素，都让欧洲人一直到 18 世纪才充分了解美洲那些新奇的植物。

约翰·雷在他卷帙浩大的名录中使用了山猫学会版本中的植物描述（还有很多类似著作中的描述）。这部巨著到 1704 年才出齐，所以 1704 这个年份可以被视为很多美洲植物最终在欧洲人的自然名录中占据一席之地的时点。已知植物种数快速攀升的局面让雷的一位同时代学者、法国植物学家约瑟夫·皮顿·德图内福尔（Joseph Pitton de Tournefort）断言，全面改革植物分类方式的时代已经到来。他相信，种是一个过于狭隘的范畴，已起不到太大用处，于是建议引入一个更大的范畴——属（genus，这个词在古希腊语中的本意为品种或品系）。如果博物学家不想被大量的信息压垮，属就必须被当成基本单元。[13]

图内福尔不是第一个把植物编组成属的人，但是比起任何前人，他的定义确实更清晰了。为了定义属，他把一朵花的花瓣（总称花冠）和果实的结构特征结合起来，这样就可以把种编排成条理清晰的一个个类群。[14] 在《植物学原理》（*Éléments de Botanique*，1694）一书中，他又把属编排成更大的类群，叫作目（大致等同于今天植物学家所说的“科”），其中之一是“兰目”，主要由不对称的花所界定。[15] 近两千年来，兰花长期只包括一些零零碎碎、屈指可数的种（其中只有少数几个长着特征性的睾丸状块根的种在人们看来彼此有亲缘关系）；但是直到进入 18 世纪，它们才终于被识别成一个科。

图内福尔的分类系统只是当时许多系统中的一个，所以兰花都属于一个科的观念要传播开来还需时间。不过，这无法阻止兰科迅猛扩大的势头。就在图内福尔给这个类群命名的时候，一部名为《马拉巴尔印度花园》(*Hortus Indicus Malabaricus*，后简称《马拉巴尔花园》）的巨著印行了最后一卷。这是世界上最早的大型热带植物志之一，是印度马拉巴尔地区（一部分位于今天的喀拉拉邦）的荷属东印度总督亨德里克·阿德里安·范·雷德·托特·德拉肯斯坦（Hendrik Adriaan Van Rheede tot Draakenstein，一般就称为范·雷德）的心血之作。范·雷德对植物学很感兴趣，利用自己的权力组织了《马拉巴尔花园》的编撰。(该书的出版始于 1678 年，但到 1693 年才出齐，其时范·雷德已经去世。) 这部共 12 卷的大部头是由 200 多名当地专家组成的团队经过 30 多年艰苦工作所得的结晶。团队中有几位印度僧侣和医师，熟悉当地以草药为基础的传统医学；还有隶属于荷兰东印度公司军队的 4 名士兵，为这部书绘制了精美的插图。

范·雷德真心热爱印度植物，他曾激动地写道，在一次旅行途中，他——

> 观察到了巨大、高耸而稠密的森林……打量一棵树常常妙趣无穷，其上展示着十几种不同的叶、花和果实。但它们并不会以任何方式伤害到这棵树，所以这些树木的树干彼此非常靠近，非常粗大，无论什么时候，顶端都昂向天空，高可达壮观的 25 米左右。[16]

范·雷德就这样成了欧洲人中最早对长在树上的这些热带兰花做出描述的。这类植物有时候被当成寄生植物。斯隆在其牙买

图 10 荷兰人范·雷德发表了他对长在树上的热带兰花的描述，是相关描述中较早的一份记录。

（引自《马拉巴尔花园》，1686—1693）

加航海报告中描述这类兰花时，就以为它们是某种槲寄生，也因此给出了错误的命名。[17] 不过范·雷德知道，“它们并不会以任何方式伤害到”它们所生长其上的树木。它们只是以树木为支撑，所以后来渐渐又有了“空气植物”之名。今天，植物学家和园艺师管这类植物叫“附生植物”（epiphyte，字面意思是“上表面植物”，即长在另一物体表面的植物）。全世界的大部分兰花都是附生植物或附石植物（即长在岩石表面，而不是长在土壤中），让兰花在西文中得名的那类生有一对块根的种类，在兰科中反而是少数。

亚当第二

像范·雷德所描述的那些种的热带兰花，正以越来越快的速度到达欧洲。差不多与他那套巨著的出版同时，别的著作中也在鉴定新的兰花，其中一本是由英国植物学家、皇家植物学教授、玛丽女王御用园艺师伦纳德·普拉克内特（Leonard Plukenet）所著的《描述植物学》（*Phytographia*，1691—1694，1696）。而当德国博物学家恩格尔贝特·肯普弗（Engelbert Kaempfer）在亚洲游历多年返回欧洲之后，他所出版的《异域采风记》（*Amoenitatum Exoticarum*，1712）也为欧洲的名录增补了更多兰花。[18] 这些新增的种类让名称问题更为棘手，因为虽然先前已有图内福尔等人的努力，但是学界之中仍然有很多不同的系统和名称在传播。新种越多，混乱越甚。多亏了卡尔·林奈（Carl Linné）的工作，这个局面终于改观。

不修边幅的林奈（其姓氏更为人熟悉的拼法是拉丁化的Linnaeus）是瑞典乡下一个牧师的儿子。他受的是医学科班训练，之后在乌普萨拉大学植物园工作了几年。与大多数大学植物园一样，这个植物园也用来给医科生教授植物学知识。在远离大城市的地方，医生必须自制药物，其中大多数成分来自植物，所以林奈会带着医科生在园子里转，教给他们植物的名字和识别的方法，以及每种植物能用于治疗什么疾病的知识。

为了让教学工作轻松一些，林奈编制了植物园的植物名录。

图 11　几种最早到达欧洲的亚洲兰花。
（引自恩格尔贝特 · 肯普弗《异域采风记》，1712）

早期的几个版本使用了图内福尔分类系统，但到了 1731 年版，林奈便开始引入他自己的系统。这个系统，是林奈看到一篇谈及法国植物学家塞巴斯蒂安·瓦扬（Sébastian Vaillant）的文章之后受到启发而提出的。瓦扬在巴黎的皇家植物园接替了图内福尔之职。1718 年，他在植物园做了一次讲座，提出植物的雄蕊和雌蕊（心皮）是它们的生殖器官，直接对应于动物的阴茎和其他性器官。他甚至还开玩笑说，花朵一定能从生殖中获得一点纯真的享受，就像我们一样。植物是有性爱的生物，这个观念虽然一点也不新鲜，但仍有很多人不知道，以至于他们听到以后大为震惊。不过，一旦他的论述印成了优雅而富于学术气息的拉丁文，这个观念就迅速传播开了。事实变得很明显，花中的性器官比花瓣（这是图内福尔之前强调的部位）更重要，这让林奈确定，植物的生殖部位可以为分类提供更好的基础。

接下来的几年时间里，林奈出版了一系列著作，把瓦扬最初的观念深化扩充为植物学的一个综合性的新系统。林奈留给科学的最为不朽的遗产，可能是他把很多不同博物学家的思想融会贯通起来，打造成了统一自洽的系统。比如他采纳了由鲍欣最先运用的“双名法”（名字由两个词构成）拉丁学名来给物种命名，并且为这种名称的创造和应用都确立了正式规则。正是因为林奈的工作，今天科学界仍在使用双名式学名；比如人类都属于智人这个种，学名是 *Homo sapiens*，这就是林奈起的名称。[19]

林奈本人命名了将近 8,000 种植物（另外还命名了大约 4,400 种动物），并让很多既存名称的应用稳定了下来。[20] 举例来说，在《植物种志》（*Species Plantarum*，1753）一书中，他为 *Orchis* 这个属的界定给出了确定的特征；于是仅仅几年之内，之前那种要么叫“裸男兰”（Naked man），要么叫“意大利男孩草”（Italian

Lad's weed），要么叫“波叶兰”（Wavy orchid）的兰花，终于有了一个固定的学名：*Orchis italica*（中文名“意大利红门兰”）。林奈本人命名的植物实在太多，以致与他同时代的一个学者抱怨说，“林奈把他那不受限制的支配地位强加在”自然界之上。就如伊甸园里的亚当为动物命名，林奈则“认为自己是亚当第二”，重新命名了所有这些物种。[21] 一开始这是一个带有批评意味的绰号，后来则成了一种赞美。他生前常常被人这么称呼。

然而就植物而言，林奈最重要的创新还不是给单个的种起了统一的新式名称，而是他用来组织这些名称的系统。林奈把他的系统建立在瓦扬的认知之上，认为植物的性活动具有普遍性和重要性。既然所有植物都有生殖器官，那么林奈只需数一下这些器官的数目，就可以建立较为宽泛的类群。雄蕊的数目用于把植物指定到“纲”，雌蕊或心皮的数目则用于把植物指定到纲下面再划分出来的“目”。[像藓类这样的植物，表面上看似乎没有可见的生殖器官，于是林奈把它们都归入一个专门的类群，叫“隐花植物”（cryptogams），字面意思是“秘密结婚者”。] 新设立的类群是一个等级体系的一部分，在这个系统中，像植物界和动物界这样的界是最高等级，种是最低等级，纲和目则是中间等级的类群，就这样从上到下一级套一级。这样的系统结构意味着，任何想要鉴定某种植物的人，只要会数数，就能用它来找出正确的名称。林奈把他的系统称为分类的“正当方法”（*methodus propria*），但因为它的基础是给每种植物的生殖器官计数，所以很快就以“性系统”之名闻名于世。

性系统的简洁性让它不胫而走，成为第一个真正应用于全球的植物鉴定方法。全世界的探险者、殖民者、医生和其他职业的人都觉得这是无价之宝，认为这能方便地帮助他们确定一种不认识的植物是否确为新植物，是否因而可能有挖掘的价值。性系统也让植物学从纯粹的药用植物研究向着只针对植物本身的研究又迈进了重要的一步。[22] 林奈的著作被翻译成了多种语言，这些简单易用的指南让林奈的思想传遍世界。从之前千百年的混乱之中终于生发出了一种秩序，不过，这是怎样的一种秩序呢？

从人为到自然

林奈本人坦然承认，他设计的系统所确立的只是一系列人为的范畴，像单雄蕊纲（Monandria，意为“具有单独一枚雄蕊的花”，直译的话则是“具有一个丈夫的类群”）就包括了兰花和美人蕉（与香蕉只有很远的关系），还有盐角草（*Salicornia europaea*，其英文名 glasswort 字面意为“玻璃草”，因为这种植物烧成的灰中含有苏打，可用于玻璃制造）之类耐盐碱的多肉植物。兰花、美人蕉和盐角草除了都只有一枚雄蕊之外，再没有其他共同之处。因此，性系统中的纲和目无法用于预测未知植物的特性（比如殖民者就没法利用这个系统在当地找到某种可以烧出苏打灰的植物）。

在《自然系统》（*Systema Naturae*，1735）一书中，林奈写道：“迄今为止，还无人构建出植物的自然系统。”不过，他希望能够“在另一个场合展示它的片段”。认为植物一定有个真正的自然系统的观念，以两个思想为基础：首先，人们认为上帝创造了世间万物，而且上帝在做这件事时，心中一定有个计划；其次，人们能观察到一些动植物彼此之间的亲缘关系明显比它们与其他动植物之间的更近，这堪称常识。比起乌龟，猫与老虎就更相似；蔷薇也很像苹果树——二者都有具 5 枚花瓣的扁平花朵。与此相反，比起蔷薇，向日葵显然更像雏菊。由此归纳的大类群，以生物体之间的全面相似性为基础，这似乎是不言而喻的，但是在其中做出较细致的区分要困难得多。林奈坚持道："就目前而言，只要我们还没有一个自然系统，那么人为系统就是亟需之物。"[23]

林奈把人为系统（特别是他自己的系统）明确地当成鉴定与编排已知和未知植物的必需工具。自然系统的构建则是一项需要更长时间的实证工作，依赖于更多标本的采集。[24] 林奈后来确实开始构建一个真正的自然系统，他用地理学来打比方，以此来解释他的方法："所有植物都展示着相互的亲缘性，就像地理图上的不同地域。"[25] 换句话说，把雏菊和向日葵联系在一起的共同特征，就像两个毗邻的国家的共同特征，相似的地理条件有利于栽培一样的作物，形成一样的农业形态，促进彼此的贸易和旅行，有时候还能塑造出相似的语言，甚至相似的宗教。与此类似，人们可以期待彼此近缘的植物也具有类似的药用价值或其他特性。在迅猛探索和扩展知识的时代，理解新国家的特征是开发其财富的关键；而在林奈看来，植物界也是如此。林奈植物学的主要目标之一，就是要让他的祖国瑞典积累更多财富，为此要减少对进口商品的依赖，包括很多用棉花和烟草之类的植物制造的外国货物。通过给植物世界绘图和分类，他希望能把有价值的作物移植到瑞典的土地上。正如他所说："如果栎树在瑞典没有生长，然后有人想要把栎树引入（这个国家），于是栎树就像今天这样生长在这里，那么这个人为国家所做的贡献，岂不是比他以牺牲成千上万的人命为代价而给瑞典添一个省还大吗？"瑞典没有海外殖民地，但通过给植物重新命名，林奈却为瑞典赚来了一个植物帝国，足以补偿它在地理上所缺乏的那个帝国了。[26]

林奈明确地指出了准确命名植物在经济上的重要性，他写道：

> 属名在植物学市场中的价值，与硬币在政治联合体中的价值相当。人们能够以某个价格来接受硬币，而不需要对它做冶金上的检查；只要联合体里人人都知道这种硬币，其他人便也能接受它，作为日用之物。[27]

换句话说，如果你知道了一种植物正确的拉丁名，那么你马上就能知道拿到的是什么植物、其价值几何——这就是林奈改革所带来的巨大益处。

不过林奈也知道，虽然他的性系统很有用，但只有“考虑植物本质的自然目（natural order）才真正有价值”。[28] 当他终于开始出版他所许诺的有关自然目的“片段”时，这些类群就不再是武断的植物集合，不再只由相同的雄蕊数目等单一特征所界定。新设立的自然目所包括的植物，由很多不同的共性联系在一起；他最早识别出来的类群包括棕榈目（*Palmae*）和兰目（*Orchidae*）。[29]

林奈最早在《植物属志》（*Genera Plantarum*，初版于 1737 年）中总结了兰花的特征，这本志书中描述了兰花的 8 个属：红门兰属（*Orchis*）、鸟足兰属（*Satyrium*）、长药兰属（*Serapias*）、角盘兰属（*Herminium*）、鸟巢兰属（*Neottia*）、蜂兰属（*Ophrys*）、树兰属（*Epidendrum*）和杓兰属（*Cypripedium*）①。这里面的杓兰属值得一提，因为它有两枚雄蕊，而其他各属只有一枚雄蕊。在性系统中，杓兰属因此被分到了双雄蕊纲（Dyandria，意即“两个丈夫”），而所有其他属都被归入单雄蕊纲（Monandria，“一个丈夫”）。不过林奈清楚地意识到，由他自己的性系统所建立的范

---

① 杓兰属在历史上曾长期包括今天已经独立为兜兰属（*Paphiopedilum*）的热带种类。本书后面提到的杓兰属植物实际上大多是兜兰。

畴破坏了兰花类群的自然性。到他出版《植物种志》(1753)的时候，兰花的种数已经从38种增长到62种，其中包括种数不断增多的热带兰花。到10年之后《植物种志》第二版问世时，其中已经包括102种兰花；而到林奈生命将终之时，他已经给113种兰花命了名。林奈去世之后，植物学家对分类系统又做了细化和改进。林奈最初的收藏现在存放在伦敦的林奈学会［Linnean Society；令人困惑的是，学会的名字省略了Linnaean（即“林奈的”）中的第一个字母a］，其中有150多种兰花，包括44份“模式”标本，也就是植物学家想要知道一个种是什么样子时必须参考的那份独一无二的原始标本。[30] 在林奈的著作之外，法国博物学家贝尔纳·德朱西厄（Bernard de Jussieu）和安托万-洛朗·德朱西厄（Antoine-Laurent de Jussieu）也延续了图内福尔的工作，对自然目（今天我们称为“科”）系统做了细化和改进；通过这一努力，他们便为我们勾勒出了现代兰科的面貌。[31] 多亏了林奈和其后继者的工作，今天所有人都能准确地知道一株兰花是什么种、应该叫什么名字了。

兰花的神话

虽然林奈是个极为严肃的科学家，但是他描写植物时所用的语言，与那种常常被我们和现代植物科学联系在一起的面无表情的文风相去甚远：

> 花的（花瓣）本身对繁衍毫无贡献，只是起着新婚床笫的作用；伟大的造物主把它们排列得十分优雅，用如此高贵的床帘来装饰，又喷洒上如此众多的柔和香气，让那位新郎

> 和那位新娘能够在如此宏大的庄严气氛中庆贺洞房之夜。既然婚床现在已经铺好，是新郎抱起他亲爱的新娘、把礼物赠送给她的时候了。[32]

林奈的植物学越来越流行，但在这个传播过程中，一些优雅的灵魂担心，花朵富于激情的拥抱，对于易遭荼毒的年轻心灵来说实在不宜提及。植物学在那时常常被视为一门女性科学，特别适合由母亲教给子女，因为人们觉得它不太难懂，而且不像动物学那样，要带着杀戮动物的凶残之心才能研究下去。可是对于那些想要教授林奈系统的人来说，大多数花朵不幸都有两枚以上的雄蕊或两枚以上的雌蕊（心皮）。结果，林奈所描述的那种更为人们所接受的一夫一妻制画面——“那位新郎和那位新娘”——反而罕见；在大多数花中，人们见到的是多位新娘和多位新郎在极为下流的植物式狂欢中相互嬉戏。在一些人眼中，所谓的“正当方法”恰恰最“不正当”。

林奈本人绝非浪荡公子（他甚至禁止几位女儿学习法语，因为他觉得这种语言总是让人联想到不良的道德），但是在其他学者笔下，植物的爱情生活呈现出极为不同的面貌。1789 年，伊拉斯谟·达尔文（Erasmus Darwin，查尔斯·达尔文的祖父）把林奈的意思转译到了广为流传的诗作《植物之爱》（*The Loves of the Plants*）之中。他不仅能接受植物世界中形形色色的非单偶制结合，而且还对此大加赞颂。伊拉斯谟写道，性是“盛在原本乏味的生命之杯中的一滴甜酒”，是最为纯粹的快乐来源，只要可能就应该随时赞颂（和参与）。[33] 而就植物之性来说，他为英语深感骄傲，因为比起拉丁语，英语更直率生动，可以让他的转译（以及其中那些情色内涵）表述得比原文更为“生动简洁”。[34]

林奈和伊拉斯谟·达尔文所强调的植物与性之间的联系当然不完全是新鲜话题（虽然这个联系在18世纪期间才得到更广泛的理解，对科学也更具意义）。就像我们已经看到的，从古代开始，植物那些传说中的催情特性就已经引发了兴趣，在人们相信的能让男性应付那件事的多种植物中就有兰花。在关于西班牙征服者觐见阿兹特克皇帝蒙特祖马（Moctezuma 或 Montezuma）的记录中，可以留意到皇帝会大量饮用“一种用可可制作的饮品，他们说可以让人在女人身上取得成功”。[35] 这种用了辣椒和“特利尔肖奇特尔”等多种香料调味的饮品，在纳瓦特尔语中叫“乔科拉

图 12　伊拉斯谟·达尔文在诗歌《植物园》（“The Botanic Garden”）中提到了许多植物，比如像这朵杓兰一样富有性魅力的兰花。
［引自《植物之爱》（*The Loves of the Plants*），第二部，1791］

特尔”[*chocolatl*，这个词后来进入英语，成为“chocolate”（巧克力）]。在有关这种饮品的早期记录中，用香荚兰给“乔科拉特尔”调味的做法屡见记述。埃尔南德斯就把“特利尔肖奇特尔”列为饮品的原料之一，并补充说：“这种复合饮品（“复合”指的是把原料混合一起）所具的药性能激起性的欲望。”[36] 有趣的是，埃尔南德斯在罗列“特利尔肖奇特尔”本身的种种特性时，并没有提到它作为催情剂的用途；他似乎相信，只有把它与巧克力混合才会产生那样的效力。事实上，没有证据表明原住民认为巧克力或香荚兰是催情剂。《巴迪亚努斯手稿》和原住民医药的其他早期记录都列出了香荚兰的很多入药用途，比如埃尔南德斯就建议用香荚兰“催生、促进胎盘和死胎的排出”。它还可以用于解毒，对治疗胃痛也有益处，甚至还能“排出肠胃胀气”，而且芳香浓郁（考虑到前面这个药效，这真是万幸）。然而，这些资料没有一句话提到催情的性能。[37]

然而到了 18 世纪后期，欧洲很多人都相信香荚兰是催情剂。德国外科医师卡西米尔·梅迪库斯（Casimir Medicus）在写给医生同人约翰·格奥尔格·齐默尔曼（Johann Georg Zimmermann）的书信集《论医药科学的经验》（*Über einige Erfahrungen aus der Arzenei-Wissenschaft*，1766）中就提到了香荚兰的催情特性，他在信中宣称，“不少于 342 位不举的男性，通过饮用香荚兰煎剂，在情场上变得令人惊艳，交往的女人数量至少和他们一样多”（我喜欢这句话里的“至少”）。[38] 还有其他 18 世纪的文献也说香荚兰是催情剂，但这个说法在什么时候以何种方式加到了这种兰花身上，几乎找不到证据。蒙特祖马的饮品是催情剂的传说，可能只是西班牙人的一种宣传，意在把他塑造成一个骄矜、好色而邪恶的暴君，这样他们征服这位暴君的行动就有了正当性（对他饮用巧克力的描述，紧跟在对他食用童男童女身上最柔嫩部分的描述之后；他吃的那些“美味”据说选用自每天都要献祭给他的活人）。

不管原住民的想法如何，西班牙人似乎断定新大陆一定有新药物，包括新的催情剂（烟草第一次传到欧洲时也曾被视为催情剂）。与那个时代的大多数欧洲人一样，西班牙人也把热带与异域风味的情色联系在一起；在他们的想象中，来自这些新发现的炎热国度的食物和香料总能让人兴奋，而且常常具有魔力。[39] 毕竟，一写到热带，握着笔的这些男性就会浮想联翩，不住地想到与肤色黝黑的土著美人来一场充满异国风情的性接触。这就难怪，当最早那批热带兰花到达欧洲时，其中一些种类一方面让人联想到巧克力和香荚兰的异域风味，另一方面又让人以为它们都是催情剂。

给香荚兰加上催情特性，不是18世纪的欧洲人动辄给兰花加上情色神话的唯一例子。1704年，法国作家路易·利热（Louis Liger）还出版了一本园艺著作，名为《讲历史的植物园艺师》（*Le Jardinier Fleuriste et Historiographe*），他在其中引用了大量古代神话传说来说明很多常见园艺花卉名字的由来。利热这本书在1706年被译为英文，其中这样解释兰花之名的由来：

> 红门兰属的名字奥尔基斯（Orchis）取自世界上最喜好女人的男人。他的父亲是一位萨堤耳，名叫帕特拉努斯（Patellanus）；他的母亲则是宁芙仙子阿科拉西亚（Acolasia），凡是向普里阿普斯（Priapus）致敬的节日庆典，全都由她来主持。

这个故事接下来讲道：

> 就是在酒神巴库斯（*Bacchus*）的庆典上，这位奥尔基斯像其他性情相同的角色一样喝醉了酒，干了人们可以想象的最为淫乱的事情。作为乡村之神的儿子，他以为自己做任何事都不会受罚。他粗野的激情让他如此盲目，以致竟敢把双手伸向巴库斯的一位女祭司，为此他当场就受到了惩罚。女祭司的遭遇让庆典上酒神的女信徒或助手们对他怒气大发，她们向他发起攻击，几乎把他撕成了碎片。他的父亲从众神那里所得到的全部补偿，仅仅是让他变成了一朵花；这花以他之名永久流传，让人们一直记得他身上永存的污点。[40]

你可以在几乎每一本有关兰花的流行图书中（以及大多数以兰花为主题的网站上）找到这个故事的某个版本，它们全都众口一词地说这是希腊神话或罗马神话。乍一看好像没什么问题，因为酒神巴库斯及其随从——包括美丽的宁芙仙子和好色的萨堤耳——通常确实会让人联想到花园、生育力和狂欢，并且常常会在古典时代的建筑物腰线和庭园湿壁画中出现。[41] 然而，只要找来任何一本古典神话辞典，翻上五分钟就足以让人怀疑这则神话中的古典神谱，因为奥尔基斯、帕特拉努斯和阿科拉西亚这些名字根本就不见于任何古典文献。在利热于 1704 年发表这些名字之前，似乎（在任何语言中都）根本找不到关于它们的蛛丝马迹，所以恐怕正是他编造了整个故事。不仅如此，书中别处所记载的类似的有关其他很多花卉的神话，绝大多数在古典文献中找不到来源，这就更加让人滋生疑窦了。举例来说，他声称金鱼草（antirrhinum）之名来自一个名叫安提里农（Anthirrinon）的人物，"是普里阿普斯和宁芙仙子菲西亚（Phisia）之子"。安提里农生性过于好奇，这让他不幸在一场争吵中被人杀害，之后普里阿普斯（巴库斯之子，他那活儿永不疲软）便把他变成了花，并以他的名字命名。同样，这个故事里面也没有一句话有古典出处。金鱼草的名字实际上来自古希腊语词 *anti*（αντι，意为“反对”或“假冒”）和 *rin*［ριν，意为“鼻子”；英文中的“犀牛”一词（rhino）也来自这个词］，因为它看上去像动物的口鼻。这个名字首次在英语中亮相是在特纳的《新本草》里，特纳还记下了它的英语普通名 calfes snout（“犊鼻花”）。

然而，虽然利热的故事可能都是 18 世纪的新发明，但从中也不难看到一些熟悉的东西。奥尔基斯的故事显然是以彭透斯（Pentheus）的故事为蓝本。彭透斯是底比斯国王，曾乔装打扮去暗中窥探一场只有女性参与的酒神庆典，结果被发疯的酒神女信徒们拽住肢体撕成碎片，他自己的母亲也参与其中。［欧里庇得斯在他的戏剧《酒神的伴侣》（*The Bacchae*）中对这个故事有更戏剧化的讲述。］这个故事中也有许阿金托斯（Hyacinth，古希腊语为 *Hyakinthos*）或纳西索斯（Narcissus）故事的影子。许阿金托斯是位俊美小伙，被悲痛欲绝的阿波罗变成了同名的花；纳西索斯则是那位命运不济的彭透斯的堂兄弟，也是一位俊美的年轻人，后来也被变成了花。[42] 不过，最明显与之相似的古典情节，还是奥维德（Ovid）《变形记》（*Metamorphoses*）中很多把人变成植物的故事。比如有一个故事讲的是阿波罗在追求达芙涅（Daphne），之后达芙涅被变成了一棵月桂树，从而摆脱了阿波罗神的色欲。现在不清楚奥维德把哪种花叫作“许阿金托斯”［今天叫这个名字的种是风信子（*Hyacinthus orientalis*），但它并不完全符合奥维德的描述］，也有现代学者推测，他可能是用这个名字来指称一种野生兰花，但在奥维德的著作中绝对没有提到奥尔基斯、他变成的花或有关他的神话。[43]

利热这本书的大部分内容本来都是直白的园艺实践，其中有相当的篇幅详细介绍了应该什么时候把花卉种到哪里，怎样给各种花卉提供营养。为什么他要在其中加入那么多可疑的神话，而且通常都是古典神话的拼凑呢？今天所能找到的有关利热生平的资料太少，这个问题的答案已经无法确定，但这本书可能还是留下了一条线索。利热写的每个神话都伴有一种道德上的寓意。比如奥尔基斯故事的寓意就是“没有什么东西能逃过上天的报复…… 上天会惩罚那些实在无法悔过自新而只会在罪恶中越陷越深的人”。[44] 18 世纪阅读利热作品的读者大多是受过良好教育的女士和先生，他们可能把其当作了 14 世纪法国某首佚名诗作的再加工或戏仿之作。那首诗题为《说教的奥维德》（*Ovide moralisé*），诗中以劝人向善的寓言形式把同一个故事讲了一遍（但吊诡的是，这首诗的作者偶尔也会用奥维德原作中没有的淫秽情节来增添情趣）。[45]

不管利热是不是以《说教的奥维德》为底本进行改编的，有一点没有疑问，就是他那些受过良好教育的读者们应该知道他写的“神话”实际上都是些巧妙的现代拼凑，是些妙趣横生而且常常相当淫猥的笑话。举例来说，在奥尔基斯还没有命丧酒神女信徒之手的时候，利热讲道：“这个小伙子主要琢磨的是寻找机会来满足他的激情。他爱过一位名叫波耳尼斯（Pornis）的牧羊宁芙仙子（*Nymphe bocagère*，也即林中仙子），和她生了两个孩子。”法语中正好有个词是 *pornographie*，就像它在英语中的对应词 pornography 一样，都来自古希腊语词 *pornographos*（πορνογραφος，意为“有关妓女的文字”）；这位仙子的名字念起来与这个词颇为相似，这肯定不是巧合。不仅如此，还有一个有趣之处，波耳尼斯之所以是一位林中仙子，是因为欧洲的大多数兰花生于林中。于是从这个荤段子里，我们居然还能学到一点有用的科学知识。

如果以 18 世纪前期的巴黎所处的时代背景来考察，从利热这本书的古怪之处——特别是其杂糅的风格——还能读出更多意义。[46] 他的兄弟在巴黎拥有一家时尚的咖啡馆，位于拉丁区（Latin Quarter，之所以叫这个名字，是因为这个区离大学很近，这些大学的学生今天还在继续研读拉丁文）的于谢特路（rue de la Huchette）。利热为前来巴黎（他把这座城市称为“一处怡人的居所”）参观的访客写了一本旅游指南，在其中这样描述这类咖啡馆——

> 这里是小说家会面的地点；一些有才的人也在这里见面，一起谈论文学精品。为了让他们常来光顾，这里提供所有最能够让他们在讨论中激发想法的东西：咖啡（和）巧克力。[47]

咖啡馆社交圈以文学为中心，特别是诗歌；无论是粗鄙下流的讽刺作品，还是有关哲学问题（也包括科学在内）的严肃辩论，无所不谈。作家及其读者们一定对这类作品的古典范本十分熟悉，特别是奥维德之类的古罗马讽刺作家的诗歌。[48] 在这样的社交圈看来，这些诙谐、情色和假正经的寓言如果出现在一本为侍弄自家小花园的雅趣所写的书中，那真是再合适不过了。不仅如此，这些书的读者在啜饮香草风味的巧克力时，恐怕还会觉得，如果非要去问作者写的故事是否真实、是否真正取自古典，或者非要把书中恶搞的文字与正确的科学事实强行分离，那实在太不得体了。温文尔雅的咖啡馆常客们，只需好好咂摸作者精心调制的醇厚含蓄味道，准备好对任何作品表示欣赏——只要那作品悦人耳目，最关键的是文字一定要妙——便可展示出自己的深厚修养。

那个时代（以及之后）的法国知识分子对英语多少有点鄙夷，觉得这种语言太教条、太直率，执着于表达没有歧义的真理和过于明显的事实，而不会赞颂人们的礼貌和机智。[49] 巴黎咖啡馆的有才之士们相信，哪怕法国人用深奥精妙的笑话嘲讽了英国人，后者也察觉不出来——利热那则异想天开的奥尔基斯神话在英国人那里的经历，大概就证明此言不虚。就像上面已经提到的，这个故事很快被译成了英文，失去了法文语境之后，人们不假思索地把它当成了一则古典神话，在一本本兰花图书中被一字不差地抄来抄去，直到今天还是如此。举例来说，英国园艺作家亨利·菲利普斯（Henry Philips）就把这个故事写进了《历史之花，或英国花坛的三个季节》（*Flora Historica; Or the Three Seasons of the British Parterre*，1824）一书，其他作者又通过这本书把它抄了去。几乎一模一样的版本也见于约翰·纽曼（John Newman）的《插图植物学》（*The Illustrated Botany*, 1846）、约翰·基斯（John Keese）的《花之纪念品》（*The Floral Keepsake*，1850）和理查德·福卡德（Richard Folkard）的《植物故事、传说和抒情诗》（*Plant Lore, Legends, and Lyrics*，1884）。连 20 世纪的美国兰花爱好者格蕾斯·奈尔斯（Grace Niles）都在精心删节之后把这个故事写进了她的回忆录《走进泥沼觅兰花》（*Bog-Trotting for Orchids*，1904）。在她笔下，奥尔基斯不再是一个醉醺醺的未遂强奸犯，而是“在出席巴库斯的庆典时没能遵守礼节，结果用他粗鲁的举止冒犯了一位女祭司”。[50] 这个故事最晚近的现代版本，见于路易吉·贝尔利奥奇（Luigi Berliocchi）的《兰花故事和传说》（*The Orchid in Lore and Legend*，1996），作者声称这是一个真正的古典神话。[51] 贝尔利奥奇所述的版本在 2000 年被译成英文后，也被辗转相抄（通常都不给出处）。就像 15 世纪印刷术的出现让错误变成了令人深信不疑且迅速散播的“事实”，互联网以更大的规模、更快的速度推动了同样的过程。截至写作本书之时，被人当成真古典的奥尔基斯神话已经出现在了20,000多个网站之上。

过去的300年间，奥尔基斯的神话被人们无休无止地反复讲述，这背后所揭示的绝不只是有些懒惰的作者对资料来源不加检查那么简单。这个故事在讲述西方文化中与兰花相关联的那些品质时，正是其叙述方式让它如此受人欢迎。奥尔基斯据说遗传了父亲的色欲和母亲的娇美；他与他的花都象征着精致和性感（毕竟，他们的名字本来指的是男性机体上最为脆弱的那个部位，一个太容易受伤的新生命之源）。与利热写下这段神话同时，热带兰花也进入了欧洲人的想象之野，这并非巧合。附生兰会让人不禁想到异域的热度，想到传说中残暴好色的阿兹特克皇帝们最嗜好的饮品的调味品，想到由野蛮的西班牙征服者在辽远的丛林中揪下的芳香催情剂。18世纪为兰花赋予了理性的科学名称，用的却是大谈特谈植物婚礼的林奈式语言。颇具悖论意味的是，恰恰是这个所谓的启蒙时代，让兰花浸透在了性与死亡（这是拜奥尔基斯的悲惨结局所赐）的画面之中。自此之后，兰花再也无法摆脱这两种意象。

4

兰花狂热

1837 年，一部有关兰花的新作面世，这本巨著分了多个部分陆续发行，提前预订的读者刚兴奋地收到了第一部分。他们为每一部分支付了 1.11 英镑（合今 1,100 多英镑或 1,700 多美元[1]），整本合计 15.15 英镑。第一部分包含了 5 幅绘制精美的中美洲兰花画作，为手工上色，绘制者是萨拉·安妮·德雷克（Sarah Anne Drake）等技艺娴熟的植物画家。有财力购买这部书的有钱人可能需要专门定做的书架才能承受住这整一本书的体量。这部书选择了大象对开本（elephant-folio，685 毫米 ×381 毫米），这是维多利亚时代的印刷机所能对付的最大纸张尺寸，非如此不能让兰花的图片最终以实物大小呈现。把这多个部分装订在一起后，人们便会得到一本巨硕而翻页艰难的大部头。在精美的植物图版旁边还有一些诙谐的小幅插画，其中一幅的作者是著名漫画家乔治·克鲁克尚克（George Cruikshank）。这幅漫画（即《图书馆员的噩梦》）画了一队工作人员徒劳地想用滑轮把这部书吊起，让它竖直摆放，以便阅读。漫画的标题取自古希腊诗人卡利马科斯（Callimachus）的一句话："*mega biblion, mega kakon*"——大书即大恶。（卡利马科斯曾经参与了亚历山大图书馆的编目，其诗歌以简短著称。）

这部噩梦之书——詹姆斯·贝特曼（James Bateman）的《墨西哥和危地马拉兰科植物》（*The Orchidaceae of Mexico and Guatemala*）是有史以来有关兰花的著作中最大、最昂贵的一部，经 6 年时间才完成。这块印证兰花狂热的臃肿丰碑仅仅印了 125 套。兰花狂热是 19 世纪主要在英国流行的一种特殊疾病，感染了很多有钱人。他们对兰花的痴迷缘于一个悖论性的事实：2,000 多年来，欧洲人一直在采集兰花，给它们命名和绘画，但基本上都

图 13　乔治·克鲁克尚克绘《图书馆员的噩梦》。
（引自詹姆斯·贝特曼《墨西哥和危地马拉兰科植物》，1837—1843）

没能把兰花种活。欧洲的原生种不够美丽迷人，不在栽培考虑之列；热带的种类美则美矣，但从一开始就一再挫败人们的栽培尝试。在这种情况下，大多数有钱的收藏家愿意通过绘画来亲近热带兰花。

成功诱使热带兰花在英国开花的第一人，似乎是贵格派商人彼得·科林森（Peter Collinson）。他做的是贵重纺织品生意，这让他得以接触到形形色色的人：有伦敦上流社会人士，有咖啡馆哲学家，有皇家学会会员，还有给他带来宝贝藏品的普通船长。他与全北美洲的博物学爱好者通信，从他们那里获得了各种各样的异域动植物。科林森从巴哈马的普罗维登斯岛（Providence Island，现名新普罗维登斯岛）得到了一种兰花，然后据说通过与一个名叫威杰（Wager）的英格兰人合作，在1732年成功让它开花。在剑桥大学植物学教授约翰·马丁（John Martyn）的著作《珍稀植物志》（*Historia Plantarum Rariorum*，1728—1737）中有这种兰花的一幅绘画，所标的学名是 *Helleborine americana*（后来改叫 *Bletia verecunda*）。[马丁还建立了英国第一个植物学会，集会地点在沃特林街（Watling Street）上的彩虹咖啡馆；让图内福尔的分类术语和观念在英国普及开来的也是他。]

然而，科林森的成功只是罕见的一例。他的朋友菲利普·米勒（Philip Miller）是著名的切尔西药草园的负责人，虽然可能也曾设法让一些种开花，但米勒在《园艺师辞典》（*Gardener's Dictionary*）一书中表露，树兰属之类的附生兰花“用已知的任何技术都无法地栽，虽然只要生长良好，其中很多种类可以开出形态奇异且非常美丽的花朵”。[2] 不过在1787年，这些难伺候的兰花中有一种章鱼兰（当时的学名是 *Epidendrum cochleatum*）终于在英国皇家植物园邱园的诱导下绽放出形态奇特而有紫红色条纹的贝壳状花朵。到了1794年，邱园已经栽培了树兰属的15个种。[①]

在18世纪的大部分时间里，那些缺少邱园那样的资源或耐心的人很难见到一棵活着的热带兰花。带到欧洲的植株本来就少，大部分又难逃一死，部分原因在于欧洲气候太冷。古代人已经认识到有必要为一些植物提供遮蔽，使之免遭冻害。在古罗马帝国城市庞贝的废墟遗迹中，就能见到人们早期为了解决这个问题所做的尝试。古罗马人制造不了平整的玻璃，于是他们改而利用云母这种矿物的薄片——只要剥得足够薄，云母也几乎是透明的。直到18世纪，真正的温室才出现。最早的温室可能建于1717年，是为钱多斯公爵一世詹姆斯·布里奇斯（James Brydges）所建，坐落在他位于赫特福德郡坎农斯（Cannons，Hertfordshire）的庄园中。与这座庄园的其他部分一样，建造温室的用意在于展示这位公爵豪奢但并不庸俗的巨大财富。温室的设计者是佛罗伦萨数学家、建筑师和理论家亚历桑德罗·伽利雷（Alessandro Galilei，与著名天文学家伽利略·伽利雷属于同一家族）。温室顶端采用了玻璃穹顶，用于采光。钱多斯的温室所用的设计原理后来逐渐被很多阔气的家庭采纳，用来建筑柑橘温室。柑橘温室是安有大型窗户的保温建筑，其中栽有供自家三餐食用的热带水果。不过，这些温室设计之初是为了模仿地中海气候，其中干热的环境通常会让热带兰花无法存活。直到19世纪，温室才开始有了更广泛的应用，栽培热带植物的技巧也陆续为人们发现。

在18世纪后期和19世纪前期，突如其来且相互交织的许多变革让全世界为之一新，欧洲的花园也（意外地连带着）迎来了

---

① 在18世纪，所有附生兰都归入树兰属。随着新发表的附生兰花种类越来越多，这个属才被细分为许多属，但今天分类学上定义的树兰属仍有1,500多种。

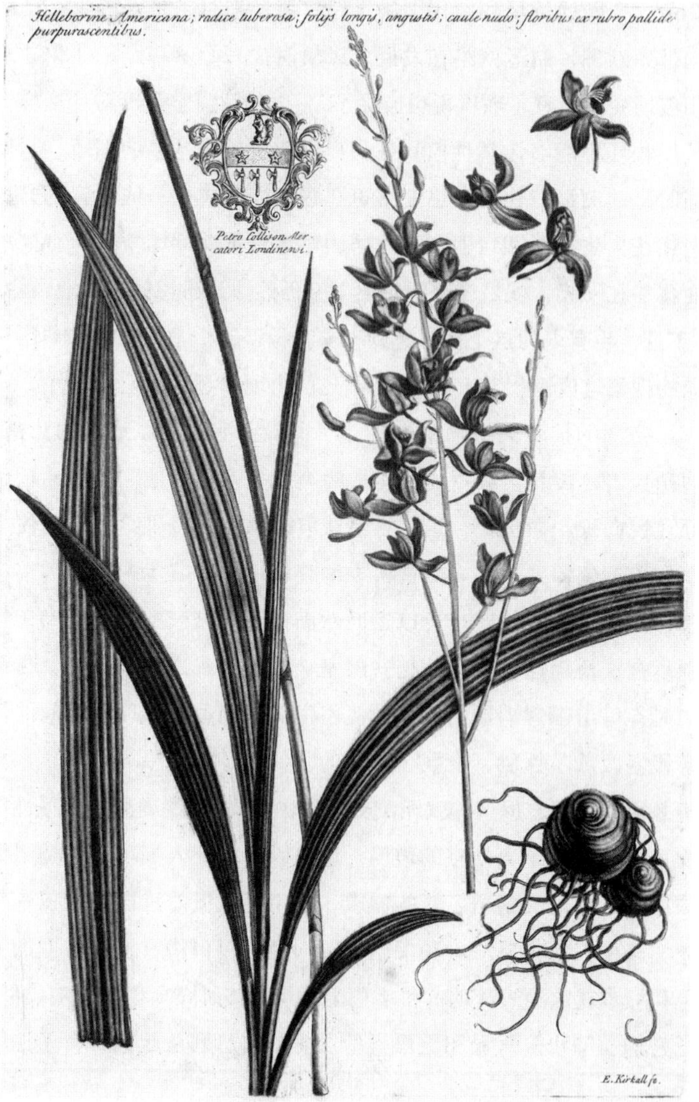

图 14　*Helleborine americana*（今名中美拟白及，学名 *Bletia purpurea*）可能是最早在英国开花的热带兰花。

（引自约翰·马丁《珍稀植物志》，1728）

变革。帝国的贸易和殖民网络迅速扩张，把越来越多的异域动植物带到欧洲；航运网络在发展，风帆时代开始落幕；工业化让铁和玻璃变得便宜（玻璃税也废除了）；人们从科学角度对什么样的气候和环境能够让某种植物生长良好有了越来越多的理解；与此同时，欧洲最有钱的人也变得更有钱了，总想找一些新颖的方式把钱花出去，以期给朋友、邻居和对手留下深刻印象。所有这些变化加在一起，就是今天的历史学家仍然津津乐道的“产业革命”（不过，也有人为这个概括感到不安，觉得这个术语把一些非常复杂的现象过度简化了），为兰花狂热的出现和蔓延创造了条件。

帝国的扩张为植物猎人打开了世界上那些难以进入的角落。由殖民者、传教士和贸易商构成的当地关系网让他们更容易招到原住民向导和搬运工，也更容易获取信息和物资供给，从而使考察的足迹延伸到先前未做过植物调查的地区。航运的改进创造了条件，让异域活体花卉可以运回欧洲，经由繁荣的苗木贸易（特别是在沃德箱这种微型便携式温室被发明出来之后）买卖。与此同时，可用于容纳新到植物的温室也在不断改良。玻璃之间的椽条慢慢改成了铁制，替换了老式的木椽条（为了采光充足，木椽条必须足够细，但这样就无法支撑大块玻璃）。铁制品的支撑性以及工厂制造出了更便宜的玻璃，这些因素都让人们可以建造更大的温室，而这又创造了新的需求，要用更大量的绚丽热带花卉来充实其中。植物旅行者和探险者的人数与日俱增，他们带回的信息和标本让欧洲一流的“科学男士”[①] 能够研究全球的植被类型，把它们与降水、气温和土壤类型之类的信息联系起来；有了这些

① 19 世纪，在“科学家”（scientist）一词得到广泛应用之前，英语中常用 science man 或 man of science 表示从事科学研究的人。为了体现这些说法里面的性别意味，这里译为“科学男士”。

成果，为新来的植物移民再造合适的环境、让它们欣欣向荣也慢慢变得容易了。然而，这一切都需要钱。这些常常建立在非洲奴隶伤痕累累的脊背之上的巨额财富以空前的规模流向欧洲。英国及其殖民地废除奴隶制之后，财富又投入新兴的工厂、机器、轮船和其他产业。大发其财的工厂主造起豪奢的宅邸和庄园，过上了堪与传统土地贵族匹敌的生活，甚至有心超越他们。多亏了18世纪后期贵格派铁匠改进的铸铁管，从英格兰开始，潮湿而富于热带气息的暖气逐渐在温室里弥漫开来。煤炭是英国工业化的关键物资，它能熔铁化成铁水，能为运输货物的火车提供动力，又能产生加热温室的蒸汽。19 世纪 20 年代以后，种植热带兰花的环境越来越常见。越来越大的温室接连建成，设计精巧的加温系统可以再造出他们所认为的热带环境——热得气闷，湿得滴水，小心地封闭在北方严冬的凛冽寒风之中。[3]

从全世界运来充实这些新温室的花卉中，兰花可能最受珍重。兰花栽培的先驱是伦敦市内和周边的商业苗圃，其中的第一家是 1812 年于哈克尼（Hackney）成立的康拉德·洛迪奇斯及诸子（Conrad Loddiges and Sons）苗圃，但很快又有其他苗圃陆续开张，包括詹姆斯·维奇（James Veitch）、威廉·布尔（William Bull）和休·洛（Hugh Low）等几家。在早期贸易时代，大多数采集到的植株会在运返途中死掉。如今仍可以见到那时所留下的不计其数的记载：装满兰花的板条箱运到伦敦的码头，打开之后只能看到一堆散发着恶臭的腐烂发黑的植物。[4]

对 19 世纪前期的兰花采集者来说，寻找兰花只是其中一个难题。比这严重得多的问题是，海船船长和其他通常负责把植物运回去的人，对于兰花长在哪里、如何生长几乎一无所知。在维多利亚时代后期，附生兰仍然被视为新奇事物；一个苗圃的名录上写道，意识到“这些诱人的花朵就像电报一样，是我们这个时代特享的新事物”，这感觉颇为“奇特”。“的确，古人只能留意到少数种类的地上兰，但他们从未见过附生植物。”[5] 人们用了几十年时间做了许多常常是灾难性的实验，才终于发现附生兰的最佳栽培方法。举例来说，因为它们通常长在树上，于是被想当然地视为槲寄生那样的寄生植物，这与一个世纪之前汉斯·斯隆第一次见到它们时所做的推测并无二致。1815 年，《植物名录》（*Botanical Register*）的编辑就评论说，“热带寄生植物的栽培长期以来都被视为无希望之事”，因为人们以为兰花只能生长在它们所寄生的那种热带树木上。[6] 又因为附生植物通常被称为“空气植物”，人们有时候相信它们根本不需要水，由此导致的灾难性后果也就可以想见。与此同时，还有人以为它们的附生生长习性只是临时的，是在严酷时段中的存活机制，因此推测这些可怜的植物应该很愿意被“恰当地”栽到装着泥炭、土壤或腐烂树皮的花盆中。[7] 这些附生兰当然全都死了。不过，园艺师们还在继续实验。约瑟夫·班克斯爵士（Sir Joseph Banks）曾经作为随船植物学家参与詹姆斯·库克（James Cook）船长前往南太平洋的航行，后来又成为伦敦皇家学会主席。19 世纪初，已经年迈的班克斯发明了一种由藓类和小枝做成的篮子，用于种植兰花。事实证明，这个天才的设计相当成功。[8]

然而，这些倒霉的兰花接下去会面临更大的问题，它们未来的种植者总是有种成见，对热带丛林有着异想天开的想象。正如前文所述，英文中“丛林”这个词的本义是贫瘠的荒地，但是在欧洲人的想象中，“丛林”渐渐开始意味着繁茂而危险的森林，其中充斥着疯长而且常常有毒的植物，还弥漫着特有的沉闷且难闻的热气。哈里·维奇（Harry Veitch）是兰花苗圃主先驱詹姆

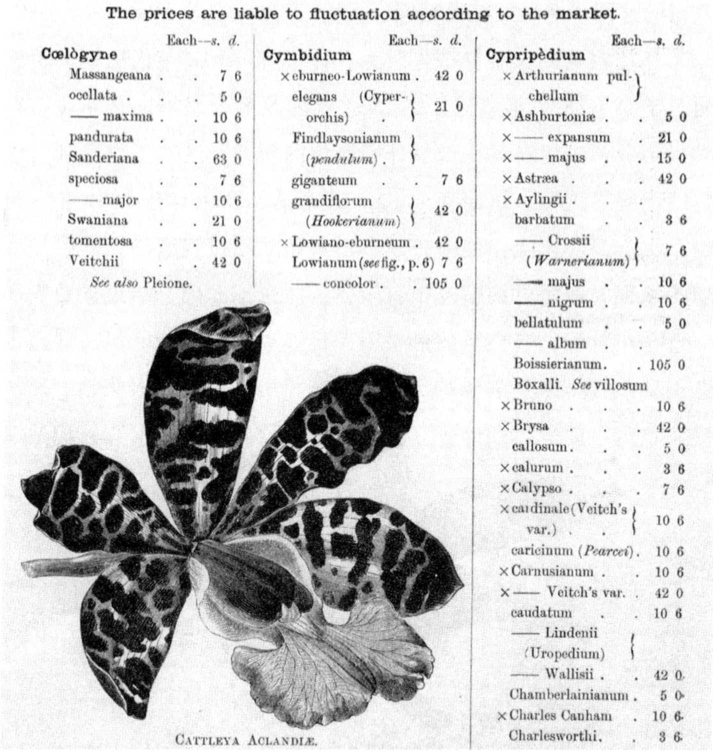

The prices are liable to fluctuation according to the market.

Cœlògyne	Each—*s. d.*
Massangeana	7 6
ocellata	5 0
—— maxima	10 6
pandurata	10 6
Sanderiana	63 0
speciosa	7 6
—— major	10 6
Swaniana	21 0
tomentosa	10 6
Veitchii	42 0
See also Pleione.	

Cymbidium	Each—*s. d.*
×eburneo-Lowianum	42 0
elegans (Cyperorchis)	21 0
Findlaysonianum (*pendulum*)	
giganteum	7 6
grandiflorum (*Hookerianum*)	42 0
×Lowiano-eburneum	42 0
Lowianum (*see* fig., p. 6)	7 6
—— concolor	105 0

Cypripèdium	Each—*s. d.*
×Arthurianum pulchellum	
×Ashburtoniæ	5 0
×—— expansum	21 0
×—— majus	15 0
×Astræa	42 0
×Aylingii	
barbatum	3 6
—— Crossii (*Warnerianum*)	7 6
—— majus	10 6
—— nigrum	10 6
bellatulum	5 0
—— album	
Boissierianum	105 0
Boxalli. *See* villosum	
×Bruno	10 6
×Brysa	42 0
callosum	5 0
×calurum	3 6
×Calypso	7 6
×cardinale (Veitch's var.)	10 6
caricinum (*Pearcei*)	10 6
×Carnusianum	10 6
×—— Veitch's var.	42 0
caudatum	10 6
—— Lindenii (Uropedium)	
—— Wallisii	42 0
Chamberlainianum	5 0
×Charles Canham	10 6
Charlesworthi	3 6

图 15 更多的活植物运到之后，兰花的价格会出现剧烈波动。

［引自詹姆斯·维奇和诸子公司《包含新品的植物名录》（*Catalogues of Plants Including Novelties*），1871—1880］

斯·维奇的孙子，他写过一本讲述兰花种植史的书，是这一类别最早的著作之一。他在书中描述了洛迪奇斯苗圃如何把他们的温室变成“溽热之地”，把所有新到的兰花都养在其中：“偶尔会有人说，进入”这些温室“会有害于健康和折损舒适感”，就好比进入了“潮湿而封闭的丛林，那时候人们以为那里是所有热带兰花的家园”。[9] 事实上，很多热带兰花来自夜晚凉爽的山区，后来人们才慢慢认识到，英式温室中由蒸汽驱动的热力所创造的并不是兰花的家园，而是兰花的墓园。

兰花蒙受的灾难性损失之大，让 19 世纪 20 年代后期的伦敦园艺学会（1804 年成立，到 1861 年才改名为皇家园艺学会，并沿用至今）决定对其生长展开系统性的研究，这个工作落到了学会助理秘书约翰·林德利（John Lindley）身上。在 1830 年 5 月的一次学会会议上，他公布了自己有关兰花在其原产国的生长环境的发现。他提供的信息很有限，有时也不准确，结果导致人们一直在布置那种有充裕的热量而无足够通风的环境。但是他至少意识到恰当排水是必要的，于是兰花才出蒸笼，又入烤箱。比这些发现更重要的是，他确立了一个基本原则，最终引导人们成功

图 16　约瑟夫·班克斯发明的篮子，是最早成功种活附生植物（比如图中的大序隔距兰，曾用学名 *Aerides paniculatum*）的容器之一。（引自《植物名录》，1817）

地种植了兰花：有必要意识到兰花原产地的生长环境是丰富多样的，应尽可能精确地重建相应的环境。[10] 比如长在热带低地的兰花要种在窑室（stove，一种半埋于地下的温室）中，以模仿热带高温高湿的环境；在《爱德华兹植物名录》（*Edwards' Botanical Register*，1835）中，林德利则写道，附生兰通常生于"热带国家潮湿闷热的森林中，与之对应，我们在人工栽培的时候要尽力为它们创造一种尽可能接近的空气环境，以便让它们可以在这样的条件下自然地呼吸"。不过他这时也发现，虽然这些环境适合一些种类的兰花，但"还有其他一些种类在这样的环境下长势奇差，甚至几乎无法存活"。[11]

贝特曼在有关兰花的力作中也给出了类似于林德利上述文字的指导。他也提到有必要模仿不同季节的环境，给兰花一个"休息季"，办法是降低玻璃温室的温度，以模仿热带地区的凉爽季节。他还提到，这部巨著中所描述的墨西哥和危地马拉的兰花有个"奇怪特征"，"相比于炎热且瘴气弥漫的海滨丛林，在较高纬度和空气更纯净的地方更为多见"。因此，它们可以禁受一定程度的寒冷，如果让那些先前因为加温温室造价昂贵而失去了兰花种植兴趣的潜在种植者来种，那会非常合适。除了要让兰花休息，贝特曼还建议他的读者给予兰花充足的光照和良好的通风，但不要浇太多水。他讨论了英国一些优秀兰花收藏家所用的彼此对立的种植系统，发现相比于查茨沃斯（Chatsworth）的德文郡公爵（Duke of Devonshire）的首席园艺师约瑟夫·帕克斯顿（Joseph Paxton）所偏爱的方法，洛迪奇斯苗圃会把兰花养在温度和湿度高得多的环境中；至于伦敦系统，虽然可以种出壮丽的植株，但也"容易消耗其能量"，任何时候都没有太多正在开花的植株。[12]

开花的贵族

贝特曼似乎是最早把他的书所引发的狂热命名为“兰花狂热”的，他这样评论道：“兰花狂热……现在已经遍及所有阶级（特别是上层阶级），到了如此不可思议的地步。”虽然印着这条评论的那部书已经超出大多数潜在兰花爱好者的财力，但是贝特曼观察到：“贵族，教士，以及那些从事学术职业或商业活动的人，似乎同样都抵挡不住这种流行爱好的影响。”虽然贝特曼列出的这些兰花爱好者中也有新富起来的人，但是他暗示说兰花是天生的贵族，并且有意强调，如果每个阶级的人都能够照管好一个恰当的植物阶级，“社群的幸福感通常”可以得到最大幅度的提升。[13] 这种势利的论调——植物世界中的贵族只能由门当户对的人类种植——很快就坚持不下去了。

约翰·查尔斯·莱昂斯（John Charles Lyons）的《兰科植物养护随记》（*Remarks on the Management of Orchidaceous Plants*, 1843）看上去实在不像是一份带着革新意味的文档，但它属实是欧洲第一部有关兰花种植的手册，帮助人们打破了上层阶级独自霸占兰花的状况。莱昂斯是一位拥有土地的乡绅，他经营的农场位于爱尔兰韦斯特米斯郡（Westmeath）马林加（Mullingar）西南的拉迪斯顿（Ladiston 或 Ledestown），这是他们家族的庄园。不过，他不是有钱人，花起钱来很谨慎，能省则省。他亲自建造的第一台蒸汽锅炉就用于兰花温室，后来造的印刷机也用在兰花手册第一版的印刷上。[14] 莱昂斯解释说，他出版这本书是“希望能够在爱好者中激发兴趣，引导他们开始栽培兰花。兰花并不难种，希望下文的随记能够让爱好者发现其用处”。莱昂斯承认，他在书中提供的许多内容在其他文献中都能找到，但是他希望这本书具备两个优点："首先，它的大小便于携带；其次，同样重要的，这本书供给读者时只收取非常非常便宜的价钱。"[15] 不需要有雄厚的财力，也不需要专门为此定做书架，就可以从莱昂斯的专业记录中获益。

莱昂斯和贝特曼的兰花著作之间的差异十分明显，但它们仍有许多共同之处。二者的印数都不大（不过，莱昂斯的书卖得还不错，后来又出了大众版）。与贝特曼一样，莱昂斯对兰花的迷恋是从墨西哥的种类开始的，为了给自己描述的兰花起个正确的植物学名，两人都咨询过林德利。（现代意义上的兰科很大程度上是林德利建立起来的。[16]）两本书中的栽培建议都以尝试再造原生环境为基础。莱昂斯指出，收集到的兰花会含有来自多个国家和气候的种类，所以对它们的养护不能一视同仁。举例来说，莱昂斯了解到特立尼达（Trinidad，他的很多植物都来自那里）露水很重之后，对他再造这些环境的尝试进行了这样的描述：

> 我让蒸汽每晚能有几个小时喷到植株周围，这时温室里的空气就像伦敦的雾气，只是没有那么冷；一米开外的地方我就看不见了，但是植物长得极好。

他也重复了贝特曼的建议，指出即使是热带兰花，也需要一个冬天来休息，并痛斥一些无知的爱好者仍然想当然地以为"所有热带植物都应该让它们终年保持生长，仿佛它们很享受恒久的夏天似的"。[17] 兰花种植者如果想要"确保成功"，他们应该"模拟自然"。那"必须是我们的目标并以此实践"：

> 很多种植者以为，封闭、潮湿、热得难以忍受的空气，

加上永恒的荫蔽，就是种植兰科植物绝对需要的环境。以本人愚见，再没有比这更不自然、更错误的想法了。[18]

在林德利、贝特曼和莱昂斯的努力下，兰花渐渐摆脱了在英国的温室中中暑而死的厄运。不过，虽然这两部书有这些相似性，莱昂斯的目标读者却明显有别于贝特曼。贝特曼推测（其实事实就是这样，毋庸置疑），任何能够买得起他那本大部头的人绝不会让兰花用的粪肥玷污自己的双手，所以他那部书旨在把正确的指导传达给购书者的首席园艺师。与此不同，莱昂斯希望他的读者能更积极地参与栽培，这可能源于他对园艺师的总体评价很低。（他在书里花了好多篇幅批评园艺师，说他们不仅几乎不“以科学地种植为本业”，既无知又粗鲁，“每天晚上都在酒馆买醉，每个白天都在欺骗雇主”。）他这本书的目标之一，似乎就是帮助读者不必过于依赖这些家伙（“满身肮脏，胡子拉碴，外套油腻，内衣、帽子和鞋都散发着恶臭，就和他们的头发一样，几乎从没享受过梳理的奢华体验”），所以他把很多实践指导写进了书里。[19] 莱昂斯分享的窍门包括指导读者如何制作供附生兰种植用的合适支架。这个设计完全出自他手，他还骄傲地将其命名为“驱地鳖附生植物架”[oniscamyntic epiphyte stand，第一个词来自 *oniscus*（“地鳖”）和 *amuno*（“驱逐”）。可惜不知怎么回事，这个词始终没被人们接受]。

以莱昂斯的著作出版为开端而促成的兰花种植的平民化，很有维多利亚时代英国普遍发生的变革的方式特点。以蒸汽为动力的印刷机加上更便宜的机制纸张，迅速降低了书籍和报刊的价格。到了 19 世纪中叶，所有主题的出版物都拥有了越来越多的读者，这要部分归功于有用知识传播协会（Society for the Diffusion of

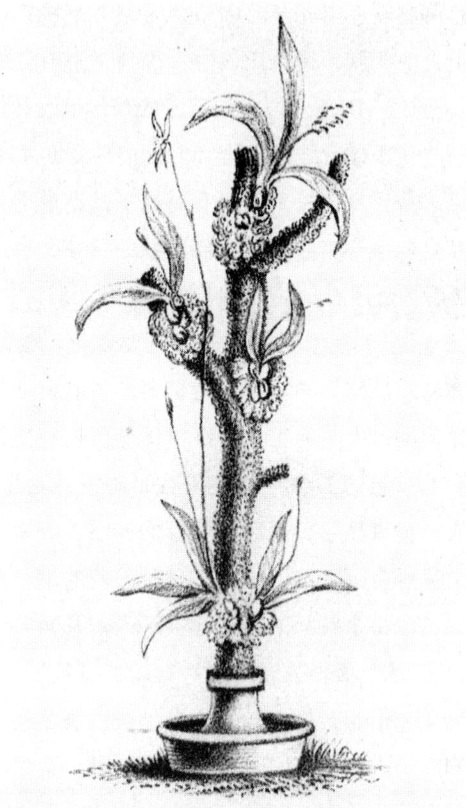

图 17 约翰·查尔斯·莱昂斯成功地让兰花种植成为更多人可以上手的爱好，但在把“oniscamyntic”（驱地鳖的）一词引入英语时，他的运气就没那么好了。
（引自《兰科植物养护随记》，1843）

Useful Knowledge，SDUK）等组织。SDUK 的出版物——特别是《一便士杂志》（*Penny Magazine*）——把迷人的知识编排成无穷无尽的什锦选集，带到万千读者面前。SDUK 的会员仿佛狄更斯笔下的葛擂硬（Gradgrinds），决心利用新的印刷工业技术把知识灌入工人的头脑，这也让该协会得到了一个昵称——“蒸汽阅读协会”。通过 SDUK［以及福音派的基督圣教书会（Religious Tract Society）等对手群体］的努力，很多东西本来只是一小部分有钱精英（从教育到投票都享有特权）的私享之物，现在却慢慢在整个社会传播开来。本是贵族玩物的兰花，也逐渐走向了中产阶级（最后甚至还走向了工人阶级）家庭。

1851 年标志了英国社会的一个重要变化。数以百万计的人访问了伦敦的水晶宫，参观万国博览会；各家报纸带着藏不住的惊讶口吻评论道，庞大的工人阶级群体竟然已经变得如此井然有序、彬彬有礼，英国的各个阶级竟然如此轻易地混合在了一起。同一年的人口普查显示，生活在城镇的英国人数量首次超过了农村，这在全球所有国家的历史上都是破天荒的事，也生动地表明了英国社会已经是个新兴的城市社会，人们开始渴求鲜花和新鲜空气。1851 年另一项有关教堂出席率的普查显示，（虽然英国一直在引导民众去信奉英国国教，也就是英国圣公会，但是）只有四分之一的英国人真的会去圣公会教堂礼拜。有差不多相同数量的民众会到非圣公会的新教教派（比如贵格派）的教堂去礼拜，但这个国家竟然还有一半的人根本不去教堂。这些事件和普查事实的同时出现，让很多人好奇英国会变成什么样的国度——也许会成为一个由社会流动性较高、不信神的城镇居民组成的国家。与之形成鲜明对比的是，前一世纪的英国人还过着畏惧上帝的乡村生活，他们知道自己的地位，一般也安于这样的地位。[20] 就在人们思索回味这些变化的时候，一位名叫本杰明·S. 威廉斯（Benjamin S. Williams）的园艺师发表了自己的成果，为改变这个国家的广泛变革贡献了一分小小的力量。《园艺师纪事》

（*Gardeners' Chronicle*）上刊载了威廉斯一系列题为《兆民的兰花》（"Orchids for the million"，1851）的文章。威廉斯在其中宣告，任何人都可以，也应该种植这些一度秘不示人的花卉。兰花就这样参与巩固了这场变革的成果，逐渐让越来越多的英国人把周日的时光花在庭园和温室之中，而不是教堂之内。

《兆民的兰花》是听取刊物编辑林德利的建议而写成的，由亨利·贝伦登·克尔［Henry Bellenden Ker，署的是化名多德曼（Dodman）］作序。克尔说威廉斯是他邻居的园艺师，他本人开始对兰花产生兴趣时，起先以为"栽培这些植物会面临很大的困难……种好兰花的秘密只有少数人知道"，然后他最先就是向威廉斯寻求帮助的。要种好这些珍稀超凡的花朵，必须依靠一位同样珍稀超凡的精湛技师——这种观念到 20 世纪还有很多人坚信，这毫无疑问让兰花又增添了几分神秘。然而，克尔高兴地发现，威廉斯种植兰花的全套方法简单易用，于是他便敦促这位园艺师把栽培指导写下来发表。克尔是 SDUK 的活跃会员，是其创始人查尔斯·奈特（Charles Knight）的挚友，也是工人阶级教育的坚定信仰者，这就难怪他要鼓励邻居的园艺师去提升自我了。克尔批评贝特曼，"他竟然在其巨著的序言中建议（兰花的）栽培应该留给贵族，而卑微的花匠只限于种植康乃馨、耳叶报春、大丽花之类的花卉"。[21] 持有民主思想的克尔完全反对这种观点——兰花是所有人的兰花！

在克尔的支持和鼓励之下，威廉斯的系列文章汇集成了一本名为《兰花种植者手册》（*The Orchid Grower's Manual*，1852）的畅销书，后来一共更新了 6 个版次。威廉斯从 14 岁起就跟着同样是园艺师的父亲工作。他所掌握的兰花知识大多自学得来，最终成了一位获得大奖的种植家和作家，还拥有一家生意颇为兴隆的苗圃。正如威廉斯的儿子在父亲的讣告中所写：

> 他的名字会在时间之河中长垂，让那些与兰花这花中王族有关的后人知晓。他以无限的热心与激情，将活跃一生中最宝贵的部分奉献给了兰花研究和栽培，因为他的整个灵魂都已贯注其中。[22]

多亏了换上蒸汽动力的印刷业以及 SDUK 等团体的努力，卑微的园丁也能一跃成为作家和生意人，这是英国社会生活发生广泛变革的绝好例证。《兰花种植者手册》是一部民主的、几乎具有颠覆性的著作，与类似的著作一起削弱着贝特曼眼中那个有序而恭谨的花卉社会。兰花固然可称为“花中王族”，但它们越来越多地出现在寻常百姓家的庭园、温室和起居室中。兰花栽培得越来越广泛，一位体弱多病的中年博物学家也加入了那些开始对兰花产生兴趣的人之列。他掌握着有关藤壶的丰富专业知识，他就是查尔斯·达尔文。

5

达尔文的兰坡

1862 年 5 月，伦敦的报纸《雅典娜神殿》（*Athenaeum*）评论了又一本有关兰花的新书，把当下“痴迷于栽培兰花的时尚”与 17 世纪的荷兰郁金香狂热做了比较。在郁金香狂热期间，单独一个花球竟可攀升到相当于今天几千英镑的价格。[1] 书评人认为，引发英国这场兰花热的部分原因在于，“只有有钱人才能成功地大量栽培兰花——特别是那些更为珍稀、更为壮丽的异域种类”。兰花是奢靡的玩物，不光代表着品位，而且象征着拥有者的财富。不过，人们对兰花的兴趣已经到达了一个新的高度，兰花“已经成了贸易品，甚至成了公共拍卖品”，任何人都可以前来围观那些典型的“兰科狂人”豪掷一大笔钱，就为拥有一种新的或珍稀的兰花。然而，虽然书评人评价这本书是“一本不错的植物学专著，带着昆虫学的视角”，所讨论的又明显是一类非常时髦的植物，但他也不得不承认，这本书“在公众那里不会有什么位置”。[2] 这样的断言不免让人颇感意外，因为这本书的作者可是查尔斯·达尔文，当时已经因为两本书而家喻户晓，一本是畅销的旅行记[1839年初版时定名为《研究日志》(*Journal of Researches*)，今天则改题为《小猎犬号航海记》(*Voyage of the Beagle*)]，另一本则因为讨论演化而引发极大争议[《论通过自然选择进行的物种起源》(*On the Origin of Species by Means of Natural Selection*)，即《物种起源》，1859年]。不过，其他书评人也赞同，达尔文先生这本有关兰花的著作过于专业，卖不了多好。《星期六评论》(*Saturday Review*)认为，虽然这本书以"娴熟的方式"讨论了书中主题，但是"具体行文的风格多少会限制它的传播度"。[3]

既然《物种起源》的出版带来了那么非凡的影响，我们不禁要问：达尔文为什么接着出了一本有关兰花的枯燥的技术性大部头，而不是有关人类演化的畅销书呢？人类演化是他在前作中所回避的内容，而他的大多数读者很可能期盼着他最终能谈一谈这个话题。

这个问题的答案，部分与《物种起源》本身有关。这本书在现在的读者看来大概又长又烦琐，但达尔文本人认为，它不过是自己计划撰写的足本巨著的"摘要"。因为另一位名叫阿尔弗雷德·拉塞尔·华莱士(Alfred Russel Wallace)的博物学家也独立想出了自然选择的观念，达尔文不得不仓促地把这本书付梓，出版时间比他预期的早了很多。达尔文和华莱士的观念在1858年伦敦林奈学会的一次会议上最先宣布，但在与会的科学绅士中间基本没有激起什么波澜。因为缺乏详细的支持证据，自然选择基本上只被视为一种推测。华莱士既没时间也没钱来写一本有关自然选择的大作，因为他与达尔文不同，需要代为给足不出野外的有钱收藏家采集异域的鸟类和昆虫，借此糊口。所以，当华莱士在热带丛林里挥汗如雨的时候，达尔文却能利用自己的闲暇时光来给计划中的“物种大书”写一个缩写版，由此便开启了劝说整个世界相信演化这个事实的科普历程。

《物种起源》这本书的出版引发了巨大轰动。一些人攻击书中的论述毫不可信，甚至斥之为异端，但另一些人立即接受了达尔文的观念。然而，科学共同体中很多在达尔文看来一言九鼎的成员，却对这个问题不置可否。达尔文可能是对的，但这些科学男士认为还需要更多证据。约瑟夫·胡克（Joseph Hooker）是达尔文的挚友，是第一个亲自听到达尔文阐述其理论的，他最开始也回应说：“听到你对这种变化可能如何发生所做的思考，我十分高兴，因为当下还不存在有说服力的观点能让我觉得满意。”[4] 达尔文花了 15 年时间与胡克频频通信（其中讨论的大多是植物），才终于完全说服胡克相信自然选择正是让“变化可能发生”的那个关键机制。[5] 虽然《物种起源》让达尔文有了更多信奉者，但达尔文自己知道，他的工作还没做完，于是他开始从笔记本中挖掘所需要的支持证据。

兰花的流行可能激发了达尔文对它们的兴趣，但是他的儿子弗朗西斯（Francis，也积极参与了他父亲的植物研究）相信，取材的便利性才是他父亲主要考虑的因素。达尔文住在肯特郡的唐恩（Downe）。肯特是英格兰兰花种类最丰富的几个郡之一，在达尔文宅邸附近就野生着几种英国本土兰花。[6] 只需从家走出约 800 米，就到了达尔文和他夫人艾玛（Emma）喜爱去散步的一个地点。那里的野生兰花极为繁盛，以至这对夫妇给那里起名为“兰坡”（Orchis Bank）。[7] 于是在达尔文完成了有关藤壶和物种的巨著之后，他的信件与笔记本中就开始到处出现兰花。达尔文计划写一本既论动物又论植物的书，在其中把《物种起源》所省略的大部分详细证据公之于众，兰花最初在这本书中只占一章篇幅。然而，正如达尔文所解释的，兰花这章“已经写得过长”，所以他决定单独摘出来出版，所冠的书题是《论不列颠和外国兰花借助昆虫受精的各种发明，兼论互交的良好效果》(*On the Various Contrivances by Which British and Foreign Orchids Are Fertilised by Insects, and on the Good Effects of Intercrossing*，后简称《兰花》)。尽管达尔文关注的是花卉中极受欢迎的一种类群，但是很明显，他并没有试图把这本书写成畅销书(这本书潜在的购买者哪怕在读完书题之前就已经昏昏欲睡，也可以谅解)。正文同样枯燥冗长，但达尔文觉得这个篇幅很合理:“在那本书中，我没有足够的篇幅举出丰富的事实就提出了这个学说(自然选择)，因此受到指责；我希望在本书中表明，我并非没有深入细节就贸然开了口。”[8]

达尔文确实在他的兰花专著中做到了“深入细节”，结果便写成了这本近400页全在详尽描述兰花解剖结构和受精的书。这些细节有多重目的。《星期六评论》猜测《兰花》一书能够避免引发达尔文上一本书所引发的那种“激烈且常常带着怒气的论战”。[9]达尔文可能觉得，是时候让演化摆脱风口浪尖了，有关演化的争论应该在更为私密的科学圈子里进行，由那些观点受他敬重的人来参与。那时的科学家是个非常多样的群体，其中很多受人敬重的专家放在今天大概会被我们归为业余爱好者(但基本没有女性)。他们需要的不仅仅是更多的证据，达尔文还必须说服他们相信自然选择不只是纸面上的理论，也是导向真正的科学工作的实践指南。[10]达尔文对自己的观察和实验做过详细解释，以此表明自然选择确实在发挥作用。正如另一位书评人提到的，世界上最精通植物学的研究者中，有一些人曾经研究过兰花，但在达尔文之前，没有人展示过“它们各个部位的功能。因此，兰花一直以来都是未解之谜”。[11]

尽管《兰花》一书充斥着植物学细节，它还是取得了一定成功。即使是对这本书的文笔有所怀疑的书评人，也承认它的价值。《帕台农》（*Parthenon*）周刊称这本书不仅是“宝贵的著作……植物学家对此会特别有兴趣”，也“写给所有对那场与达尔文先生之名紧密相连的争论怀有浓厚兴趣的心灵”。[12] 还有评论者说，不管一个人是不是接受演化的观念，“对这部著作的价值只会持一种认识：它是对我们科学知识宝库所做的极为重要的增补”。[13] 这本书首印的 1,500 本销路尚好，这让达尔文得以在 1877 年出版扩增了大量内容的第二版。[14] 虽然《兰花》一书中几乎都是细节描述，但是通过展示实际在起作用的演化，这本书成了达尔文战胜怀疑论者的关键武器。

胡克本人在评论《兰花》一书时就告诉读者说：

> 要想通过观察做出任何好的结论，观察就不仅必须系统、谨慎，而且必须很有理解力。事实上，想要知道怎样观察，先前必须有一些观念，反映一些合理或可能的真理；然后，要收集观察结果，看看是支持还是反对这些观念。这些真理应用得越广，从这些积累起来的观察中所导出的阐释就越富有成果和启发性。

对一位科学男士来说，这就是自然选择的全部要义——它是可以指导进一步研究的“合理或可能的真理”。博物学家再也不用漫步乡间、毫无目的地采集甲虫或毛茛，反而是每一种造物都成了支持或反对自然选择的证据，而有千百年之久的博物学传统也便逐渐转化为类似现代生物学的某种形态。

一旦我们明白了达尔文撰写这本兰花著作的意图，它为什么写得这么专业也就更好理解了。书中那些冗长而繁复，但最终引人入胜的论述，不仅解释了演化如何发挥作用，还展示了自然选择将如何改变当下博物学家的研究形式——这一点可能更重要；而对这样的论述来说，细节非常关键。正如胡克所说，达尔文的兰花著作表明“我们先前所有的观念都错了，我们的大部分观察有缺陷”，因此这本书是“一次伟大的胜利，比起其作者先前取得的成果，现在一定可以保证他的隐秘观点（比如演化）被更认真地聆听”。[15] 不过，即使是胡克也承认，“达尔文先生的这本书不是给一般读者写的”，因为兰花本身以及对其形态和功能的分析都十分复杂。要充分了解达尔文这个成果的意义，我们首先需要再多了解一点兰花。

所有的琐碎细节

达尔文承认，他的读者需要“对博物学有相当的鉴赏力”才能欣赏这本书。然而他自信地认为，他能够说服那些拥有这种鉴赏力的人，让他们相信，以演化之类的科学定律为基础的解释，从任何方面看都与那些坚信神创论之人所提供的解释“同样有趣”，后者认为每朵兰花的结构中“所有的琐碎细节”都是“造物主直接插手的结果”。[16] 这是典型的达尔文式语气，谦逊而直率。他并不是说自己的观点更优越，更不是说他一定正确，只是说他的观点与特创论的观念“同样有趣”。（不过与此同时，他也略微调侃了那些想象着上帝被迫要为每一种不起眼生物的“琐碎细节”花费心血的人。）

然而，这些琐碎细节是什么呢?

要欣赏兰花，我们需要知道一点基础植物学知识。大多数花兼有雌性和雄性生殖器官。雄性器官是雄蕊，通常由纤细的花丝和顶上的花药构成，花药中含有花粉。雌性器官叫心皮（或雌蕊），由子房（其中含有卵细胞，相当于动物的卵子）、子房上面梗状的花柱和花柱顶端的柱头构成。柱头是接受花粉的表面，在卵最终受精之前，花粉必须首先落到这里。[17] 卵一旦受精，就膨大为种子，而子房通常也就变成植物的果实。①

然而，兰花并不是这样的：它们的雄蕊和心皮彼此不分离，合生为单一的结构，叫合蕊柱（简称蕊柱），是用于鉴定兰花的主要特征。在合蕊柱的顶端要么只有单独一枚雄蕊，要么有 2 或 3 枚合生的雄蕊，其中生有花粉。然而，兰花的花粉不是松散的花粉粒（大多数植物是这样），而通常是黏合成大团的；花粉团连同它们的柄部（花粉块柄）一起被叫作花粉块。花粉块下方是柱头，通常呈浅坑形，带有黏性，刚好可以容下花粉块。

花粉块离适合接受它的容器只有几毫米，这可能会让人猜测兰花全都是自花受精植物（有一些种的确如此）。然而，在（雄性）花粉和（雌性）柱头之间，有一个叫蕊喙的结构，达尔文认为它是兰花最重要、最非凡的特征。蕊喙仿佛是花中的监护人，把男伴和女伴分开。于是达尔文打算搞清楚蕊喙为什么生在那里，它是如何形成的。

虽然自花受精是个现成的选项，但与其他很多花一样，兰花的构造似乎是为了避免自花受精。达尔文不是第一个注意到这件事的人。在《物种起源》中他已经论述道，这在生命各界中都是

① 更准确地说，种子的前身是胚珠，卵位于胚珠之中。

通则；自然虽然偶尔会选择自花受精，但长期来看却在回避这个选项。达尔文相信，可以用演化来解释为什么会这样。他的理论中的关键之处是变异。每株植物、每只动物与它们的父母都略有不同，从表面上看常常很随机。当然，这些变异并不是完全随机的，植物不可能突然长出翅膀或脚，但每个变化是能加强还是减弱生物体的生存能力，是无法预测的。变异的随机性就体现在这里。（当然，从现代遗传学的角度全面地解释这个现象，这发生在达尔文去世之后很久，但是他的观念基本上是正确的。）他注意到，有些变异可以增大生物体在生存竞争中胜出的机会，比如可以提高它获取食物的能力、可以活过一场干旱，或者可以吸引到配偶。达尔文在他周围处处都能感受到生物之间的紧张竞争——不是为了食物和庇护所，就是为了配偶——“所有生物都有以较高速率繁衍的倾向，所以会不可避免地随之表现出这些行为”。这种竞争不仅发生在生物体（可以同种也可以不同种）之间，也发生在生物要成功适应环境争取生存的时候（正如他在《物种起源》中所写，“荒漠边缘的植物，为了生存要与干旱竞争”）。[18] 考虑到他所说的“生存竞争”如此激烈，任何能增加生物体生存和生殖机会（与其竞争者相比）的变异都会传递给后代，保证这些后代可以分布得更广泛。（当然，任何具有负面效应的变异往往会被清除。）经过漫长而缓慢的地质时间之后，变异、竞争和遗传结合起来创造出动植物的新种类。这就是他称之为“自然选择”的过程。

变异是自然选择的关键，达尔文相信自体受精是变异的敌人；互交不仅易于产生耐受性较强、较健康的动植物，而且可以增加它们的变异。这些洞见深深地激起了达尔文对个人生活的反思，因为他的夫人艾玛是他的表姐，他怀疑正是这桩婚姻造成了他们的子女体弱多病，其中有三个早早夭折。如果近亲繁殖对查尔斯和艾玛的后代有害，那么自体受精（这是近亲繁殖的最极端形式）就应该格外有害。结婚后不久，达尔文就开始了他的植物学研究，以检验近亲交配有害的观念——而这些花朵似乎确证了他最恐惧的事情。[19] 难怪这部兰花著作的副标题是“兼论互交的良好效果”。

达尔文满是兰花的温室，是检验他想法的工具。他做实验不光是出于决定与表姐结婚所带来的一丝罪感，他还非常清楚，如果植物中像兰花这样大而成功的类群也被证明普遍采取自花受精方式，那么演化论的根基将遭到动摇。从某种程度上说，自然选择的可信性就依赖于蕊喙的作用了，因为它看起来是唯一阻止自花受精的结构——达尔文相信，他的理论能否为人接受，取决于他能否表明自然在回避自体受精。

达尔文开始研究兰花之后，很快就找到了许多能帮助他的人。和他所有的书一样，《兰花》里也写满了对很多人的致谢。胡克理所当然踞于这份致谢名单之首，但是达尔文也感谢了“几位先生怀着善心，坚持不懈地送给我活体标本”，其中一位正是詹姆斯·贝特曼；他还感谢了很多“好心的助手”，其中既有爱尔兰圣公会牧师，也有他自己的孩子，所有这些人都展露出“最慷慨的灵魂”。[20] 达尔文也从兰花身上获得了重要的帮助，因为他逐渐发现了兰花解剖结构中一个微小部分的许多特性，这些是前人未曾充分了解的。花粉块附着在黏盘之上，而黏盘外面通常又覆有一个保护性的囊状结构，名叫“黏囊”（植物学界常用拉丁语词称呼这个结构，但达尔文选择使用英语词，回避了这些拉丁术语）。黏囊保护着黏盘，使之不会暴露在空气中；一旦黏囊被揭掉，黏盘上的“胶”便会迅速硬化。这个微小的细节，为人们彻底理解兰花的受精提供了关键证据。

美丽的发明

达尔文这本书的多数章节以类似的格式编排：详细描述每个种的结构，辅以一两幅示意图，之后解释其花的精巧机制如何促进异花受精。他从雄兰这种常见的英国兰花开始，其植株可能由他本人亲自采自兰坡（不过无论是在兰坡还是在其他什么地方，今天请不要效仿他的行为。兰坡现在是个自然保护区。没有土地所有者的允许就采集是非法行为，更不用说采集濒危种在任何地方都是违法的）。雄兰花朵的底部是一枚扩大的花瓣，术语叫“唇瓣”[labellum，来自拉丁文中的 *labia*（“唇”）]。达尔文指出，它是昆虫的“良好落脚点”。昆虫被花色和气味吸引而来，这些都相当于在向昆虫保证，它们可以在这里吸到花蜜（不过我们会在下文中看到，兰花并不总是信守这个许诺）。为了够到花蜜，昆虫把头扎进花里，蹭过合蕊柱顶端的花粉块。这会触动黏囊，使之破裂，然后让有黏性的花粉块牢牢粘在昆虫头部。达尔文鼓励读者尝试亲自模仿这个过程，方法是把一根削尖的铅笔插入兰花。正如他在插图中所绘，取出铅笔后，可以见到花粉块牢牢粘在上面。

无论是从达尔文还是从兰花的角度来看待这个解释，目前一切都还说得通。花粉块被释放出来，黏囊和黏盘的功能也清楚了。然而，这个故事中最引人注目的部分才刚刚开始。昆虫（或铅笔）带着花粉块出来之后，“会与那东西紧紧粘在一起，仿佛突起了几个角”，但如果昆虫就这样带着花粉块爬进下一朵花，那只会把前一朵花的雄性花粉块蹭落。除非花粉块落到雌性的柱头上，否则无法成功传粉。但就在达尔文观察铅笔或昆虫头上的花粉块时，他看到了另一个值得注意的现象。黏盘的“胶”变干后会收缩，这会导致把花粉团连到黏盘的细丝（花粉块柄）弯曲，从而把花粉块向前推。这个弯曲效应导致昆虫身上的花粉负载向前突出（而不是向上突出）—— 正好可以准确无误地避开下一朵花的花粉块，而改与柱头接触。花粉块的附着与向前弯曲［在原文中，达尔文以有“抑郁”之意的“depression”（下压）命名该表现］之间的短暂时差，已经足够让昆虫飞向另一棵植株，于是每朵花都更可能被另一棵植株的花粉所授精。兰花的结构与昆虫的行为结合起来就保证了“互交的良好效果”。

要让这样超凡的机制运转起来，每个环节都要配合得丝毫不差：花粉和柱头的位置，胶的黏性（达尔文指出，“胶水黏合的牢固程度非常重要，因为如果花粉块掉到侧面或后面，那么它们就无法为花传粉”），胶干燥的速度，还有它收缩导致花粉块柄弯曲的程度。[21] 更重要的是，昆虫和花要彼此适应，很多兰花无法被太大或太小的昆虫传粉。无怪达尔文写道：“兰花受精所利用的发明，不仅各式各样，而且较之动物界中最美妙的那些适应，在完美性上也不遑多让。”[22]

可是，这样完美的尤物，却给达尔文和他的读者提出了一个无法回避的问题：这样的“发明”真的揭示了上帝之手在发挥作用吗？威廉·佩利（William Paley）神父（达尔文大学时代就曾看过他的书，并表示非常喜欢）说过一句名言：“设计不可能没有设计师；发明不可能没有发明者。”[23] 这个论证常被称为“设计论证”，是英格兰自然神学传统的基石。它指出，像兰花所体现的生物体之完美性可以证明，一定有一个富有创造性的智能、一位具有神性的造物主要为它们的存在负责。不仅如此，兰花和昆虫之间的紧密适应、彼此满足需求（受精或花蜜）的现象也证明，造物主是慈悲的。兰花之类的花朵那恣意铺张、无缘无由的美丽，

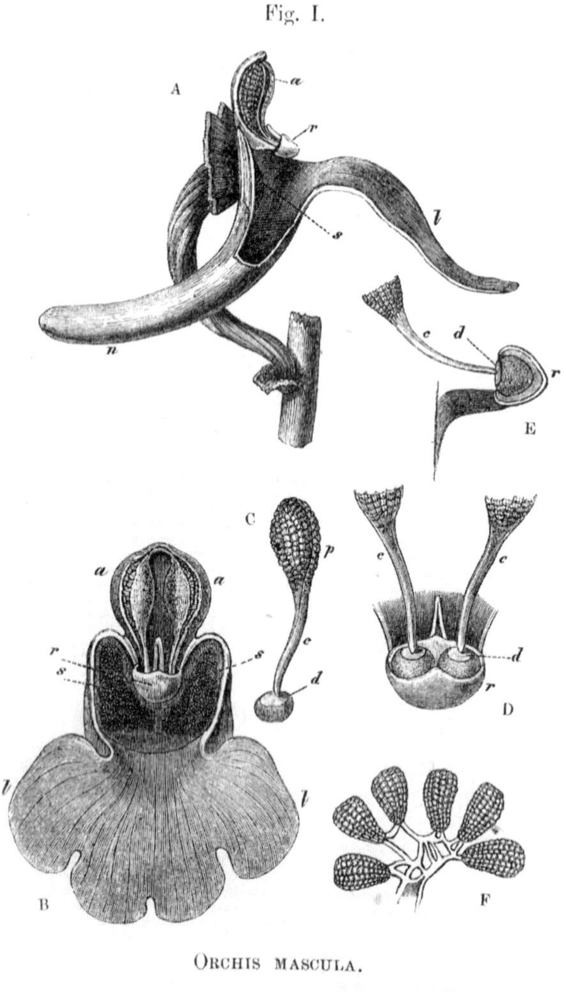

图 18 达尔文用示意图和解释展示了兰花如何用精妙的机制招徕昆虫，保证异花受精。

（引自《论不列颠和外国兰花借助昆虫受精的各种发明，兼论互交的良好效果》，1862）

让人类中的狂热者如痴如醉，这更是毫无疑问地证明，造物主不是他者，正是基督教的上帝，深深关切着其造物的教化和愉悦，特别是作为其杰作的人类。[24]

评议达尔文兰花著作的人中，有一些似乎对他反复使用“发明”（contrivance）这个词感到困惑，甚至把《兰花》一书说成自然神学著作。《帕台农》的评议人就认为，达尔文的研究明显“一刻也没有”动摇“他对宇宙整体的伟大造物主的拥戴”。[25] 另一位评议人声称，不管达尔文的观点如何，这本书对于“第二因①教义的信徒以及采纳佩利及其追随者的较古老而正统的观点的人”也同样富有趣味。这篇评论总结道：

> 从（达尔文收集到的）各种事实之中，前者可以拿出很多新式的武器，用于攻击古老的信仰；至于后者，在坚不可摧的信仰壁垒的牢固拱卫下，也能从书页间找到彰显设计之迹的奇妙新事例，在实例的帮助之下试图击退那些激动的攻击者。[26]

设计论证的支持者竟然“可能”在这本兰花著作中找到新的例证，这让一位评议人忧虑到忍不住要批评达尔文“毫不犹豫的目的论”：

> 达尔文先生断言，兰花是为了吸引昆虫而分泌花蜜。显然，对善于思考之人来说，提及花蜜分泌出来、昆虫被吸引

① 在自然神学理论中，第二因（secondary cause）是导致上帝所造之物运动的直接原因，区别于创造出这些事物及其运动法则的第一因（即上帝本身）。上帝创世之后，世间万物便可以在第二因的作用下自发运动，无须上帝再直接介入。

> 过来，这样就够他们留意了，而不应该冒险地断言说花蜜的分泌专门服务于那个目的，因为这种分泌可能还有很多和更重要的作用。[27]

这本书最为尊贵的评议人之一是乔治·坎贝尔［George Campbell，即阿盖尔（Argyll）公爵八世］，他是自然神论的坚定宣扬者，对达尔文的观念反对得虽然彬彬有礼，却断无商量余地。他在书评中写道，虽然达尔文声称有意回避超自然的解释，但达尔文似乎还是采纳了自然神学的语言。阿盖尔公爵评论说，在这本兰花著作中，“发明”“奇妙的发明”，甚至“美丽的发明”等语词是“一次又一次反复出现的表述”。他因此判断，“意向，是（达尔文）确实觉察到的东西，也是在他还没觉察到的时候会下功夫去找、直到找到为止的东西”。阿盖尔公爵进一步指出，达尔文经常用弹簧夹子之类的人造物来比喻兰花的部位。[28] 阿盖尔公爵和他的读者都非常清楚，这种类比正是佩利在《自然神论》（*Natural Theology*，1802）中进行论证时所采用的核心手法。佩利在这之中写下过一段非常有名的文字，说任何人第一次见到一块手表时就一定会难以自已地推论道，这是由一位智慧的手表匠所制造的（哪怕这个人以前从未见过这种手工艺），因为预先存在的**目的**显然会决定它的设计。[29]

达尔文在写给他的朋友、哈佛大学的植物学家阿萨·格雷（Asa Gray）的一封信中沮丧地承认，阿盖尔公爵的评论很“聪明”，但仍然“没能理解，这本书实际上已经解决了神学上的任何争议”。[30] 然而，虽然格雷支持达尔文的学说，但他终生都是基督徒，所以他自己在评论《兰花》一书时所强调的很多方面，也正是阿盖尔公爵已经指出的那些。[31] 他甚至还说，如果达尔文先出版的是《兰花》一书，那么“连很多对他论物种起源的专著大感惊恐的人”都有可能把他尊为圣徒，而不是对他诅咒连连，因为这本兰花著作“会成为一个宝藏，里面满是自然神学的新例证”。当然格雷也不得不承认，要达成这个目标，达尔文还得隐去“一些理论推断”。[32]

在之后的一篇文章中，阿盖尔公爵记述了他真的与达尔文见了面，一起讨论了这本兰花著作：

> 我说人们不可能在打量（兰花）的时候不把它们视为上帝心灵的效应和表达。我想我永远不会忘记达尔文先生的回答。他非常严肃地盯着我，说：“嗯，这种想法也常常让我欲罢不能；但是也有些时候，”他轻轻摇了摇头，“这个念头似乎消失了。”[33]

为什么在达尔文那里，这种智能设计的论证会“消失”？为什么他没有像这位公爵和格雷一样，一看到兰花那些美丽的发明，便坚信自然世界背后一定有个设计心灵？还有，如果达尔文真的不相信自然界中有自觉的设计，那为什么他有时候又会以那样的方式来描写，让人觉得好像他很相信似的？

达尔文有时候被人说成好战的无神论者，决心摧毁人们对上帝的信仰，但实际上并没有证据支持这种观点。他曾经在写给格雷的信中说，有关上帝的整个问题“对人类的智力来说过于深奥。一只狗大概也能对牛顿的心灵做出推测——就让每个人希望和相信他能办到吧”。[34] 在达尔文发表的文字中，他通常会小心地规避宗教争议，而且常常采取模棱两可的表达方式，让读者可以“希望和相信”任何他们所期望的东西。然而，达尔文与维多利亚时代越来越多的科学男士一样，坚定地相信上帝在科学解释中没有位置。的确，在 19 世纪的英国，从解释中除去上帝的做法逐渐成了“科学”这个词定义的一部分。[35] 因此，不管像阿盖尔公爵或格雷这样的人选择希望和相信什么，达尔文都知道，如果要让他的科学界同人信服他的理论，相信兰花的美丽发明是盲目的，是由偶然驱动的自然选择的产物，那就需要对这些现象做出彻底科学的解释。他从兰花身上发现的关键问题之一：如果没有发明者，何以会有发明？

和《兰花》一书的其他评议人一样，格雷重点强调了这本书与传统上流行的自然神学著作之间的相似程度，说《兰花》在那些“可能对老人与年轻人都极具吸引力的”“描述了昆虫的习性和行为”的书籍之列又添了一例。他明确表示，达尔文是通过援引“第二法则”来尝试解释兰花的适应性，而不是直接诉诸造物主的行动；但即使这样，他仍然认为，达尔文所描述的事实和观察同等迷人，“与所有起源理论无关，可能与老观点和新观点都能容易地调和起来”。格雷可能以为，为了说服他美国的业内朋辈中最虔诚的那些人真的翻开书页、以开放的心态读一读《兰花》，这样评论就是最佳策略。（他也提到了演化论证，但又补充道：“我们无意在当下重新讨论这个问题，况且也不是时候。”）[36] 与这种谨慎的公开评论相反，格雷在一封私人信件中向达尔文表达了祝贺，说“您用这本兰花之书来了个精彩的侧面包抄”，用这个方法渐渐赢得了那些三年前还在反对《物种起源》的博物学家们的好感。[37] 达尔文心中颇喜，回信说：“在所有说到点子上的评议人里，您是最优秀的那一位：其他人都没有觉察到，我这本兰花著作的主旨就是要对反对者来个‘侧面包抄’。”[38] 达尔文不光不支持自然神学，甚至还竭力利用设计论证反过来去反驳其支持者。

达尔文的论证含蓄而微妙，但是其中有几个关键方面令其立场甚为清晰。首先，他利用了当时社会上对兰花的广泛兴趣，邀请怀疑演化的人亲自观察。比如在描述某种兰花蜜腺（花中积有花蜜的部分）① 的形状时，达尔文指出，自然选择创造了沿其两侧隆起的纵脊，如此一来，昆虫长而柔软的喙（蝶类或蛾类吮吸花蜜所用的器官）就可以被纵脊导向蜜腺深处而不会弯折。如果哪位读者觉得这种描述难以置信，达尔文就建议他："可以把一根细而柔软的鬃毛，从唇瓣上隆起的纵脊之间插进花朵张大的开口，然后便不会怀疑，这些纵脊正如向导一般，可以有效地避免鬃毛或喙被歪斜地插进蜜腺。"换句话说，如果你不相信我，那就自己试试看好了。无论是正在做研究的博物学家，还是为数众多的兰花爱好者群体，无论是商业苗圃主，还是业余种植者，都会觉得这种论证方式很引人入胜。就连《雅典娜神殿》的书评人（他对自然选择持全面怀疑的态度）也承认，这本书清楚地展示了兰花已经适应得必须依赖其传粉昆虫，他因此劝说任何怀疑这一点的人："尝试一下达尔文先生的实验吧，你也会得出和他一样的结论的。"[39] 几乎人人都能亲自检验一下达尔文的主张，只要这样做了，其人便加入了科学世界。英国那些自学成才的园艺师大军不仅是科学书籍的主顾，也是科学发现的积极参与者［达尔文经常给《园艺师纪事》和《乡村园艺师》（*Cottage Gardener*）之类的杂志写信，咨询各种各样的问题］。达尔文的理论意味着新实验和新观察，而认为上帝设计了兰花的主张并不会诉诸实验或可供检验的新想法，因为这种信念所依托的是宗教信仰，而不是证据。

---

① 这里给"蜜腺"下的定义，与现代植物学的用法不同。今天定义的蜜腺，是分泌蜜汁的结构，而不是积存花蜜的结构。本章所说的"蜜腺"，实际上主要指的是现代植物学所说的"距"。

能够参与科学这一点可能吸引了兰花种植者的注意，甚至可能让他们有点沾沾自喜，但这还不足以让他们承认达尔文是对的。要让人赞同“发明真的可以没有发明者”这个主要论点，他还得提供证据。为了支持这个论点，他对许多种类的兰花都做出了详细的长篇论述（他承认，“可能太琐细了”），在其中解释为什么昆虫和兰花之间有这样密切的匹配，而这又如何能保证每个种的异花传粉。[40] 举例来说，瓢唇兰属（*Catasetum*）的花粉块可以被有力地弹出，这让它们不仅可以牢牢地粘在昆虫身上，甚至可以直接飞到另一棵植株之上，这样就避开了自花传粉的风险。在原产巴西的薄荷吊桶兰（*Coryanthes speciosa*）的花中，唇瓣呈吊桶状，盛满了一种富含糖分的分泌液。掉进其中的蜂类向外爬的时候便可为花朵传粉。达尔文发现，如果“吊桶”变干，那么蜂类会直接飞走，但如果它们的翅膀被打湿，那就飞不起来，只得爬过一条狭窄的出口通道，在这个地方必然会蹭过柱头，从而为花传了粉。[41] 不过，虽然这样精巧的结构具有近乎完美的复杂性，让达尔文觉得非常有趣，但他也清醒地知道，完美也可能是神圣设计的结果；只有不完美，才表明自然选择曾经发挥过作用。

在达尔文认为最难对付的兰花中，有一种的发现者是探险家理查德·朔姆布尔克（Richard Schomburgk，有人认为也是他发现了王莲，但这略有些不准确。王莲产于亚马孙河，原学名 *Victoria regia*，现为 *Victoria amazonica*，叶似睡莲，但宽达一米以上，让维多利亚时代的人深为痴迷）。朔姆布尔克所发现的这种兰花，同一根茎上就生着 3 种完全不同的花。更奇特的是，这些花在外形上不仅曾被视为不同的种，这些种甚至还被归入不同的属（分别是瓢唇兰属的 *Catasetum tridentatum*，龙须兰属的 *Monachanthus viridis* 和飞花兰属的 *Myanthus barbatus*）。就像林德利那时所写的："这些事例，让我们有关属种稳定性的所有观念基础都为之动摇。"[42]

达尔文详尽地分析了朔姆布尔克发现的这种神秘植物，指出这 3 个"种"并不是什么种，而只是同一个种的 3 种形式：名为 *Catasetum tridentatum* 的那个种的花实际上是其雄性形式（有雄蕊而无柱头）；发表在龙须兰属中的那个种是雌性形式（有柱头而

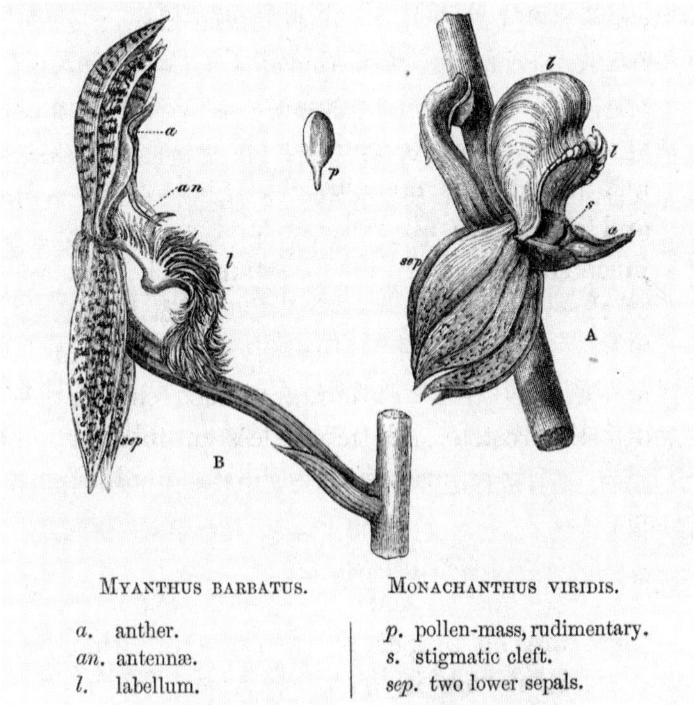

图 19　"让我们有关属种稳定性的所有观念基础都为之动摇"的兰花。图上这两个种都被达尔文鉴定为龙须兰（*Catasetum tridentatum*）的有性形式。
（引自《论不列颠和外国兰花借助昆虫受精的各种发明，兼论互交的良好效果》，1862）

无雄蕊）；至于 *Myanthus barbatus*，则是两性形式（兼有雄蕊和柱头）。这 3 种形式的花都属于龙须兰这个种（3 个种合并之后，按规则要用 *Catasetum tridentatum* 这个名字），但看起来差别很大，所以植物学家第一次见到其中单独的某种形式时，便分别给予了一个名称（而且不仅错误地鉴定成了不同的种，甚至还放入了不同的属）。这个错误大概也可以理解，因为龙须兰毕竟是人们发现的第一种雄花和雌花分别生在雄株与雌株上的兰花（用术语来说，这类植物是“雌雄异株”，区别于“雌雄同株”，也就是雄花和雌花生于同一植株上的植物）。[43] 这个情况让达尔文颇为着迷，一方面是因为它可以为分离性别的演化方式（这种情况在很多种类的植物身上都存在）提示一些线索，另一方面也是因为雄花和雌花各自还生有消失器官的无用残迹。正如达尔文所写：“在植物雌株上的残迹中，雄性花粉块结构上的每一个细节特征都有呈现，有些部位表现夸张，有些部位只是略有变化。”在自然界中到处都能见到类似的证据（比如鲸类就有下肢的残迹，因为它们原先是栖息在陆地上的动物，后来通过演化又重返水中）。如果说神圣的造物主在设计其造物时，非要加上这些它们根本不需要的无用器官的残迹，而且故意让它们反映出现实中并不存在的演化历程，那未免太古怪了。达尔文由此得出结论，博物学家很快就会“带着惊奇，可能还带着嘲讽地”发现——

> 那些严肃而有学问的人以前竟然会坚持认为这些无用的器官不是它们遗传得来的残迹，而是被一只全能之手特意创造出来、安放在适当位置的，就像在餐桌上摆上菜肴一样（这是一位杰出植物学家的比喻），只为了“完成对自然的规划”。[44]

与此相反，达尔文的分析表明，最好把兰花多变而非凡的形式理解为单独一种祖先形式的变异。他为此提供了一个简单的图解。

兰花的花是由相邻的几个排成轮状的花部构成的。最外一轮通常由绿色的萼片构成，称为花萼（在花蕾绽开之前可以起到保护作用）。花萼内侧是花冠，由花瓣构成；再往内则是雄蕊和雄蕊内侧的心皮。有些花的结构很典型，四轮花部（花萼、花冠、雄蕊和心皮）俱在。单子叶植物（种子只有单独一枚胚叶的植物）每轮花部的组成结构都是3个，或为3的倍数。然而，虽然兰花也是单子叶植物，但演化让每轮花部都有所变化，使其组成结构发生变形，或合生在一起。比如大多数兰花3枚花瓣中的最下一枚会增大成唇瓣；大多数雄蕊会消失或变得不育；柱头中会有两个合生形成合蕊柱，第三个柱头也变得不育，并通过饰变而成为独特的蕊喙结构。正如达尔文所总结的："我们在这里所见的变化、愈合、不育和功能变化是何等之大！"而这就带来了一个明显的问题：

> 我们固然可以说，每种兰花都按着某种"理念型"被精确地创造成我们现在所见的这个样子；全能的造物主为整个目都确定了一个计划，而且从不偏离计划，因此他会让同一个器官发挥多样的功能——而且与它们本来的功能相比常常显得有些无足轻重——又会把其他器官转变为没有目的残迹，但仍然把它们塑造成原本彼此分离、后来又合生在一起的样子。难道这样的说法会让我们满意吗？

达尔文觉得这种想法是不合适的，建议换成一种"更简单、更明智的观点”，也就是认为所有兰花都来自一个共同祖先，“其花中现在所见的结构，之所以发生了神奇的变化，是因为经历了很长时间的缓慢饰变”（这个说法现在已经为 DNA 研究所证实）。[45]

在达尔文眼中，兰花极为清楚地暴露出了缺乏远见的特点；他逐渐感到，这是与任何智能造物论都无法调和的现象。谷地兰（*Malaxis paludosa*，现学名为 *Hammarbya paludosa*）就可以作为一个例证。虽然大多数兰花的唇瓣位于花的下方，这样昆虫就可以落脚在合蕊柱及其花粉块下面，但是如果检查一下兰花的幼组织发育，会发现唇瓣最开始其实是上方花瓣，是在花发育的过程中才扭转了 180 度。如果它有创造者的话，这本身已经意味着那位的思维多少有点古怪。然而在谷地兰中，唇瓣仍位于花的顶部，在花的发育过程中扭转了整整 360 度。显然，如果设计者稍微有点头脑的话，让它顺其自然生长不就好了？达尔文在与阿萨·格雷的通信中讨论了这类证据。格雷（与同时代的很多人一样）为了把基督教信仰与演化观点调和起来，首先承认达尔文是正确的——生物个体确实是自然法则运作的产物，最主要的自然法则是自然选择——但是，这些法则也是上帝亲手打造的。（这就好比我们地球上的四季，是地球在无人格的、具有数学精确性的引力定律的作用下绕太阳公转而产生的现象；上帝并不需要每天早晨叫太阳起床、亲自催促它在天上运转，相反，他只需创造引力，让上天动起来，就会年年给我们带来春天。）从有神论的角度打量演化的念头，让格雷尽力淡化达尔文与自然神学家所持观点的差异［就像他的一篇论文《自然选择并非不能与自然神学调和》（“Natural Selection Not Inconsistent with Natural Theology”）的标题所示的那样］，从而给了《兰花》一书相当赞许的评论。[46]

然而，格雷似乎并没有充分理解达尔文的论证（要么就是他拒绝接受其全部推论）。对达尔文本人来说，谷地兰这样的例子只能证实，神力的干预是全然缺席的；本来只要让兰花的唇瓣简单地保持它在胚胎中最初的位置就行了，为什么非要扭转整整一圈呢？自然选择缺乏远见的事实如此明显，对达尔文来说根本不成其为问题，因为他确信，变异不是由生物体的境况或需求所直接产生的，而是一种真正的随机现象，也就是说，变异并没有偏好的方向。恰恰由于这样缺乏远见，所以几乎不可能把演化视为一种由神力主宰的过程，因为后者那样的过程会把意图实现得完美，或者至少会有利于它所创造的生物体。[47]

仍是在那封达尔文祝贺格雷意识到这本兰花著作是一次“侧面包抄”的信中，他还写了一段“又及”：“在兰花这本书的最后一章内容中谈到了兰花为了达成同一个一般性目的而在手法上花样翻新，无穷无尽。我很想听听你对其意义和成因的看法。这个还未穷尽的问题与设计有关。”[48] 达尔文是在说，既然兰花的不完美性似乎是其造物者缺乏预见能力的明显证据，那么格雷对此会如何解释呢？在接下来的几封信中，格雷都回避了这个问题，但最后终于被迫承认，“我想我们两个人的区别就在这里。你让我面对这个问题的时候，我便觉到一阵寒意”——是开始怀疑达尔文的宇宙确实是个无神宇宙之后所产生的寒意。[49] 达尔文在回信中说他“已经猜到你会说什么”，但又补充说：“我觉得能让你感到凛冽‘寒意’的例子应该是突胸鸽、扇尾鸽那些。”这些维多利亚时代的奇特家鸽品系，是他在《物种起源》一书中最喜欢举的例子，用来向读者展示，在人类相对短暂的有文字记载的历史中，人类育种者竟然能让同一种野生的岩鸽发生如此剧烈的变化。他借此要求读者去想象，在极为漫长的地质年代里，自然选择又会达成什么样的效果。他再次逼格雷直面这个问题："就人类选育时所带有的意图而言，这些变异难道不是出现得很偶然吗？"[50] 也就是说，格雷你显然并不会认为，上帝是为了满足家鸽育种者的突发奇想才创造了这些鸽子的变异。那么如果这些变异并非出于神力的规划，为什么我们就不能认为自然界中的其他任何变异也都不是预先安排好的呢？

按达尔文的解释，兰花形态的所有饰变，包括谷地兰唇瓣的360度扭转，都是因为自然只能从碰巧已经出现的变异中选择。如果某些条件发生变化——比如可以是自然环境的变化，或是兰花传粉昆虫的习性变化——让重新回到花顶端这个祖先位置的唇瓣更占优势，那么自然选择将只能在当前存在的变异上发挥作用。如果现实中正好没有"不扭转"的变异，那么兰花就只能继续扭转，直到转够整整一圈。不仅演化没有前瞻性，每一种变异也只是因为马上"就能给植物带来用处"才被保留下来。[51] 什么样的用处呢？大多数复杂的饰变是用来帮助生殖的——而从演化的视角来看，物种的生殖就是"最可能达到的善"。说到底，在达尔文的世界里，除了生殖，没有任何真正要紧之事。当然，植物有很多方式可以让花粉传到别的植株上；与兰花同属单子叶植物的禾草显然也获得了巨大成功、扩散到了全球，但是它们的花微小而不显眼，因为它们传播花粉的时候靠的是风，而不是昆虫。在不同的生存策略之下，植物渐渐分化为许多科，这是出现在它们祖先身上的不同变异所造成的结果。禾草和兰花各有一套能让自然选择发挥作用的变异，虽然它们后来在演化上的成功完全可以解释，但是最初的变异在产生之时靠的全是运气。

达尔文写道，"除非我们记住，异花受精在大多数情况下已被证明会产生良好效果"，否则兰花复杂而多变的发明就没有意义。

（他在温室中花了多年时间比较异花传粉和自花传粉的植株在可育性与耐性上的差异，以证明这些“良好效果”。）在兰花中，自然选择偏好让专门的昆虫和特别的花朵结成更为紧密的联系，以至在少数情况下，只有一种昆虫能够为某个种的兰花传粉。任何变得如此依赖于另一个种的物种似乎都会陷入很危险的境地；如果唯一的传粉者（或唯一的食物来源）变得稀少，甚至灭绝，那怎么办？这当然可能发生（正是出于这个原因，很多兰花和昆虫现在已经濒危），但是自然选择并没有预见性。虽然这看上去是个悖论，但从短期来看，兰花身上任何能够减少传粉昆虫种数的偶然饰变，都同时有益于兰花和昆虫。为什么这么说呢？因为如果传粉者能够只从彼此形似的花那里取食，那么兰花宝贵的花粉就能较少浪费在完全没有亲缘关系而无法受精的种上。出于完全同样的方式，昆虫身上任何能够让其从少数专门的花朵上更高效地取食的轻微变异，对昆虫自己也会有好处（可以减少食物资源的竞争）。就这样，经过不计其数的世代之后，兰花对昆虫的适应慢慢变得越来越紧密，在某些情况下，它们最终会像锁和钥匙一样亲密无间。虽然长期来看这可能是个高风险的策略，但是（在上面过于详细的论述之后，有必要重复一下主旨）自然选择没有预见性——短期来看，昆虫不再有花蜜的竞争者，而兰花减少了花粉的浪费。

支持达尔文所论述的最简单且最有力的证据，可能是生长在马达加斯加的一种名为长距彗星兰（*Angraecum sesquipedale*）的兰花。它还有很多其他名字，比如“大彗星兰”“达尔文兰”等。达尔文手头这些被他描述为“六放的大花，如同雪白色的蜡做的星星”的样本植株，是 1862 年 1 月收到的；赠送者不是别人，正是詹姆斯·贝特曼。这种兰花美丽的花朵使之成为非常受

From a photograph by W. Ellis.
ANGRÆCUM SESQUIPEDALE AND NATIVE FERNS.

图 20 正在搜寻长距彗星兰等兰花新种的欧洲采集者。
［引自威廉·埃利斯《马达加斯加的三次访问》
（*Three Visits to Madagascar*），1858］

人喜爱的热带温室花卉，但是达尔文的注意力被“悬垂在唇瓣下方、长度惊人的鞭状绿色蜜腺”吸引住了。[52] 这些非凡花朵的最早发现者是一位法国人，名叫路易-马里·奥贝尔-奥贝尔·迪珀蒂-图瓦尔（Louis-Marie Aubert-Aubert du Petit-Thouars），他根据这些细长的蜜腺而给这个种起了 *sesquipedale* 这个名字［该词字面上意为“一英尺半长”（约 46 厘米），虽然有所夸张，但可以理解］。这种兰花及其学名最早刊于迪珀蒂-图瓦尔的精美著作《非洲南方三岛所采兰科植物专志》（*Histoire Particulière des Plantes Orchidées Recueillies sur les Trois Isles Australes d'Afrique*，1822)，但该书只有两本被保存下来，其中一本在邱园。他从未想过往欧洲引种这种兰花，直到 35 年之后，才终于有人成功地在其原产地马达加斯加之外把它种到开花。1857 年，威廉·埃利斯（William Ellis）神父把一些植株带到了英国，但它们仍然非常珍稀。在 19 世纪 60 年代前期，单独一棵植株能卖到 20 英镑（合今 12,800 多英镑或 20,250 多美元）以上；即使是像贝特曼这样的有钱人，如果不是特别敬重达尔文，恐怕也不会送给他两株以上。[53]

不过，虽然达尔文为这新来的稀世珍宝欣喜不已，花中的蜜腺却令他十分困惑。它们长可接近 30 厘米，但达尔文注意到"只有最下部大约 4 厘米的一段盛满了非常甜的花蜜"。[54] 收到贝特曼的礼物后，达尔文写信给约瑟夫·胡克："我刚从贝特曼先生那里收到一个宝箱，满是令人惊异的 *Angrœcum sesquipedalia*（原文如此），蜜腺长一英尺（即约 30 厘米）—— 上天啊，是什么昆虫在吸它的蜜呢？"[55] 5 天后，他又给胡克写信，再次提到这种兰花，补充说："吸它蜜的蛾子，喙该有多长！这是个非常好的例子。"[56] 与之有类似花形和花色的兰花由蛾类传粉，其喙的长度足以探入兰花的蜜腺，所以达尔文的脑海中立即浮现出这样的画面 —— 一只仿佛是昆虫中的大象的蛾子，喙长得足以够到底部，把远处的花蜜吸起。

这时候，达尔文的兰花著作已经接近完稿（后于 1862 年 5 月出版），但是在贝特曼这份奢侈的礼物寄到之后的 3 个月中，达尔文越来越坚信，在马达加斯加的什么地方"一定有种蛾类，其喙伸展开来可达 10 至 11 英寸（25 至 28 厘米）！"[57] 他严谨地解释了他如何设想蛾子和兰花彼此一定在协同演化，并指出，如果蛾子或兰花中有一种“在马达加斯加灭绝”，那么另一种也可能灭绝。不过他确信，一旦从演化的角度审视这种兰花及其传粉蛾类，那么博物学家便可“在一定程度上理解蜜腺的惊人长度如何通过连续的饰变而形成”。达尔文手边没有蛾子可以观察，于是他照例把各种各样的头发和鬃毛插进花中，看看拔出来的时候上面是否能附上花粉块。他发现，只有一根直径为“1/10 英寸”（2.5 毫米）、较为结实的“圆柱形棒”可以把花粉块带出来；显然，只有大型蛾类才能成功。所有蛾类的喙的长度和粗度都有变异，所以在马达加斯加历史上较早的某个时点，那些拥有最长、最粗的喙的蛾子在为这些具有最长蜜腺（同样，这也只是无方向的变异造成）的兰花传粉时最为成功。长喙蛾类因此也最容易够到这些蜜腺最深的兰花中的花蜜。如果蛾类随机变异，使其中一些开始偏爱具有最长蜜腺的花朵，那么这种偏好就可以被自然选择保存下来，传递给它们的后代。随着蛾类开始特化，来自具有最长蜜腺的兰花的花粉也越来越可能只落到具有相同结构的花朵上。这样一来，长蜜腺变异也可以传递下来。（当然，今天我们知道这意味着决定长蜜腺的基因频率变得更高，但在达尔文的时代，没有人理解遗传的机制；在这种情况下达尔文还能把演化的许多细节说得如此正确，就更说明了他思想的卓越。）达尔文随之写出了成功传粉所带来的结果：“这些植株可以产生最多的种子，幼苗一般可以遗传到更长的蜜腺；在植物和蛾类接连不断的各个世代中都会如此。”他说这是“彗星兰蜜腺和某种蛾类的喙在长度上的竞赛”；只有最大的蛾子可以从最深的蜜腺那里饮到花蜜，于是双方都越来越针对对方而特化——最终变得彼此依赖。[58]

那时，没有人见过达尔文所预言的这种长着如此长的喙的蛾类。在《兰花》的第二版中，达尔文坦承，昆虫学家曾因为他这个荒谬的推测而取笑他。但是他仍然坚信，没有别的假说可以解释这种兰花的结构。在达尔文做出预言的41年后（此时他已过世了20年），达尔文所预言的蛾类终于被找到了，其学名也因此被定为*Xanthopan morganii praedicta*（最后一个词*praedicta*意即“预言的”），以纪念自然选择理论对其存在的精确预测。即便如此，虽然这种蛾类的喙长合于预言，但一直到1992年，科学家才终于观察到（同时拍摄到）它访问长距彗星兰的场景。[59] 进一步支持达尔文论断的证据还揭示，这种兰花所在的彗星兰属（*Angraecum*）和这类为它们传粉的天蛾都在马达加斯加岛上呈现出令人惊异的多样性；特化确实在发挥作用。[60]

长距彗星兰及其传粉蛾类的故事，是自然选择理论所开启的科研工作的典范。从泰奥弗拉斯托斯开始，博物学主要是一门采集、观察、监视、描述、命名和分类的学问。与之形成鲜明对比的是物理学和天文学之类更有名望的科学，能够运用精确的数学定律来预言现象，比如彗星的回归，或是存在前所未知的行星。多亏了达尔文的兰花，博物学家如今也能开始做类似的事情，博物学也因此在前进的路上迈出了微小而关键的一步，最终沿着这条路发展为今天最有威望的科学门类之一——现代生物学。

不过，很多问题仍然悬而未决。比如，为什么兰花常常与昆虫长得很像呢？兰花专著面世后，与达尔文同时代的博物学家圣乔治·杰克逊·米瓦特（St George Jackson Mivart）就写信给他，问他“是否可以惠告，蜂兰类中那几个在外形上酷似蜂类、蜘蛛和蝇类等动物的种，是通过什么样的过程产生的”，还补充说，“我觉得这种相似性过于明显和惊人，不可能是偶然事件”！米瓦特在几年前皈依了天主教，显然相信他自己已经多少窥探到了上帝之手。达尔文对此无法解释，只能说，他认为这种相似性可能是巧合，而且总归有夸大之处。（“这种相似性是人们的异想天开；兰花的外观很古怪，自然而然，人们就最容易把昆虫当作标准拿来比较。”）[61] 这样的回答，当然无法阻止米瓦特在为反驳达尔文而写的著作《论物种的创生》（*On the Genesis of Species*，1871）中继续用这些兰花作为自然选择无法解释的许多事例之一。[62]

尽管达尔文承认，对于这些表面相似的奇妙事例他无法给出什么有用的启发，但在书中还是加了一个高深莫测的脚注，提到一位博物学同人“曾经频繁见到蜂兰被蜂类攻击”；达尔文对此评论道：“我无法揣测这句话意味着什么。”[63] 虽然直到 20 世纪，这些谜题的答案才被揭示，但在此之前，生物学家们已经拥有了一种新的力量，不再通过自然神学的玫瑰色眼镜观看自然，而是通过自然选择这个清晰聚焦的棱镜来观测自然；他们也因此能够设想和实施数不胜数的实验，以此来检验自己提出的假说。不管这些猜想是证实还是证伪，每个实验都能启发人们想到其他更多要做的实验。无怪达尔文本人在一部私密的自传性笔记中说，自然选择首先是“一种可以拿来工作的理论”。[64]

6

兰花争夺战

除了来自兰坡的那些不起眼的英国兰花之外，达尔文的温室里还有从全世界送来的种。他经常会向约瑟夫·胡克寻求方便，而胡克也乐意与他分享邱园的植物宝藏。不过，就像所有其他维多利亚时代的园艺师一样，达尔文更依赖商业苗圃。达尔文曾在给胡克的信中写到他想充实自己的一个新“热室”（也就是温暖得可以养育热带植物的温室），其中就提到他一直在“愉快地查阅种苗目录，看看能搞到什么植物”。引发他兴趣的植物有瓶子草属（*Sarracenia*）之类的食肉植物，还有那些能做出不寻常运动的植物，比如含羞草属（*Mimosa*），“以及所有诸如此类的有趣玩意儿”。他打算“乞求”邱园租给他一些兰花，“但我必须拿到有标价的目录”。[1]

在众多的热带兰花中，达尔文对中美洲艳丽的瓢唇兰属附生兰花深感好奇。他向胡克索要，但邱园似乎也拿不出来，于是达尔文告诉他："我已经写信给维奇（你在提到帕克和威廉斯时也提到了他的名字），索要 4 个种类；如果他搞不到，我会告诉你，因为我实在很想见一下瓢唇兰。"[2] 这里提到的"威廉斯"不是别人，正是自学成才的兰花专家本杰明·威廉斯（见第四章），他的文章此时已经取得丰硕成果，由此发展出了一家成功的公司，名唤"维多利亚和乐园苗圃"（Victoria and Paradise Nurseries），达尔文是众多主顾之一。还有詹姆斯·维奇及其儿子［也叫詹姆斯，在伦敦中心的切尔西经营着皇家异域苗圃（Royal Exotic Nurseries）］，达尔文也从他们那里获得了多种兰花。（后来达尔文在出版兰花专著时，既感谢了帕克和威廉斯，也感谢了小詹姆斯·维奇，说他"慷慨地赠予我许多美丽的兰花"。）[3]

当然，为达尔文（以及其他很多人）供应兰花的苗圃，是威廉斯通过大量工作所促成的兰花普及化的产物。不过，19 世纪 40 年代和 50 年代的第一波兰花狂热，远远比不上这个世纪最后几十年的第二波；那个时候，更多的兰花到达西方，更多的兰花种植者购买它们，苗圃也能赚取更大的利润。伦敦是这项全球贸易的中心，那里的兰花狂热似乎也最为猛烈，但其实这种热情和贸易已经在欧洲扩散开来，延伸到了美国，到 19 世纪结束之际仍在继续。正如维多利亚时代某本兰花种植手册上所解释的，兰花之所以这么迷人，部分原因不过在于它们是能开很久的花卉；一株兰花"可以开满一整个漫长的夜晚，到最后也仍然鲜嫩，就像刚采集来的时候一样"。这本手册还向读者保证，兰花身上有个"永远成立的事实"：

> 兰花这个名字就是品质的保证。它的花不像百合那样片片凋零；花瓣不会凋落；不会在梗上垂下；不会像倒挂金钟

那样，死掉的花自动整个掉落；也不会像紫露草那样，开到最后塌下而解体——不，兰花从来都不会这样；它的花不肤浅，不虚伪，也不会转瞬即逝……如果我们没说错的话，兰花面前是广阔的未来。[4]

有一个名叫弗雷德里克·桑德（Frederick Sander）的人就特别坚信兰花有广阔的未来，所以他把自己的一生都献给了兰花，最终主宰了兰花贸易，以至人送绰号“兰花王”。[5] 他于1847年生于不来梅（Bremen，后来属于北德意志邦联），少年时代就已经给许多苗圃主打过工。后来他在1865年移民英格兰，据说当时口袋里只有半克朗，而且几乎不会讲英语。他个子不高（才1.64米左右），但精力充沛。他先在鲍尔先生（Messrs. Ball）的苗圃工作，后来又去了卡特斯（Carters）和伦敦东南部的林丘（Forest Hill）苗圃。在林丘苗圃，他遇到了一位杰出的兰花采集家贝内迪克特·罗兹尔（Benedict Roezl）；正是罗兹尔向桑德介绍了后来让他用余生去痴迷的那些花儿。

罗兹尔的早年经历基本是个谜（他后来的生平也是如此），但他似乎是一位捷克园艺师的儿子，生于1824年，出生地大概是布拉格西北的霍罗梅日采（Horomeric，今属捷克共和国）。他起初是位农夫，但在一次向人演示他发明的一种新农用机械时失去了右臂，之后就从事起了植物采集工作。代替他右臂的铁钩，让他有了令人难忘的海盗般的形象，这大概也能说明，为什么后来他身上会笼罩上远过其实的带着传奇色彩的光环。按照罗兹尔的传记作者、维多利亚时代的记者弗雷德里克·博伊尔（Frederick Boyle，这家伙从来不会浪费一丝机会来创造神话故事）的说法，罗兹尔身材高大，体格健壮，从来不带火器，纯靠个人气场保护自己。博伊尔写道："我怀疑，就连那些野蛮的印第安人也会被他那威风凛凛的外形吓倒，特别是在他因事故而受到损伤的左手位置上还安着一个铁钩。"（博伊尔就这样把罗兹尔的另一只手也弄断了，他对事实满不在乎的态度可见一斑。）在博伊尔看来（这段内容见于"罗兹尔的传奇经历"一章，这个标题倒是诚实得难得一见），"在漫步于这个野蛮的世界、为了我们的愉悦和乐趣而寻找新植物的人中，在这些才能卓著、精力充沛的人中，（这位捷克人）他是最伟大的一位，无人可以匹敌"；博伊尔非常愿意相信罗兹尔说他自己单凭一只左手就发现了 800 个兰花新种。[6] 据说罗兹尔有一次甚至单用"眼神的力量"就平息了一头黑熊的敌意，然后镇定自若地把 3,500 株兰花发回伦敦。[7] 这么多活儿，在这位世所罕见的英雄手中只用一天时间就干完了。难怪他会给弗雷德里克·桑德留下深刻印象，让桑德很快也像他一样爱上了兰花。

与罗兹尔见面后不久，桑德就遇见了伊丽莎白·费恩利（Elizabeth Fearnley），并坠入爱河。伊丽莎白的父亲是附近一位有钱的地主，他不仅不反对这门婚事，而且还给了女儿一大笔钱。所以，1876 年，桑德便用他妻子的钱买下了一家现成的种子公司，位于伦敦东北方大约 32 公里处的圣奥尔本斯（St. Albans）。起初，桑德什么种子都卖（他在自家的信纸上描述自己是"豌豆、甘蓝、芜菁、饲用甜菜和花椰菜的专门种植者"，其中丝毫没有提到兰花）。然而到了 19 世纪 80 年代——多亏了莱昂斯和威廉斯等人的努力——他终于意识到，兰花恐怕才是一桩有利可图的生意。他向南美洲派出了第一位采集员，很快就在圣奥尔本斯种起了许多种兰花，并拿去售卖。1885 年，桑德更换了自家信纸上的抬头，改称自己是"兰花种植者"。几年之后，他变得极为知名，以至有位热带地区的采集者寄信给他的时候，地址只简单地写作

“英格兰，兰花王收”，信都照样送到了他的手中。[8]

通过桑德在19世纪80年代前期写给罗兹尔的一封信，我们可以一瞥桑德的生活状况：

> 上帝啊，我有太多话想和你说，叫我从哪里说起呢？到7月31日时，我必须搞到5,000英镑的外汇，只有上帝知道我该怎么办。拍卖弄得非常糟糕……昨天收到了从菲律宾的旅行者那里寄来的一大批货物，可能全都死了——我肯定这大概损失了600到800英镑。没过多久，有3箱兜兰从同一个地方寄到，也冻坏了。14天前，一艘运载了177箱兰花的船沉没了。我他妈的简直要疯了。我每天干活累成狗，不知道到底收获了什么。我还是抱着一线希望并继续奋斗。我派出所有的旅行者，除了3个人，其余都回来了。
>
> 你一点都不知道我的麻烦。我有5个温室已经满了，货物还在外面等待，约你7月来。[9]

获得许多物种所产生的花销和遇到的困难，虽然远不足以让这位苗圃主及其采集员却步，但还是耗去了他们的大部分精力。[10]桑德有很多贵族和有钱人主顾，其中包括罗斯柴尔德家族的男爵，一位是维也纳的，还有一位是艾尔斯伯里（Aylesbury）的纳撒尼尔·罗斯柴尔德男爵（Baron Nathaniel Rothschild），此外还有萨利斯伯里勋爵（Lord Salisbury）、马尔伯勒公爵（Dukes of Marlborogh）和德文郡公爵，以及十分有钱的商业银行家约翰·亨利·施罗德男爵（Baron Sir John Henry Schröder）。[11]当兰花狂热在19世纪的最后25年达到巅峰时，这样一些人物都在竞相购买兰花，会为了率先拥有一个珍稀的新种而付出奢侈的高价。在维多利亚时代后期，单独一棵兰花所售出的最高价是在伦敦的普罗瑟罗和莫里斯（Protheroe and Morris）拍卖行创下的（桑德有很多兰花就是在这里售出）。为了得到一棵库克森氏齿舌兰（*Odontoglossum crispum Cooksoniae*）①，施罗德男爵出价610畿尼（一畿尼为21先令，也即1.1英镑）；但有位彼得斯（Peters）先生“决心不被击败”，报出了令人咋舌的650畿尼的竞价（约合今天的298,000英镑或471,000美元），就为了买到这株“由一个老球根和一个带着一片8英寸（约20厘米）长的叶子的细小新球根构成”的植物。[12] 对桑德来说，这样的出价当然多多益善，但是比钱更宝贵的是公众知名度。只有在兰花的一个新种或新品种非常稀少时（据说在彼得斯出价时，除了他拍下的那棵，齿舌兰的这个品种在英国就只剩一棵了），报纸才会报道买家所付的价钱，然而后来很快就有更多的植株随船运达，其价格暴跌，这个时候不计其数的没那么有钱的顾客就会涌入桑德的苗圃，以求购得这个新品种。就拿花朵发着金光的白旗兜兰（*Cypripedium Spicerianum*）来说吧，这是一种原产印度的极为美丽的兰花。19世纪70年代后期，第一棵白旗兜兰在伦敦卖出了250多英镑（约合今天的105,000英镑或166,200美元）；但只过了一年，因为竞争激烈的采集让供应有了巨大增长，这种兜兰一棵就只卖大约2先令了，价格几乎只有原来的1/2,500。[13]

考虑到兰花潜在的利润，桑德觉得有必要雇用更多的采集员，其中有一位名叫威廉·米霍利茨（Wilhelm Micholitz，有时拼为Micholicz）的德国人，是其中极为成功的一员，一直为桑

① 按照今天的规范，植物学名中除了属名的第一个字母大写外，其他字母都要小写。但在19世纪，如果学名中的第二个词或第三个词来自人名、地名等专有名词，按当时的习惯往往也要大写首字母。

德干到第一次世界大战爆发。[14] 米霍利茨很快就取得了桑德的信任，所以在 1882 年，当另一位菲律宾的采集者拒绝透露蝴蝶兰属（*Phalaenopsis*）一个美丽新种的精确产地时（桑德怀疑那人可能会把这种兰花卖给对手苗圃），米霍利茨就被派去寻找这种兰花。米霍利茨后来告诉桑德，他在马尼拉经受了一场霍乱疫情，然后离开那里前往丛林，陷入“深至膝盖的泥泞”，以致他脱掉靴子之后，只见自己的双腿“爬满了蚂蟥”。不过，他还是设法比竞争对手采到了更多的兰花，对此他写道：“等那个地方的都采光之后……我就来到潟湖的对岸，在那里又发现了蝴蝶兰属的一个新种。”[15]

对维多利亚时代的兰花贸易商来说，野外采集至关重要，这一方面是因为他们要搜寻新奇种类、让买家产生兴趣，另一方面也是因为很多备受称赞的热带兰花在它们的原产国之外几乎无法栽培成活。《花园与森林》（*Garden and Forest*）是美国第一部植物学和园艺方面的专业杂志，其编辑威廉 · A. 斯泰尔斯（William A. Stiles）就指出，比起其他很多植物，兰花的繁育要困难得多，这使得它们的价格居高不下。甚至就算你能给它们传粉，新一代的植株也要很多年才能开花［比如艳舌蕾丽兰（*Laelia callistoglossa*）要用 19 年，维奇氏卡特兰（*Laelio-Cattleya Veitchii*）要用 21 年］。每年只能从母株上分出很少的分蘖，很多种又生长得非常缓慢。凡此种种，都让人们只有一种办法来“维持一个兰园”，那就是——

> 把采集员派到热带森林中，把那里一代代繁衍出的大片兰花活着带回来。要让苦力或骡子驮着兰花安稳地走过山间小道，穿越瘴气弥漫的沼泽，有时候要花好几周时间，直到到达一条溪流，可以泛舟而下抵达海港，这些都非易事。然

> 后又要付诸航运，有可能要绕过半个地球，其间所冒的危险更甚。甲板上喷溅的咸沫意味着死亡，货舱里封闭闷热的空气也常常致命，每一处磕碰都是导致迅速腐烂的开端。[16]

尽管兰花采集者对于兰花的生长位置和过程了解得越来越多，但是采集过程中的损耗仍然极为惊人。成千上万的植株还没被送上货船就死在仓库之中，还有成千上万的植株死在船上，连整船沉没的惨剧都时常发生。

这些困难吓不倒桑德，他还是一直在索求更多的植物，抱怨他要没完没了付给采集员报酬，而其中的很多人——特别是米霍利茨——仍然觉得自己的辛苦未得到应有的待遇。米霍利茨曾从新加坡给桑德写信（1889 年 5 月 5 日），说："我收到了您 3 月 12 日和 20 日的信，我想说，这些信让我特别不快。信里还是那些老掉牙的套话，几乎一字没变，什么我用掉了太多钱啊，寄回的东西不够啊。好吧，您是想让我在马尼拉的街头发现新玩意儿吗？"米霍利茨的这些信件还透露了他对不得不打交道的形形色色的"土著"的看法，毫无称赞（而且都是当时在欧洲人中流行的典型成见）。他告诉桑德，新加坡的居民主要是"华人和马来人，他们就像蚊子一样，一有机会就会吸我们的血"。[17] 但他对巴布亚人的评价似乎稍微高点儿，说虽然"他们别的不懂，就会杀人，就像你家的厨子杀鸡一样"，但是他们人很俊美，"完全光着身子走来走去，是我迄今见过的身材最好的野蛮人种族"。[18]

失落的兰花

在 19 世纪的最后几十年中，随着欧洲的殖民力量逐渐把世界上未遭殖民的剩余部分瓜分一空，兰花猎人也竞相成为新种的第一个发现者。为了能发现一个新奇的种，采集者会尽可能多地采集标本，但最后如果不是全部丢掉，也常常只留下极少的材料。当然，当新植物在欧洲的拍卖场上亮相时，它的精确产地会秘不示人。[19] 既然采集者用的是这样的采集法，也就无怪乎拍卖场上不定期地公布一个新种就会在竞拍者身上激发出极大的热情；而当采集者再次返回热带、想找到更多植株时，那些种却消失不见了。这些所谓“失落的兰花”会时不时地再次出现，在兰花拍卖场和报纸上引发轰动。总部位于伦敦的日报《旗报》(*Standard*)就报道说，1891 年 10 月将是“兰花学年鉴中值得纪念”的一个月份，因为普罗瑟罗和莫里斯拍卖行在伦敦拍出了不止一种，而是两种极为传奇的失落兰花。[20] 这两次引人注目的拍卖，时间上彼此相距甚近，确保了兰花猎寻的浪漫和危险色彩能够永久铭刻在公众的想象之中。

第一次拍卖于 10 月 2 日举行，所拍的是传说中的卡特兰原类型(*Cattleya labiata vera*)，已经失落了 70 多年。大约在 1818 年，一个在巴西活动的植物采集者威廉·斯温森(William Swainson)给英国植物学家威廉·胡克(William Hooker，是后来成为英国皇家植物园邱园主任的约瑟夫·胡克的父亲)寄了一些植物，其中有一个兰花新种。有一个经常被人重复流传但不太合理的故事(据说最先由约瑟夫·帕克斯顿讲述)，说这种兰花的块根只是被随便地塞进了一箱地衣，作为包装填充物的一部分来保护某些更引他关注的植物(这一点就不太站得住脚，因为兰花的块根通常十分坚硬，无法像真正的包装填充物那样作为保护垫层)。[21] 不管它是怎样到的英国，总之人们经过研究发现，这株新的兰花不仅是个新种，而且是个新属。约翰·林德利(当时他马上就

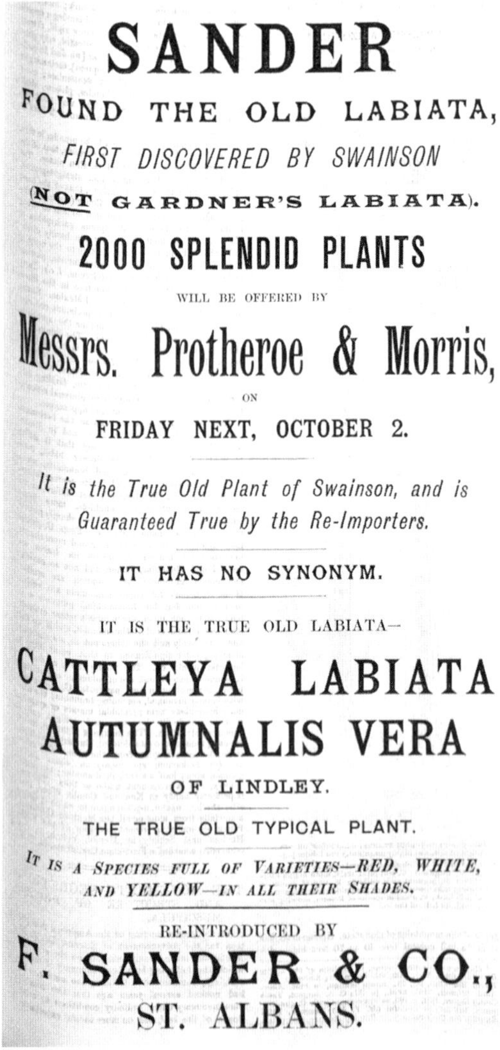

图 21　桑德与合伙人公司宣告重新发现卡特兰（*Cattleya labiata*）的广告。

（引自《园艺师纪事》，1891）

要跻身世界上最顶尖的兰花专家之列）把这个属命名为卡特兰属（*Cattleya*），以向这株兰花第一次开花时所在温室的主人威廉·卡特利（William Cattley）致敬。斯温森寄来的这种兰花开的是非常华丽的紫色花，其唇瓣硕大而艳丽，所以学名中的第二个词用了 *labiata*，意为“生有（美丽）唇瓣的”。林德利写道，他很高兴能有这个机会来向一位先生道贺，“这位先生对于这种兰花所属的那群难于对付的植物，在收集上极富热情，在栽培上也取得了无与伦比的成功，这些因素早已使他极有资格被授予这样一项殊荣。”[22]

人们非常喜欢这种美丽的新兰花。据说斯温森是在里约热内卢附近采到它的，于是采集者们又返回那个地区，企图采集到更多植株。采集者们以为应该很容易找到；就像弗雷德里克·博伊尔说的，他们想当然地以为这种兰花“既然曾经被人用来给箱子‘打包’，那它在里约一定是种常见的杂草”，但是他们失望而归。那里有很多类似的卡特兰属植物，但都不完全是先前那个种；真正的卡特兰比较耐寒，更容易种植，花期也更长。人们进一步注意到，斯温森的那个原种拥有几个美丽的变异类型，可以与其他种杂交，产生从表面上看起来无穷无尽的新类型。既然斯温森还活着，现在定居新西兰，身体还挺硬朗，为什么不去问问他那个原种是从哪里来的呢？然而博伊尔的讲述为卡特兰的偶然发现增添了更多神秘，因为按照他的说法，斯温森自己也给不出什么建议：“那些兰花是他在路上偶然碰到的——可能是某个死在里约的可怜家伙从很远的地方采来掉在那里的。斯温森把它们捡了起来，用来装填地衣。”

在好几十年的时间里，从斯温森最初的那个植株上分出的分蘖，是这种兰花的唯一来源；随着一个又一个采集者都没能再在野外发现它，卡特兰在兰花爱好者中赢得了近乎神话般的名声，最终被称为 *Cattleya labiata vera*，意为“真正的”卡特兰。根据博伊尔的说法，欧洲的各大兰花苗圃“没有一个不会花钱——都是一大笔钱——去寻找 *Cattleya labiata vera*”。[23] 要到 70 年后，这种兰花才再度现身。所有相关的故事都在传这种“失落”的兰花后来是如何被发现的，我最喜欢的一个版本是，英国驻法国公使馆的一位工作人员是个兰好爱好者，他在巴黎的一场使馆舞会上目击一位女士的胸前别着这种兰花。他盯了一遍，又盯了一遍（事实上，通行的礼仪允许一位绅士如此频繁地注视别人）。他确信这就是那种失落的兰花，然后他便通过某种方法拿到了这朵花，后来一位专家证实他的鉴定无误。这座人人欲得的“圣杯”终于现身；人们一直追溯到它在原产地巴西的精确分布地点，兰花迷们总算能拿到鲜活的根株了。[24] 这是个非常美好的故事，但没有任何事实依据。真实情况（至少在 1900 年就已经记录在出版物中）其实很乏味：斯温森最初那船货物的采集日期被人理解错了；包含最初的卡特兰植株的采集品并非从里约寄出，而是他较早时在前往巴西东北部的伯南布哥（Pernambuco，离里约大约 2,253 公里）的途中采得。一旦确定了原始地点，马上就有大量的兰花被采集到。《兰花评论》（*Orchid Review*）的编辑罗伯特·艾伦·罗尔夫（Robert Allen Rolfe）批评博伊尔 1900 年的报道《失落的兰花》内容失实，并总结说，如果人们早就知道实情，“所谓‘失落的兰花’的历史一定会极为不同，可能打一开始就不会有人把它写出来。”[25]

罗尔夫的忠告遭到了无视；“失落的兰花”的故事已经被人讲了太多次，而且还会重复更多次，尤其是因为这么讲故事能够抬升这种兰花的知名度。1891 年，“真正”的卡特兰被桑德（就是

他起了 *vera* 这个名字）重新引种回来，受到热烈欢迎。《园艺师纪事》等流行杂志上登出的大幅广告宣告了“真正由斯温森所采的老植物”再次现身，“由再进口商保真”，后面还加上了“**它没有异名**”（意思是说这个学名没有其他任何种用过）和“**它是真正的老卡特兰**”；为了不让任何人起疑，广告里还再次重复，将要出售的2,000 株兰花不是别的，正是“**真正的老模式植物**”。[26] 这些响亮的告示针对的是桑德的商业对手，布鲁塞尔的让・朱尔・林登［Jean Jules Linden，幽灵兰（*Dendrophylax lindenii*）就是以他的名字命名］，因为这位也差不多同时宣称自己重新发现了这种兰花。

然而，一月一次不同寻常的兰花售卖对桑德来说显然还不够。仅仅 3 周之后，他的公司就又宣告了一种“世纪级的兰花名品”，这次是 *Dendrobium phalaenopsis Schröderianum*，他们为之另起了“大象石斛”这个俗名，并称之为“石斛属之王”，在广告上谦虚地宣告它是“最为华丽、在任何方面都是已知的最完美的兰花”。10 月 16 日那天，这个种的兰花卖出了大约 1,000 株，广告上这么解释道：“欧洲此前只有 7 株兰花，大部分在 J. H. W. 施罗德男爵（Baron J. H. W. Schroder）的豪华收藏之列”，而且这些兰花全都“来自最初引种到皇家植物园邱园的两小棵植株”。[27] 如果珍稀和美丽还不足以引诱买家的话，那就干脆再把重新发现的一株长在人头骨上的兰花拿去拍卖好了。

这棵长在骷髅上的兰花已经成了传奇，但是就像太多其他的兰花故事一样，这个故事也在流传过程中不断被添油加醋。最开始《旗报》报道这个种时就说它不只拥有惊人的美丽，“其浪漫的历史更为它添光彩；寄出它的那位采集员的信件和电报都附在名录后面，从中摘录的文字可以作为证据”。记者又解释说，虽然“作为行规，一种新兰花的原产地要尽量保密”，但我们已经知道这种兰花来自新几内亚（在澳大利亚北面不远处）。当第一批植物运到那里的小海港再准备从那儿寄回国的时候，货船着了大火，所有的兰花都毁掉了。采集员给桑德拍电报——“船已烧，都毁了；怎么办?（原文如此）”之后这位采集员收到了简短严厉的回复:“回去。再采。”采集员虽然回复“雨季来了”，但根据这份报纸的说法，“那些冷酷的资本家又回复道:‘回去——继续采。’”。最后，探险家真的回去，在一个新的地方又找到了这种植物，他在那里记录道，“真是个好东西”。可是按照这份报纸上的说法，这么美丽的兰花，竟是在一个令人毛骨悚然的环境中发现的:

> 这个地方是野蛮人的坟场——至少是他们埋葬死者的地方——那些可爱的花朵就扎根在髑髅和长骨之中。这个耸人听闻的故事句句属实，毋庸置疑，因为有一株高贵的兰花就从一个死人的颌骨那里长出来，寄到国内时还保持着这个状态。它的根已经爬满了大半张脸，一棵鹿角蕨之类的蕨类盖在髑髅的底部，仿佛一轮皱领。昨天，这样一件不世出的珍品在一处包间展出，以避开拥挤的人群。土著理所当然地很不情愿只为这些杂草就去扰动他们先人的骸骨，但是“当他们看到我带来的手帕、珠子、镜子和黄铜丝时，就不再为祖先的灵魂而自寻烦恼了”。

《旗报》还说，原住民采集者坚持要求把一个金眼睛的玩偶与植物放在一起打包，认为这样可以保护它们，“而这个神灵就成了昨天拍出的第一件‘拍品’”。

记者就这株植物的历史提供了一些细节，说它不是新种，而是“我们采到过的兰花中最为罕见的一种”，最先在 1880 年由一位替邱园采集的福布斯（Forbes）先生采到；不过，澳大利亚有位姓布鲁姆菲尔德（Broomfield）的船长，在比这略早的时候就已经给一个类似的品种绘过图；“施罗德男爵也收藏了几株”，据说来自菲律宾南部。然而，这次采自新几内亚的比先前的任何样品都更美丽，数量也更大，以致“那一大堆真正的卡特兰——两周之前在这同一个拍卖厅里还是众人瞩目的焦点——现在几乎无人问津了”。那天的最高价由一株石斛拍出，达到了 28 畿尼；到下午 4 时，桑德和他的拍卖人已经赚得了 1,500 英镑（约合今天的 639,000 英镑或 100 万美元）。而且，虽然卡特兰被这后来的新品完全盖了过去，但是也拍出了 1,000 英镑，尽管比不上这个月早些时候另外卖出的 1,500 英镑。[28] 显然，一两个浪漫的故事无损于其出售价格。

《旗报》没有透露那位被“冷酷的资本家”桑德命令返回的勇猛采集员叫什么名字，但其实就是米霍利茨，而且大多数有关这种“世纪级的兰花名品”发现过程的细节很明显多来自他的信件，其中有数百封还被保存在邱园，让人们可以饶有兴味地深入了解一位兰花采集家的生涯。在第一批船运的货物被焚毁之后，桑德命令他回去再采，米霍利茨则回复说，那些肉豆蔻贸易商已经离开，采集季快要结束了，而且“他们离开之后再进去会很不安全”：

> 不管搞到它们是不是绝对必要，除非我能带上几个满副武装的人上路，而且与此同时这些植物要能卖出极其高昂的价格，我才会冒这个风险。我必须告诉您，我认为大量采集同一种植物，比如说 2,000～5,000 株，是件挺难的事情；那地方没几个土著，而且他们正在和附近的部落打仗。[29]

在这封信的最后，他要桑德把指示“清楚地写出来”，“我还要恳求您不要忘了跟我续约，您一定要记得，我已经失去了几乎所有东西”。正如我们已经看到的，桑德的电报确实表达得极为“清楚”，于是米霍利茨只能返回。几个月后，他再次致信，称赞这种兰花是“好东西”，并详细介绍了发现它们的地点：

> 我在所停留的那个小村子附近的一些岩石上见到了第一片，它们长在一大堆骷髅和骨头之间的裸露石灰岩上——土著并不土葬他们的死人，而是把死人放在一种棺材（原文如此）里面，然后把棺材放在一块块孤零零的岩石上，（这些岩石）沿着海岸或海滩零散地分布，只有退潮的时候才能去达。

当桑德把这棵兰花拿去拍卖的时候，这封信肯定已经流传开了，因为《旗报》所报道的细节显然就是以这封信为蓝本，这些内容后来又被其他很多报纸抄了去。比如这封信后面继续提到，原住民很不情愿去采集兰花，“那些死人的骸骨已经被太阳晒成了惨白色”，他们“害怕这些死人的灵魂会感到怨恨”；然后米霍利茨又讲述了他如何用“漂亮的手帕、镜子等东西”贿赂他们。不过他向桑德保证：“你不必害怕，我不会把骨头或骷髅连着兰花寄给你。”[30] 因此令人意外的是，拍卖厅里竟然出现了一个头骨，但这显然完全无害于兰花知名度的提升。两年后，桑德的经理人约瑟夫·戈德塞夫（Joseph Godseff）便向米霍利茨建议，他应该再回去，采集更多上面长着兰花的头骨，因为它们肯定能激发人们很大的兴趣。米霍利茨颇为不悦，回复说“不是很想在我自己死后留下头骨，然后让它出现在一些关于巴布亚人的收藏品中……只是为了在拍卖厅里赢得人们的欢笑的话，那实在太不值得为此冒险了”。[31]

很自然地，对于像弗雷德里克·博伊尔这种对兰花怀有热情的记者来说，髑髅上的兰花是难以抗拒的题材。他第一次写到重新发现大象石斛就是在一篇讲述某场典型拍卖的文章中，他把这场拍卖与更有名的那些拍卖（包括 10 月 16 日那场）背后的逸事加以对比，使内容读起来富有生趣。[32] 不过，博伊尔想必也意识到，光是这么简短地介绍，实在是浪费了这种石斛的传奇故事，所以几年之后他又在一篇题为《兰花的故事》（“The Story of an Orchid”，这个题目他在介绍其他种的其他故事上也反复用过）的文章中重现了这个故事。这回他尽情发挥特长，开始在这个本已很特别的故事之上再添枝接叶。比如他说这种兰花最早“由福钧在 1857 年寄给邱园”，但是这位名叫罗伯特·福钧（Robert Fortune）的著名植物采集家从来没去过澳大利亚或新几内亚；他所采集的兰花与他采集的其他大多数植物一样，都来自中国。博伊尔又说，这唯一的一棵兰花在好多年间一直是邱园的“特殊珍品”，并在那里成功扩繁。约瑟夫·胡克爵士把植株的 3 个小块分别赠给了知名兰花采集家约翰·戴（John Day）、施罗德和维奇及诸子苗圃，后者又把他们那株兰花卖给了施罗德。而在戴去世之后，他收藏的那株兰花流散出来，也被施罗德购得，这样这个品种已知的全部 3 棵植株都到了施罗德手里，后来也就是以施罗德的名字命名的。很多采集者试图搜寻这种兰花，都无功而返；直到最后，桑德决心“不再纯碰运气。他研究了福钧的旅行路线，咨询了邱园的权威，在他们的协助下得出结论”，然后把他的采集员派了出去（当然，如果他实际查阅的是《财富》① 杂志上的记

① 《财富》杂志的英文名 *Fortune* 与福钧的姓氏是同一个词。

录，那么米霍利茨肯定永远都无法靠近那种兰花）。博伊尔接着又神秘兮兮地写道——

人们普遍以为，米霍利茨是在新几内亚发现了他要找的目标。如果像我听说的那样，是这个错误的认识激励了人们前往这座极为有趣的岛屿开展探险，那也算做公益了。探险家们并没有浪费时间。他们没有碰到大象石斛，因为它并不在那里。

那么，这种花是从哪里来的呢？博伊尔只肯写到“真正的生境马上就会弄清楚。现在这个时候我只能说，在散落于澳大拉西亚海（Australasian Sea）之上的许多‘伊甸园夏岛’中，那个岛是人迹最为罕至的”。

没有人会指责博伊尔保守分布地点的秘密，因为正如他所写的，“有头脑的人在发现财宝之后，如果还没有装满衣袋——或者更可能是还没有把那囤宝之处搜掠一空，就不会公布那个地点”；而桑德既然能巧妙地复原出“福钧的”旅行并由此发现了大象石斛，那么毫无疑问，他确有资格获得回报。[33]

然而，把那位采集者的路线完全复原出来的巧妙工作其实完全没有必要做；公开发表的记录显示，大象石斛最早在1882年由苏格兰博物学家亨利·奥格·福布斯（Henry Ogg Forbes，《旗报》在最初的报道中写对了他的姓氏）采自帝汶海（Timor Laut），那里有一小群岛屿，位于澳大利亚和新几内亚之间。福布斯回国之后在《皇家地理学会会刊》（*Proceedings of the Royal Geographical Society*，1884）上发表了旅行报告，其中明确记录了他到过的地点。他那篇（相当低调的）植物学报告则在同一年提交给了伦敦林奈学会，其中提到他“发现了一种秀美的兰花，我觉得是个新种”。这个种的具体情况发表在次年另一本发行甚广的期刊《植物学杂志》（*Botanical Magazine*）上，并附有一幅美丽的插画和胡克撰写的一段植物学描述。胡克写道：“这里描述的这个种，是福布斯先生在冒险前往帝汶海考察期间为英格兰斩获的少数植物珍品之一。”[34]

这种植物的采集者、地点和日期都远谈不上神秘，那为什么会引出这么多骗人的花招（请原谅我的双关①）呢？为什么福布斯变成了福钧（1880 年福钧去世的时候，英国还没人见过这种兰花）呢？也许是杂志的出版方铸下了这个错误（毕竟，他们甚至拼错了博伊尔的名），但这个可能性不大，因为“福钧”在文章中出现了不止一次。也许是博伊尔错写成了“福钧”（考虑到这种兰花的价值，可能这是个弗洛伊德式的下意识笔误？——当这篇文章在 1901 年重新发表时，博伊尔就把名字改正了过来）。然而，加在这种兰花产地之上的虚假秘密可能是有意为之，以便增添一种神秘的气氛。此外，博伊尔把日期也完全写错了（1857 年的时候，福布斯才 6 岁，如果日期为真的话，那他可真是一名早熟的植物探险家），但是把这种兰花最早的发现日期使劲往前拉就可以塑造出另一种“失落”的兰花，这样博伊尔便能用所谓的“20 年的探索”来给他的故事渲染出梦幻色彩。这个故事还有一个令人生疑的地方，这种失落的兰花甚至不是一个真正的种；胡克毫不知趣地评论说，他在米霍利茨所采集的“帝汶海（原文如此）植株”与蝴蝶石斛（*Dendrobium phalaenopsis*）原种“之间发觉不出任何差别”；原种采集于澳大利亚，多年以前就已经命名和发

---

① “骗人的花招”原文为 skullduggery，开头的 skull- 恰与 skull（“头骨，髑髅”）一词同形。

表。按照胡克的看法，米霍利茨采的那些备受珍视的植株甚至连亚种（这个等级是其学名中第三个词 *Schröderianum* 所暗示的）资格都够不上；于是他简单地把帝汶海的植物归并到澳大利亚那个种里面，对它们一概用最早那个学名 *Dendrobium phalaenopsis* 来称呼。因此在胡克看来，所谓“世纪级的兰花名品”远远算不上“特殊珍品”，不过是为一个已经认识的种又证实了一处新分布地点罢了。

对米霍利茨故事进行的各种润饰（其实这个故事本身似乎无须润饰）表明，在背后干这事的不只有博伊尔，还有戈德塞夫；他经常写信给采集员，要求他们提供冒险时所遇到的让人毛发直竖的经历，然后用来写成故事博读者眼球。通常他只能收到“陈旧得掉灰的答复”，特别是米霍利茨的回复。后来，桑德的儿子弗里茨（Fritz，即小弗雷德里克）开始把戈德塞夫视为白白浪费了他们家族企业成千上万银子的“无赖”，但他没能说服父亲开除这个人。[35] 不过，博伊尔不仅不像弗里茨那样心生怀疑，而且还［在他的随笔集《有关兰花：一场聊天》（*About Orchids: A Chat*）中］把戈德塞夫称为“我的领路人、安慰者和朋友约瑟夫 · 戈德塞夫”。在《温室兰花的栽培》（*The Culture of Greenhouse Orchids*，1902）一书中，博伊尔向读者发问：“有人可能要问，我对兰花栽培所提供的建议有什么根据？”然后马上自答着向读者保证：“约瑟夫 · 戈德塞夫先生检查过这本书的每一页，他允许我在这本书上署明 —— 本书经他认可。”[36]

食人族传说

当然，商业上的考虑也是种种“失落的兰花”传说渲染而出的主要推手之一；令人毛骨悚然的冒险经历和相关人员的频频死亡可以抬高价格，而且使之显得甚为合理。然而，随着更多的供货抵达欧洲，这些兰花的价格总是会很快骤降，于是又需要更新鲜的奇货，最好与头骨、偶像、食人族传说和其他热带神话捆绑在一起。博伊尔在他第一次讲述头骨故事的那篇文章中就漫不经心地提到："直到上周，我们才听说，来自温奇莫尔山（Winchmore Hill）的怀特（White）先生在寻找大象石斛的时候牺牲了。"[37][这个怀特可能就是写有《在新几内亚食人族中的两年生活》（*Two Years among New Guinea Cannibals*）的 G. T. 怀特；然而，这本书 1906 年才出版，比推测的死亡时间晚了 20 多年，这意味着博伊尔可能对怀特的离世做了夸大其词的记述。] 虽然缺乏反映食人行为的证据，但是报纸还是连篇累牍地登载这些报道。伦敦的《每日邮报》（*Daily Mail*）就告诉其读者，所罗门群岛（位于太平洋）是一种极为惊人的多色兰花的原产地，但是"那里仍然横行着食人的习俗。到那里冒险的兰花猎人确认，土著把人牲献祭给神灵时，会给牺牲者戴上用这些绚丽花朵做成的花环"。不过，食人族这种用兰花装饰牺牲者的所谓习俗，会让兰花的"颜色在溅上死者喷出的鲜血之后变得更艳更深"，[38] 倒霉的采集者要是死后有知，也许能得到一点安慰吧。

美国的月刊《斯克里布纳杂志》（*Scribner's Magazine*）也登载过一篇加了插图的长篇文章来谈论兰花，其中有很多类似的传说，包括一个"刚刚发生的悲剧故事"：马达加斯加的一位采集者为了确保拿到一种名为皓冠兰（*Eulophiella elisabethae*）的珍贵兰花，被迫与当地一位非洲土王的姐妹结婚。

这位"被迫在死亡和婚姻中战战兢兢选择一项"的采集者是一位名叫 L. 阿默兰（L. Hamelin）的先生，他声称与当地一位叫

图 22　皓冠兰，也就是阿默兰先生声称他与一位
非洲土王的姐妹结婚之后所获得的那种兰花。
［引自《林登尼亚》（*Lindenia*），1891］

莫延巴萨（Moyambassa）的土王关系甚笃，认他为亲兄弟，因此能获允在土王卫队的陪同下考察那片丛林。土王的一位姻兄弟也在卫队供职。但不幸的是——

> 在这些密林中，令人畏惧的 *Protocryptoferox Madagascariensis* 就在生长着皓冠兰的大树枝头卧着，静候它们的猎物。只见大丛大丛的兰花长着高而弓曲的花穗，开满白与艳紫相间的花朵，那些猛兽就踞伏其间。这些食肉的家伙根本不尊重什么身份等级，其中一只突跃而起，一下子就结果了那位公主丈夫的性命。

阿默兰随后被告知，因为是他导致了这个人的死亡，所以他必须“被全身涂上油烧死，以告慰这位姻亲的在天之灵”；另一种偿罪的方式是“接替他在土王家族中的位置和责任。于是这位采集者马上决定勇敢接受公主的爱，就这样成了土王的下一位姻兄弟”。[39]

根据《斯克里布纳杂志》的说法，“作为欧洲优秀的园艺期刊之一，那本期刊的那位胸无城府的编辑，‘觉得没有理由怀疑’这位受害者所讲述之事的‘真实性’”。这里提到的期刊是伦敦的《园艺师纪事》，其上刊载了阿默兰写来的一封信（《斯克里布纳杂志》报道中的所有情节都来自这封信）。信前的序言评论道：“虽然其中讲述的事情如此惊人，但没有理由怀疑其真实性”。后来，《旗报》又以《阿默兰先生的马达加斯加冒险》（“M. Hamelin’s Adventures in Madagascar”）之题再做报道，并在其中附上了一封写给桑德苗圃的信，描述了发现这种兰花的经过。到这个时候，这个皓冠兰的故事才真的不胫而走。《旗报》把当地那种“狮子”（实际上是马岛獴，为灵猫科的一种食肉兽）的学名纠正为 *Protocrypta ferox*（阿默兰本人写错了这个学名，然后这个错误又被《斯克里布纳杂志》照抄）①。尽管做了纠正，这个故事还是引发了怀疑，首先是因为阿默兰讲述这个故事的动机过于明显——他写道："花一百先令买一棵植物的业余爱好者，是覆盖不了"他所承受的种种艰难险阻所构成的"成本"的。而且，如果兰花的潜在买家企图一直等待，直到新进口的植株把价格压下来，那么他对此明确表示，剩下的那些植物——

> 会由我的血亲兄弟莫延巴萨专门照管，除非到了我想要它们的时候……而且，这些小植株长大到可以采集的程度至少也要几年时间。爱好者们可以相信我，这个种的植株无法进口，也不会进口。

而且也不会有任何人想着重来一趟他的旅行；他回忆起"三个没有经验且不幸的采集者的悲惨命运，他们不知道这个国家的风土和人情，就那样死了——两个发热而死，第三个死在土著的剑下"。[40]

《园艺师纪事》所讲述的版本中也收录了类似的评论，从中可以清楚地看到，再没有其他人能得到这种兰花："在皓冠兰的国度，我内兄弟的意志是不容违抗的，而且经过三年的探险，我不相信这种植物在除了这个恐怖国家的其他任何地方还有分布。"阿默兰还声称，"海上的一场可怕的风暴"把他想运回国的很多兰花毁掉了，这让它们的价值进一步攀高（也让找到新货源的希望更为渺茫）。[41] 显然并不是巧合，《园艺师纪事》的同一期上还赫然登着桑德提供的大幅广告，宣传的是很快要举行的一场皓冠兰

① 实际上这个纠正仍然不对，正确的学名应是 *Cryptoprocta ferox*。

图 23 塔那那利佛的王宫，阿默兰声称他的“血亲兄弟”
莫延巴萨就是在这里守卫着剩下的兰花。
（引自威廉·埃利斯《马达加斯加的三次访问》，1858）

的拍卖，其中说："为了避免无用的通信，阿默兰先生希望我们告诉大家，从他寄出的所有进口植株中幸存下来的每一棵兰花都在我们手中；不可能从别的地方获得这些植株，也不可能从其他任何来源获得。这一点我们完全可以保证。"[42] 桑德的公司经常在这家刊物上打广告，这可能也让其编辑更难公开质疑阿默兰的"真实性"。

《旗报》的编辑可能不那么依赖兰花销售商提供的广告收入，因此他们在发表自家的报道时表达了一丝警惕。同一期上还有一篇短文章，评论说阿默兰的故事很有趣，但又补充道："这位法国旅行家因为他的商业直觉而有所保留，对他的冒险场景讲述得不是特别准确。"《旗报》还发现，在马达加斯加岛上占据优势地位的部族已经被法国人制得相当服帖，而且这个岛名义上的统治者是女王拉纳瓦洛娜三世（Ranavalona Ⅲ），她的"丈夫（是）非常虔诚的基督徒，不可能像这位法国兰花采集者如此迎合陈见地暗示的那样，做出什么特别令人生厌之事"。然而，《旗报》附上的提醒文字被很多看上这个故事的报刊忽略了。《利物浦回声报》（*Liverpool Echo*）就抄了这个故事；还有《诺丁汉郡卫报》（*Nottinghamshire Guardian*）也是如此，不仅引用了阿默兰的断言——"没有别的欧洲人到这里旅行之后能活着出来"，还补充说伦敦有一家兰花温室后来派了一名采集员到那里，可是"之后就再没听到他的消息"。[43]《约克郡先驱报》（*Yorkshire Herald*）则告诉读者，阿默兰不仅"赢得了一个肤色黝黑的新娘"，还确保了剩下的兰花"完全免遭打家劫舍的弟兄——或者说得再委婉点，植物猎人——的盗采"。[44] 这个故事还漂洋过海远达澳大利亚，《墨尔本阿格斯报》（*Melbourne Argus*）重刊了《旗报》上阿默兰的信件（但又一次略去了警告文字）；美国的《花园与森林》

（其编辑威廉·A. 斯泰尔斯是《斯克里布纳杂志》后来那篇较长文章的作者）认定阿默兰就是皓冠兰的发现者，他“之前只往欧洲寄过 3 棵植株”。抵达伦敦的植株，据说被桑德以每株 3 至 5 畿尼的高价卖出，而且“阿默兰先生向我们保证，他采集的每棵植物都是他觉得值得采集的”。[45]

在最初那版故事发表之后，接下去的几个星期里，所有照抄

图 24 小叶蝴蝶兰（*Phalaenopsis stuartiana*），
是 W. A. 斯泰尔斯为阿默兰的冒险而写的报道中所附的插图之一。
［引自《斯克里布纳月刊》（*Scribner's Monthly*），1894］

了阿默兰故事的记者似乎没有一个人愿意花点工夫去看一下《旗报》的后续报道。假如他们这样做了，那就应该会看到一位 R. 巴伦（R. Baron）先生的来信。巴伦在马达加斯加首都塔那那利佛住了 20 年，他对阿默兰的讲述深表怀疑："我很确定，这位先生的很多——不，应该说大多数陈述基本是他臆想的。"[46]（巴伦还写信给《园艺师纪事》，后者也刊发了他的纠正，同时还加了一份奇怪的声明，说其刊从一开始就没有相信过阿默兰。[47]）几天之后，《旗报》又发表了 P. 韦瑟斯（P. Weathers）先生的来信，他是林登在布鲁塞尔的公司——国际园艺股份有限公司（L'Horticulture Internationale Société Anonyme）的驻英国代表，而这家公司是桑德在欧洲大陆的对手之一。韦瑟斯指出，阿默兰不仅不是这种植物的发现者（该植物在前一年就已经得到描述和发表），甚至连他努力想要卖出的植株也不是他自己采集的。这家公司的创始人之子卢西安·林登（Lucien Linden）以前往马达加斯加派过一位名叫萨勒兰（Sallerin）的采集员，他不幸死在那里，之后阿默兰便不知通过什么方式获得了他采集的植物。阿默兰把兰花带到马赛，想要卖给林登，但林登发现还有几百棵植株已经寄到了英格兰的桑德那里，于是这位比利时的兰花种植者感到"在采集员及其雇主之间那种通常应该存在的信义已经被破坏了"，拒绝购买。韦瑟斯得出结论：

> 因此我们可以看到，阿默兰先生不仅就他搜寻兰花的冒险经历编造了那些古怪的故事，而且他绝对没有权利声称他才是发现者——这后一点也最关乎我们的利益，我们作为植物引种者，从事新植物的引种工作已经有 50 多年了。[48]

卢西安·林登本人在1893年6月已经就整件事发表了详细的报告（比《旗报》或《园艺师纪事》登载报道的时间都早），他在其中把阿默兰比作一只“喜欢用孔雀羽毛装扮自己的松鸦”。据说阿默兰在1891年3月联系了林登父子，把萨勒兰的死讯告诉他们，并受聘成为采集员。那个时候，林登不仅已经收到了皓冠兰，还见到了它开花；他们对萨勒兰的发现颇感兴奋，便给阿默兰寄了一张图画，这样他就知道要去找什么（阿默兰从事的是航运工作，之前似乎并没有植物采集的经验）。林登透露：“1892年10月5日，阿默兰先生写信给我们，说他在收到我们的小册子之后已经见到了那种植物，打算把样品寄给我们。”但是等他最终与他们联系时，信里却是这样写的：“鉴于这个种是我发现的，请你们说一下你们能为这整批货付给我什么报酬，因为我已经把原生生境中的这种植物完全毁灭了。”（虽然在兰花狂热的历史中，不断有人重复说，兰花采集者经常会毁灭珍稀种类，从而独占这个种，保证价格居高不下，但这封信是我见过的19世纪唯一一份真的提到这种行径的史料。）林登把全部这些事情都记了下来，说这是为了“我们那位不幸的采集者萨勒兰，他已经无法替自己争得本来属于他的名誉。人们理当会据实承认，那些纯属编造的虚假且错误的陈述应该予以纠正”。[49]

很多传播阿默兰故事的新闻记者可能都没有看过巴伦和韦瑟斯的信，也没有看到林登更详细的批驳；要不然，他们就是下了决心不让事实破坏一个好故事。不管是哪种情况，阿默兰那个极不靠谱的故事很快就成了最为标准的兰花猎寻传奇之一。几年之后，《新加坡自由报》（*Singapore Free Press*）仍在一篇冠以《猎寻兰花：危险的消遣》（“Orchid Hunting: A Dangerous Pastime”）之题的文章中继续宣传这个故事，告诉读者说，阿默兰“不得不参加庆典，成为莫延巴萨国王的‘血亲兄弟’，以便能够深入这个岛屿的内陆地区，这是他几乎以一生为代价所换得的荣耀”。这篇文章［似乎根据《哈姆沃思杂志》（*Harmworth's Magazine*）某一期文章中的细节写成］又解释说，不管兰花采集者是在什么地方采集，人们都能听到“有关他们死里逃生和非人痛苦的秘闻，但不幸的是，太多时候，那位勇敢的兰花猎人再也不能回来讲述他的故事了”。文章作者还复述了大象石斛的故事（但没有提到植物的名字或其采集者的名字），说有种兰花被发现“扎根在尸骨中，开满了华丽的花朵，盖住了那些可怕的残骸”。结果，“很多植株无法从骸骨上扒下来；人们干脆把一整个头骨带回了英国，上面有一株兰花的根紧紧扎在颅腔里，又从下巴处长出来”。此外不难预料，卡特兰被发现、后消失和再重现的故事会出现在这个作者的笔下：

> 有一棵兰花，属于全新而未知的一个种，随着打好包的一箱外国植物寄回了国内。没有人知道它从哪里来，很长一段时间内它一直是独一无二的存在。兰花猎人们到处找它，但直到70年之后，它才再次被发现。[50]

卡特兰的真品和大象石斛于同一个月内在伦敦先后拍卖的巧合，显然更容易让人们把它们与那些大为其添枝加叶的故事联系在一起。失落的兰花，还有相互竞赛的贵族主顾开出的令人屏息的价格，都成了维多利亚时代中期兰花故事的稠密织体中反复出现的织线。采集者之间和进口商之间的竞争，与头骨上的花朵和穹远丛林中“皮肤黝黑的新娘”的幻想故事纠缠在一起。甚至连食人族这个欧洲人口中的大型传说也与兰花紧紧捆绑在了一起，虽然从哥伦布时代起，那些传说就被用来正当化帝国的事业。（值得称赞的是，连博伊尔都承认，新几内亚的每个部落都会指责他们邻近部落的食人行为，但就他所了解的，他们全都在撒谎。[51]）有关兰花的事实可以经不计其数的途径变成兰花主题的志怪小说，这是个太容易被观察到的现象，但仍有一个问题值得一问：对这些讲故事和听故事的人来说，兰花故事到底有着什么样的意义呢？

兰花具现了帝国的浪漫与机遇；它们象征着充满异域风情、几乎像是凭空臆想出来的地方，让读者盼望着有朝一日能亲临其境，至少可以在脑海中尽情想象。兰花猎人的故事让听者可以在想象中拥有一座自己的热带乐园。维多利亚时代后期的一份兰花名录，就在兰花的浪漫与现实之间保持了奇妙的平衡；这份名录向打算种植兰花的人保证——

> 一般来说，兰花并不比其他花卉精品更昂贵；其栽培几乎与风信子和其他高级球根一样简单。每个拥有保护温室、想审慎地花一点钱并以仁厚慈爱之心对待植物的人，都没有理由不用这些兰花宝贝填充其中，渲染出如置身撒拉森人著名的阿尔罕布拉宫（Alhambra）般的艳绝氛围。[52]

阿尔罕布拉宫位于西班牙的格拉纳达（Granada），是富于传奇色彩的摩尔人宫殿。它出现在这段文字中，表明即使在经历了维多利亚时代的平民化之后，兰花身上仍带着抹不去的异域色彩。虽然种植兰花越来越容易，但它们始终是东方主义幻想的组成部分，怂恿着正在自家温室中给进口兰花浇水的欧洲人做起白日梦，仿佛看见潮湿且满是蚂蟥的丛林、肤色黝黑的妩媚女子，以及诸如此类的一切幻象。在某种意义上，拥有一棵兰花，就等于吞并了一小片辽远的林地，等于在自家花园中陈设了一件帝国战利品。[53]

然而，兰花狂热所达到的顶峰以及19世纪的结束，都标志着帝国扩张走到了尽头。世界上几乎已经不剩什么未被占据的领土，不再有未经探索的陆地要征服，可能也不会再发现更多的新兰花？在19世纪的最后几十年间，食人族传说也是兰花狂热发生了某种变化的一个侧面。19世纪90年代，《斯克里布纳杂志》竭力想要把一种冒险的感觉重新萦绕到兰花周围；它提醒读者："我们所见的几乎所有兰花，都是强行从它们的家乡拽走而生俘回来的。"这个事实"有助于让它们周围的神秘气氛变得更凝重；即使我们经常能听到那些毛骨悚然的叙述，说那些前往寻找它们的男人禁受了怎样的艰难险阻，也不会让这种神秘气氛稀薄一丝一毫"。[54] 然而，就算这家杂志还在为读者讲述着最新的兰花传奇故事，他们也不得不坦承，"兰花猎人的生活不像以前那样危险和浪漫了"，而且"叙述精彩的冒险故事实际上可能是给新植物打了个好广告"。成功地种活兰花变得越来越容易，结果便造成"当前的需求不再是种植少数几株珍稀植物，而是要种数量更大、更流行的品种；不光用来装饰私人温室，也可以扩充市场上的切花。"[55]

博伊尔似乎也有同感，觉得猎寻兰花的伟大日子已经一去不复返了，这在他对同一时期一场典型的兰花拍卖所做的报道中分明可见。他承认："人们的激情已经不常如那个时代那么高涨，在那个现在的大多数人还能回想起的时代，如今司空见惯的兰花还被百万富翁们视若珍宝。"这个时期的好多报刊上都弥漫着一个时代将终的伤感情绪；博伊尔观察到："蒸汽，还有它所推动的商业公司，让我们的股票价格一次次翻番，以至先令——甚或是便士——成了 20 年前的畿尼。”[56] 蒸汽船让丛林变得更近，于是兰花也成了又一种普通的帝国商品，不比茶叶显得更有异域风情。茶叶本来也曾昂贵且神秘，是中国人小心翼翼保守的秘密，但现在已经是例行从印度那些由英国控制的种植园运来的普货。随着快速帆船逐渐被定时通航的蒸汽船取代、电报和铁路让地球间的距离一年比一年缩小，连那些乘着帆船出海贸易和探险的浪漫故事也慢慢看不到了。充斥在维多利亚时代后期猎寻兰花故事中的夸张和诗意华辞，显露出了人们想让兰花“返魅”的渴望，想把以前时代中的神秘和危险感找回来，不只是重新加在兰花之上，也要加在它们所象征的那个潮湿、异域和流溢着欲望的世界之上。到 19 世纪落幕之时，文艺作品中越来越常出现的虚构兰花代替了所谓真实采集故事中的主角，这些新的想象之物恰到好处地实现了前面所说的返魅，为兰花灌注了新颖而愈加古怪的意义。

7

野蛮的兰花

1894年，英国杂志《铁圈球摘要》(*Pall Mall Budget*)刊发了短篇小说《奇兰花开》(“The Flowering of the Strange Orchid”)。这是发生在一位兰花迷身上的奇异故事，此人名叫温特-韦德伯恩(Winter-Wedderburn)，是个50多岁的乡下单身汉，身材矮小，平淡乏味，生活中唯一的乐趣是打理一个种满兰花的“颇费精力的小温室”。他向女房东(是他的一个远房亲戚，但小说中压根没提她的名字)抱怨，自己的一生中一点能说道的东西都没有；他实在盼望能到哪里去冒个险。他喝完茶，吃完烤面包，一边准备搭火车赶往伦敦的又一场拍卖会，一边承认他非常嫉妒巴滕(Batten)。虽然这位倒霉的植物采集家已经死了，但他现在打算拍下的那些兰花球根就是巴滕采的。韦德伯恩觉得，巴滕真是过了了不起的一生：

> 这位兰花采集家死的时候才36岁——比我年轻20岁。可是他已经结过两次婚，离过一次婚；已经打过四次摆子，摔断过一次大腿。他杀过一个马来人，还有一次被毒箭射伤。最后是丛林里的蚂蟥让他一命呜呼。所有这些事情肯定都让人非常苦恼，但你知道，肯定也都非常有趣——可能也就那些蚂蟥除外吧。

两个老婆，四次疟疾，还杀了一个马来人！在韦德伯恩看来，甚至连死在蚂蟥的嘴下也不过是这样多姿多彩的人生需要付出的一点小代价罢了。

正如小说作者告诉我们的，购买兰花带有“某种投机的味道”。尽管栽培和航运技术已经大有进展，但大多数抵达欧洲的兰花仍然是休眠的球根或茎秆，是“皱缩成团的褐色组织”，让购买者几乎无法确定这玩意是否还能种活，更不用说搞清楚是哪个种了。（真实存在的兰花专家本杰明·威廉斯也表达过相同的看法：“购买进口植物存在风险，因为很多植物并不是当初宣传的那个样子。”[1]）

韦德伯恩从拍卖场出来，在返回途中“心情略有些激动”（虽然他仍然没有老婆、蚂蟥或疟疾）。“他在拍卖时中标了”，是一个未被确认的球根，可能是什么新植物——这般幸运是他完全没有料到的。韦德伯恩告诉房东：

> “那个东西，”他指向一段皱缩的根状茎，“还没鉴定出来。它的学名可能是Palaeonophis（原文如此）——不过，也不一定。它可能是个新种，说不定还可能是个新属。这就是可怜的巴滕一生中最后采到的东西。”

房东对这球根完全提不起兴趣，认为它实在太丑，看上去“就像装死的蜘蛛”。但是韦德伯恩完全沉浸于笼罩在这段根状茎之上的神秘氛围中：

“他们在一片红树沼泽中发现可怜的巴滕躺倒在地上，已经死了，要不就是快死了，具体情况我忘了，”他顿了一下又开始说起来，“这些兰花里面有一棵就压在他的尸体下面……他们说丛林蚂蟥吸光了他全身的血。他拿自己的生命当代价才得到的植物，应该就是这种兰花了。”

韦德伯恩把兰花种下，给它浇水施肥，最后这株奇兰终于绽放。花朵还没映入他的眼帘，他就闻到了“一股浓郁香醇的气味，盖过了这个拥挤闷热的小温室中的其他所有气味”，尔后见到了花朵。“他在它们面前驻足，欣赏得入了迷”：

花是白色的，花瓣上有金橙色的条纹；厚重的唇瓣旋卷起来，形成精致复杂的突起，它那金黄的色泽中混着一种奇妙的蓝紫色彩。他马上就确定，这完完全全是个新属。

温室里的热度和兰花的气味实在过于浓烈，当他用力打开窗户时，人昏了过去。到了喝茶的时候，房东不见他的人影便去找他：

只见他仰面躺在地上，就在那株奇兰脚下。触须般的气生根须不再在空中随意挥舞，而是聚集起来，拧结成灰色的绳索，拉得笔直，末端紧紧缠着他的下巴、脖子和双手。

图 25 “可怜的巴滕一生中最后采到的东西”
——温特-韦德伯恩先生在检查他新买的植物。
［引自 H. G. 威尔斯《奇兰花开》,《皮尔逊杂志》
（*Pearson's Magazine*），1905］

她完全不知道发生了什么事。但就在这时，她看到从他下巴那里穿出来的一根恣意生长的触须下面，正有细细的一股鲜血在涓涓流出。

她恍然大悟：从血管中吸干巴滕之血的不是什么丛林蚂蟥，而是这种兰花。趁着自己还没被熏倒，她非常镇静地打碎了一扇窗户，然后用力把韦德伯恩拖离了兰花的魔爪，让他呼吸上了新鲜空气。

图 26 “她看到从他下巴那里穿出来的一根恣意生长的触须下面，正有细细的一股鲜血在涓涓流出。”
（引自 H. G. 威尔斯《奇兰花开》,《皮尔逊杂志》, 1905）

你大概已经猜到了，这篇名为《奇兰花开》的小说的作者是H. G. 威尔斯，那时他已经崭露头角，成了一位颇有名气的短篇小说家［不过真正让他获得巨大声誉的，还要数1895年发表的《时间机器》（*The Time Machine*）］。[2]《奇兰花开》的情节，很明显植根于本书前一章所讲述的那些所谓“真实的”兰花采集故事，但写小说时，威尔斯根本用不着假装自己是在讲真事，所以可以用更纷繁的笔调来尽情渲染兰花的魅力和危险。不过，小说中的兰花并不脱离于现实中兰花的历史；正相反，只有了解到真实和虚构的兰花故事如何相辅相成、共同发展，我们才能充分理解兰花在我们的文化中所扮演的角色。早在“科幻小说”这个词被造出来之前，科学与文学幻想就已经紧密交织在一起。

虽然《奇兰花开》是极优秀的一部科幻小说，但还远说不上有多独特。在19世纪后期，在众多扎根于乡下温室及其栽培者想象之中的致命植物中就有杀人兰花。到了19世纪80年代，危险的兰花和其他花朵似乎已经遍布在创作之中，随时会出其不意地吞噬毫无防备的人类。这显然是一种通俗文学流派（也是十分成功的流派），一直流行到20世纪，但类似的小说似乎是在19世纪60年代后期才开始出现的。世纪末文学中的兰花形象，呈现为帝国传奇般的风格，又以新的方式增添了情色意味，常常与同性恋或其他具有潜在危险性的性接触联系在一起。为什么在19世纪后期，兰花变成了性感而颓废的杀手呢？对回答这个问题的尝试可以让我们理解兰花如何在20世纪重塑了我们眼中的自然。

长紫花和有丫杈的萝卜

与其他很多花卉一样，兰花也是在威廉·莎士比亚（William

Shakespeare）的作品中实现了在西方文学中的首秀。在《哈姆雷特》（*Hamlet*，1623）的第四幕中，我们看到发了疯的可怜的奥菲利娅（Ophelia）溺死在呜咽的溪水中：

> 在那儿，她用金凤花、荨麻、雏菊
> 与长紫花编制了一些绮丽的花圈。
> 粗野的牧童们曾经给这些花取过些俗名，
> 但是，咱们的少女们却称它们为“死人之指”。①

莎士比亚所说的“长紫花”（long purples）就是兰花，可能是红门兰属的种。牧童们所取的“俗名”很可能就是我们在前面章节中已经见识过的某个名字，比如“狗卵子”“山羊卵子”“笨蛋卵子”（也就是睾丸）之类，而且正如我们已经看到的，这样的植物常常被人们认定具有催情效力，从而与萨堤耳及其他性欲高涨的生物联系在一起。奥菲利娅身为处女，却用这些象征情欲的植物来装扮自己，这是一幅令人痛苦、具有典型的莎士比亚式讽刺意味的画面。[3] 这类兰花的另一个俗名“死人之指”则是指像掌根兰②那样“长着手”的种，其地下部分看上去更像手指，而不是睾丸。比起认真地去了解兰花的各个种，莎士比亚显然更感兴趣于往奥菲利娅生命的最后一幕中充填性与死亡的画面（多情的牧童和“冷冰冰的少女”，催情的“卵子”和死人之指）。正如18世纪伪造的奥尔基斯神话被人无休无止地重述，莎士比亚的意象后来也一直在很多文学作品中的兰花形象上回响，而这种性与死

---

① 此处译文据朱生豪译文略改。原译文中“长紫花”为“紫兰”。

② 原文为 *Orchis serapias*，但分类学上并不存在这个学名；*Serapias*（长药兰属）的根也非手掌状。作者所说的应该是掌根兰属（*Dactylorhiza*）的兰花。

亡的纠缠，毫无疑问就是威尔斯等人所写的杀手兰花小说的源头之一。

当然，兰花也不是唯一被莎翁考察过象征意义的花。在《哈姆雷特》较前面的一场中，奥菲利娅对植物所象征的意义和美德喋喋不休，越来越语无伦次；她说迷迭香“代表了记忆”，三色堇代表了相思，又匪夷所思地要她的哥哥戴上“慈悲草”，也就是芸香（*Ruta graveolens*），“插戴得别致点儿”。历史上的大部分时候，人类都把各种各样的意义赋予植物，不过花朵虽然象征着纯洁或激情，却并不是一直以来就被视为象征了美德或罪恶的。事实上，如果一位诗人想要营造一种迟钝消极、无力行动或感受情绪的场景，那么他常常会选用“植物般的”（vegetable）这个形容词。为此我们可以再看一下莎士比亚的另一句台词（《亨利四世》下篇第三幕第二场），福斯塔夫（Falstaff）贬损又老又爱说谎的法官夏禄（Shallow）时说：

> 我记得他在克里门学院的时候，就活像吃过晚饭后拿剩下的干酪皮捏成的人：要是脱光了衣服，简直像一根有丫杈的萝卜，顶上安着一颗用刀子刻出来的奇形怪状的头颅。①

通过类比萝卜，羞辱的力度（在夏禄“丫杈”状的双腿之间似乎什么玩意都没有）便更大了；人们可以把一个男人体面地比作很多东西，但他绝不应该是植物。

然而，就算花朵（或萝卜）在莎士比亚时代人们的想象中还缺乏激情，我们也可以推测，到了18世纪末，林奈的植物分

---

① 译文出处：莎士比亚．亨利四世 [M]. 吴兴华，译．上海：上海译文出版社，2016. 略有改动。

类性系统应该已经让情况有了改观。这位瑞典人笔下的性意象实在鲜活，让同时代的一些人愤怒不已。威廉·斯梅利（William Smellie，第一版《大英百科全书》的重要编纂者）就抱怨林奈系统具有“勾人的诱惑性”；他谴责林奈对类比的运用“越过了所有体面的底线”，甚至还声称，哪怕是最为“淫猥的传奇故事作者”，看了这位瑞典博物学家的著作之后都会赧颜。[4] 然而，如果我们仔细考察林奈的类比，就会发现虽然它们确实让植物世界中那些发泄性欲的机会显得特别活灵活现，但是植物与人类的性活动之间的关系对男性的意义和对女性的意义似乎经常具有巨大差异。斯梅利等人所感受到的巨大冲击，很大程度上是因为他们想到了这种意象会对女性产生很大影响。在他们心目中，花朵是纯洁无瑕的，所以天然就适合插瓶、入画、绣在衣服上；而女人也是纯洁无瑕的，就像花朵一样。女性可以着迷于一点点简单的植物学，理想情况下可以用来教导子女，让小孩子们能欣赏到自然中的美色和造物主的智慧。但无论是她本人还是她那些天真无邪的后代都不应该阅读林奈的什么“植物的婚礼”，因为当花中的丈夫成群结队，在颜色绚丽、香气浓郁的花瓣闺房中“拥抱”为数众多的新娘时，这完全就是植物界的放纵狂欢，根本没考虑到基督教要求过一夫一妻婚姻生活的准则。

尽管林奈眼中的植物世界满是情色，花朵却从未浸染过雄性的欲望、意图或行动力量。林奈私下也用自己那个植物分类系统来给他夫人分类，说她是“我的单雄蕊的百合”，意思是说她像一朵常被认为象征贞洁的花，只拥有一个丈夫。[5] 虽然男人不会是花卉、水果或蔬菜，但似乎女人可以是这些东西，这完全是因为在男人的想象中她们缺乏动物的色欲。林奈不是第一个也不会是最后一个把花朵与女人联想在一起的人；在他去世一个世纪之后，英国有一本有关兰花种植的手册就评论道："植物出奇地温顺……特别是兰花，就像女人和变色龙，她们的生命只是周边环境的反映。"[6] 许许多多的写作者一方面认为女性在道德上是纯洁的——也是被动的——另一方面却又否认她们具有完全的人类欲望（或权利）。结果，林奈的比喻似乎总带着不对称的力量：虽然植物有时候像人，但人并不真的像植物，女人除外（因此她们似乎也不真的是人！）。

女人和花朵之间所谓的相似性，在纳撒尼尔·霍索恩（Nathaniel Hawthorne）的小说《拉帕奇尼的女儿》（"Rappaccini's Daughter"，1844）中处于核心地位。这个故事讲到，"很久以前"，帕多瓦大学的医学生乔瓦尼（Giovanni）寄宿在一间可以俯瞰下方花园的宿舍中；花园的主人是一位名叫拉帕奇尼（Rappaccini）的神秘医师，擅长种植有毒植物。[7] 医学生迷上了医师貌美如花的女儿贝亚特丽切（Beatrice），小说描写她"美如白昼，花一般的面色如此深邃生动，再暗一分都会显得太过"。乔瓦尼第一次见到她时，便觉得她"仿佛是这里的另一朵花，是那些植物花朵的人类姐妹"；而当医生让贝亚特丽切独自负责管护花园中最为邪恶的植物时（因为这种植物对他来说毒性太大，即使戴着面罩和手套也无法触碰），他这位女儿也称这种花是"我的姐妹"。[8] 乔瓦尼恋上这位姑娘之后，发现她因为经常与那些花儿接触，浑身已经剧毒无比，没有人能在触碰她之后活下来。乔瓦尼设法弄到了一种强力的解药，但贝亚特丽切服下之后就一命呜呼了。这是一个令人着迷而又极具哥特风格的故事，把少女和花朵混合到了单独一幅具有不可触碰之剧毒的邪恶形象中，但其中还有一点引人注意，少女竟被描写得跟花一样欠缺能动性和意志力，她只是被动地承受着她父亲的癖好和她年轻恋人的痴心而已。

与此相反，在后来的小说中，比如威尔斯的《奇兰花开》，植物可以主动作恶。韦德伯恩的房东就把植物比作“装死的蜘蛛”；而当韦德伯恩给她展示刚长出来的气生根须时，她又把它们比作“想要抓你的手指”。这些根须长得越来越长，“让她觉得像探出来要捕捉什么东西的触须；她连做梦都会梦见这些东西，在她身后以难以置信的速度飞快生长”。兰花在主动搜求人类猎物，还有它们的狡猾骗术，这些都不是错觉。正是这些特质让人们以为天真无邪的花朵变得如此邪恶；灌注给这些花朵的不仅仅是动物的品性，而且是捕食性动物的品性。然而，虽然威尔斯的兰花不仅花形奇特，其邪恶的意图（它生有“恣意生长的触须”）也很特别，但还远远说不上独树一帜。同时期类似的作品中还有一篇弗雷德·M. 怀特（Fred M. White）的《紫色恐怖》（“The Purple Terror”），1896 年发表于《岸边杂志》（*Strand Magazine*）（这也是最先发表夏洛克·福尔摩斯系列小说的地方）。大多数杀手植物的故事刊载在大众杂志上，它们都属于出版业在 19 世纪经历产业化之后所创造出来的广受喜爱的出版物（在第四章中已有讨论）。怀特小说里的男主角是美国海军的威尔·斯卡利特上尉（Lieutenant Will Scarlett），这名字听上去颇不像个军人。① 他是“非常典型的西点军校公子哥儿”，被派去执行一次外出任务，投递一份重要的急件，路上要避开反美的叛乱活动。[9]

旅程的第一晚，斯卡利特一行在一个小村庄投宿。当他们在一家酒馆喝酒时，斯卡利特的目光被萨拉（Zara）吸引了过去。萨拉是一位非常迷人的古巴舞女，但最特别之处是她佩戴着一个“环绕她双肩的花环”。萨拉的男朋友（“一个胡子浓密的恶棍”）

---

① Scarlett 除了做姓氏之外，也是女性名字（常译为“斯嘉丽”）。美国著名小说《飘》的女主人公就叫这个名字。

图 27 对佩戴兰花的女人要小心：
萨拉正在用“环绕她双肩的花环”勾引美国人的注意。
（引自弗雷德·怀特《紫色恐怖》，《岸边杂志》，1896）
图片来源：本书作者收藏

对斯卡利特流连于她身上的目光心生忌恨，然而斯卡利特其实是个爱好植物的美国人，他最感兴趣的是她那花环：

> 花是兰花，而且是任何地方的采集者都未见过的一种兰花。斯卡利特非常确定这一点……花朵非常硕大，远大于欧洲或美洲已知的任何种类的兰花，颜色是又深又纯的紫红色，中央是血红色的花心。

这个血红色的花心，便最早为围绕这些兰花将发生的不祥之事埋下了伏笔，但又不是唯一的伏笔：

> 斯卡利特一边凝视着它们，一边在花上面注意到了某种残酷的神情。大多数兰花都长着独特的面庞，这些紫红色的

> 花朵脸上清楚地呈现出凶残和狡诈。同样，它们透着一股仿佛从墓穴中冒出来的古怪而令人作呕的芳香。斯卡利特以前也曾闻到过类似的气味，是在马尼拉战役之后。这花的气味就是尸体散发的气味。

如果斯卡利特看过威尔斯的《奇兰花开》（怀特肯定看过），那么这种“令人作呕”的气味本来可以向他预警；然而，这样一种危险的征兆完全无法阻止一位严肃的兰花爱好者。舞女那位显然非常吃醋的男朋友蒂托（Tito）把兰花的生长地点告诉了斯卡利特，然后这位美国人的兰花狂热就上了头，根本没怀疑过这个古巴佬的用意。他甚至都没发现，蒂托狠狠扇了萨拉一巴掌，为的是不让她企图向斯卡利特提醒这种兰花的危险之处。“斯卡利特全部的科学热情都被激发了出来。不是每个人都有向园艺界呈上一种新兰花的机会的。而这种兰花，会让迄今所发现的最美丽的兰花都相形见绌”。

他们出发了。兰花映入眼帘之时，只见它们绿色的触须看上去“就像一张巨大的蜘蛛网，在网中央的不是苍蝇，而是一副人类的骨架！这位遇难者的臂骨和腿骨远远伸开，就好像被钉在十字架上一样”。同行的很多人打起了退堂鼓，但我们的英雄男主角当然不干！这时，蒂托别有用心地向他解释说，这副骨架肯定是哪个倒霉的植物采集者留下的，被绊在藤中动弹不得，“就像一个游泳者被缠入了水草丛中”，斯卡利特完全相信了这个说法。蒂托还建议他们在兰花藤下面一处撒满了骸骨（其中还有另一具人骨）的迹地上扎营，斯卡利特也没察觉到任何危险。蒂托甚至决定睡在那圈骸骨之外，都做到这份上了还是不能让我们执迷不悟的男主角产生一丝警觉。

当斯卡利特被他最心爱的獒犬痛苦的哀号声所惊醒时，只见爱犬的尸体被撕成了血淋淋的碎块，“散落在犬尸周边的，是几十或更多朵硕大的紫红色兰花”。然后他看到兰花的藤蔓向下爬到了地面，它们“形如吸盘的宽阔末端显然正在吮吸汁水”。与威尔斯小说中的兰花一样，这些兰花也是吸血鬼，用能够迅速盘卷的触须（是附生植物气生根须的怪异变体）寻找血腥。同行的美国人几乎都被杀死了，但是幸存者的迅速反应和锐利的刀刃总算让他们转危为安。斯卡利特等人威胁蒂托，要把他留下来绑在迹地的中央，然后他们自己再去继续执行使命，蒂托这才终于全盘坦白。于是他们把他带到了审判席上（很可能指控他企图利用兰花来谋杀），而他最后估计也难逃死刑伺候。

这样的小说似乎与认为兰花是“最高等”（也就是演化程度最高）植物的观念有关，这大概也可以解释，为什么它们身上有时候会融入食肉植物的特征，从而被塑造成一种介于动物和植物之间的形象。这样的构思，在莫德·豪［Maud Howe,《共和国战歌》（“The Battle Hymn of the Republic”）的词作者、杰出的废奴主义者朱莉娅·沃德·豪（Julia Ward Howe）的女儿］的怪诞小说《卡斯珀·克赖格》（“Kasper Craig”, 1892）中当然也有体现。这部小说讲述了一文不名的年轻男子伦纳德·伊伯里（Leonard Ebury）在花展上遇见了有钱的兰花收藏家卡斯珀·克赖格。克赖格对不同生物之间的亲缘与和谐关系有他自己的一套怪异理论，觉得高等人天然就与高等植物合拍（这套理论显然与贝特曼用来安排植物和人的次序的方式有关，是那种自然社会等级系统的翻版，见第四章）。为了向伊伯里说明这些理论，他便拿花展上见到的女人来当例子。伊伯里稀里糊涂从克赖格那里得到了一份工作，但他不确定是不是要干，后来他见到了为克赖格工

图 28 兰花猎人有时候需要锐利的刀刃来避免成为兰花的猎物。

（引自弗雷德·怀特《紫色恐怖》,《岸边杂志》，1896）

图片来源：本书作者收藏

作的漂亮姑娘，叫玛丽·希瑟（Mary Heather）。玛丽让他着了迷，于是他接受了这份工作，随后发现玛丽在给一种与众不同的兰花画像。克赖格说这棵兰花具有动物般的特征，是他重建动植物之间演化缺环的最新尝试。这种植物已经有了食肉习性和感觉能力，而且还有明确的睡眠期和清醒期（植物的睡眠是达尔文探索过的另一个课题[10]）。伊伯里的任务是前往南美洲的丛林去采集另一种珍稀兰花，这将成为克赖格未来实验的一部分。但是伊伯里越来越确信，玛丽正在画像的那棵兰花正在吸取她的生命；她的肤色越来越苍白，但兰花的色泽越来越红润。最后伊伯里摧毁了那棵兰花，莫名其妙地就把玛丽从克赖格的邪恶影响中解放了出来。

豪的《卡斯珀·克赖格》、怀特的《紫色恐怖》和威尔斯的《奇兰花开》显然具有相同的主题。吸血的兰花让人想到吸血鬼［虽然布拉姆·斯托克（Bram Stoker）的名作《德古拉》（*Dracula*）要到1897年才出版，晚于这三篇小说的发表时间］，而大口享用鲜血几乎不是植物应该有的行为。在这三篇小说中，兰花所来自的热带都被想象成邪恶之地，白人的阳刚气概在那里受到了古怪花朵、野蛮动物和肤色黝黑的异类人群的威胁。威尔斯的小说不仅对这些危险都有涉及，而且还暗示了一种恐惧，就是被征服的热带有可能通过花园和温室重新侵入殖民者的家园。［后来，威尔斯在《世界之战》（*The War of the Worlds*，1898）中探讨了所谓“殖民者之罪”的主题；小说中地球人在技术更发达的火星人面前的弱小无助，显然堪与塔斯马尼亚的原住民相比。这些原住民“在欧洲移民发动的灭绝之战中被彻底从世界上抹去了”。[11]］这些小说与19世纪后期的很多文学作品一样，带着忧郁的情调，就是感觉太阳可能真的要从那些伟大欧洲帝国的版图上落下去了，因为地图上已经不再有空白，不再有新的土地可供吞并。[12] 其他的“世纪末”（fin-de-siècle）小说也弥散着类似的情绪，但是这些兰花小说通过加入与众不同的生物学剧情而使这种情绪变得更为跌宕。与威尔斯的兰花一样，怀特的兰花也有动物般的特性（其触须可与章鱼的腕足媲美，现实中的任何植物都没能实现那样的运动速度），而且这些植物似乎有知觉，能够感知周边环境，还能偷偷接近猎物。这些小说所营造的诡异气氛，部分就缘于植物和动物之间的界限变得模糊了（这正是克赖格的目标），仿佛自然秩序本身开始松弛崩坏。在 19 世纪的最后几十年间，能够吃人的、显然有感觉的植物在西方文学中似乎头一回成了反复出现的主题，这个现象是怎么发生的？又为什么发生？令人意外的是，这些骇人的故事原来和花的科学研究密切相关。

古怪的花

1884 年，《大众科学月刊》刊载了一篇精彩的文章，题目叫《古怪的花》（“Queer Flowers”），谈论的是自然的残酷。如果一面悬崖坍塌砸死了人，我们可以说这只是意外，但是——

> 如果一株植物精密到拥有狡黠的小心思和长着带有欺骗性的外貌，以致它能充满恶意地、接连不断地、有预谋地把活昆虫引诱……到它无知觉的臂膀之间、让它们陷入挥之不去的死亡气息之中，那么这种行为看上去就像是带着某种恶魔般非人的残忍，很不幸地与我们经常谈论的生物之美和完善完全背道而驰。[13]

这种植物不是威尔斯想象出来的什么怪物，而是一种茅膏菜，是泥炭沼等沼泽中常见的小植物。它的叶上有微小的毛刺，闪亮的尖端看上去像水滴，在阳光下熠熠发光，所以在英文中叫“太阳露珠”（sundew）。这篇文章的作者是格兰特·艾伦（Grant Allen），是很受欢迎的小说家和记者，对科学深感兴趣。他与达尔文有私交，是维多利亚时代达尔文著作最成功的推广者之一（还写下过可以被视为第一部达尔文传记的著作）。[14] 威尔斯后来就承认，他也受到了艾伦的影响，并称赞艾伦写的那些通俗博物学作品中洋溢着“好斗的达尔文主义”，也肯定了艾伦“在思辨上有一连串很清晰且独到的原创性”。威尔斯在自传中将自己的生平和观念与艾伦的进行比较，发现了不少相似之处（艾伦晚年成了威尔斯的近邻）。[15]

艾伦的写作有很多特色，其中之一是他常写植物。那时候（与现在一样），大多数把达尔文主义作为写作题材的人关注动物；只要看到动物在主动彼此攻击互相吞食，便很容易理解大自然腥牙血爪的本质。虽然在草甸和园篱中较难说明自然选择在发挥作用，但是艾伦接受了这个挑战；像茅膏菜这样看上去颇为邪恶的以昆虫为食的食肉植物①，便为他提供了绝好的例子。达尔文是研究这类植物的先驱，在1875年出过相关的专论［《食虫植物》（*Insectivorous Plants*）］。这本书是继达尔文论兰花的专著之后，对公众理解的植物形象所发出的三连击中的最后一击。介于这两本书之间，达尔文还写了一本书探讨了另一个主题，就是植物的运动要比大多数人所想的更灵活。他对这个问题的论证始于他在学术期刊上发表的论文《论攀缘植物的运动和习性》（“On the

① 食肉（carnivorous）植物与食虫（insectivorous）植物是同义词，今天学界多用前者，但在19世纪后者也常用。

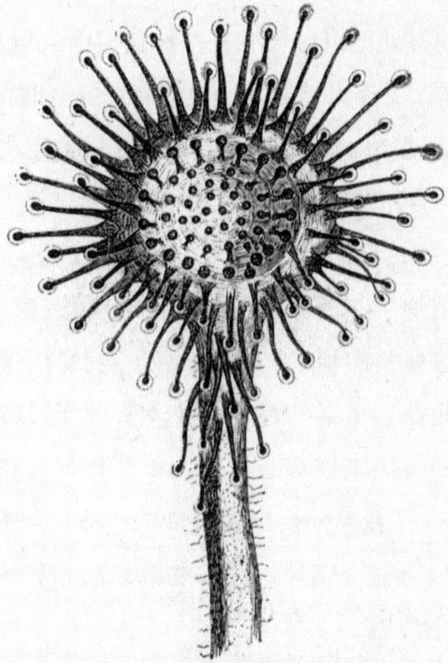

Fig. 1.*
(*Drosera rotundifolia.*)
Leaf viewed from above; enlarged four times.

图 29 看上去十分凶残的圆叶茅膏菜。
在达尔文研究过的植物中，这是最受他喜爱的一种。
（引自查尔斯 · 达尔文《食虫植物》，1875）

movements and habits of climbing plants"，1865），10 年之后，这篇论文扩成了一本书。一旦以达尔文之眼来打量，植物就不再像大多数人认识的那样呆板，而是变得非常像动物。正如他在这本《攀缘植物》（*Climbing Plants*）中所示，植物不仅能运动，而且似乎能感受到附近是否有支撑物可供攀爬；不仅能探测周边近处，而且能做出反应。我们已经看到，《兰花》论述的许多内容中，就有植物复杂的适应（“发明”）如何让它们能够操控昆虫，以此来保证异花传粉。当然，达尔文也用兰花来表明，发明完全可以没有发明者，他为此拒绝了一切神力干预的思想，改而论证：规避自花受精的好处足以解释兰花那些美得令人屏息的形态变化。比起这两本书来，《食虫植物》以更生动的画面抓住了公众的想象，书中活灵活现地描述了有时候植物怎样去攻击动物，不但没有被吞食，反而自己成了吞食者。[16] 不过，虽然达尔文名满天下，但与他同时代的人，有时间和耐性看《物种起源》的就不多，去看他更枯燥的植物学专著的就更少。正是艾伦这样的通俗作家和记者，发掘了这些食肉植物的价值，把它们变成了畅销著作中引人注目的中心角色。重要的是，植物本身要足以令人兴奋，然后要用吸引眼球的文风来描写它们。正如艾伦向达尔文坦承的，他码字是为了挣钱，“我家的全部生活开销，都是靠给日报或周刊写稿挣来的……只有在干完养家糊口的活之后，我才能把剩下的一点点闲暇用在科学上面”。[17]

茅膏菜是艾伦的最爱之一，他注意到达尔文为它写了一本“学术著作”，而诗人阿尔杰农·斯温伯恩（Algernon Swinburne）也“为它谱过一曲颂歌”，但“不是因为它有多美丽、善良、谦虚或羞涩，而仅仅是因为它顽劣残暴，有意作恶”。那些闪闪发光的液滴招引着昆虫，它们飞落下来，想要享受这看上去像蜜滴似的美餐，却发现自己陷入了大麻烦。茅膏菜会慢慢把捕捉到的昆虫包裹起来，像海葵一样用触手般的叶包紧受害者全身。艾伦用了生动的形容词来绘声绘色地描写这种植物，说它那“残忍蠕动的叶”体现了“凶残的本性”，会分泌一种消化液到昆虫身上，“在上百根紧扎着昆虫的吸盘中把虫子活活溶解成无数尸块”。他承认，这种“无声的悲剧”震撼了他的心灵，以致他有时候竟会企图“把还活蹦乱跳的苍蝇从那了无生气却极为恐怖的活监牢中解救出来”，但这种植物实在太多了，他没法一棵棵去查看。[18] 不过，茅膏菜的这种凶恶也很容易解释：它们生长在泥炭沼之类的沼泽中，那里土壤贫瘠，几乎不含氮素；植物已经适应了这种环境，可以消化昆虫体内的氮。全世界还有其他很多植物也有类似的适应特征，让它们可以消化昆虫，适应类似的环境，包括多种捕虫瓶植物［瓶子草属和猪笼草属（*Nepenthes*）的种类］、狸藻属（*Utricularia*）的种以及捕蝇草（*Dionaea muscipula*）等。艾伦用所有这些植物来生动地介绍达尔文的观念，让它们成为活生生的场景。

除了茅膏菜等食肉植物，兰花也常常成为艾伦笔下的主角，虽然它们并没有吞食昆虫的习性。艾伦用兰花来描述传粉过程之复杂，以及植物与昆虫的相互依赖，这塑造了它们不可思议的一系列形态，“表面上看是纯粹的放荡不羁，实际上却是以最古怪、最不太可能的方法来确保受精”。[19] 艾伦的这些书及其他作者类似的作品肯定让公众暗暗把兰花和食虫植物联系在了一起，而他生动的描述可能也启发了威尔斯，这位曾经跟着达尔文最才华横

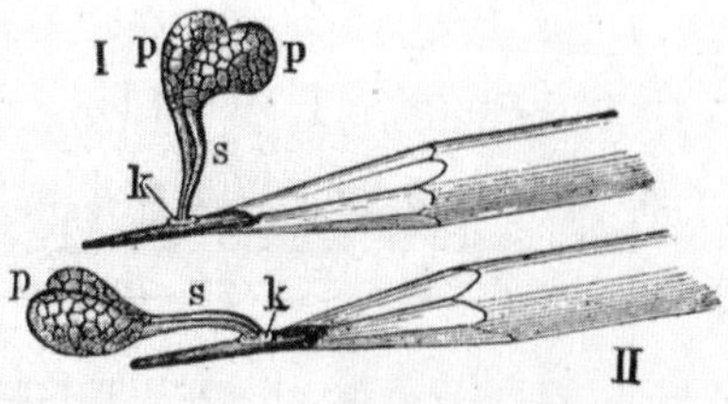

FIG. 23.—POLLEN-MASSES OF AN ORCHID, WITHDRAWN ON A PENCIL. In I, they have just been removed. In II, they have dried and moved forward.

图 30 格兰特 · 艾伦所绘的达尔文实验示意图：用一根铅笔代替昆虫的喙，以展示兰花的花粉团在“胶”变干之后如何运动。
［引自《植物的故事》（*The Story of Plants*），1895］

溢（也最好战）的宣传者托马斯·亨利·赫胥黎（Thomas Henry Huxley）学生物。从艾伦在对茅膏菜手中徒劳挣扎的昆虫的描述中，不难看到《奇兰花开》这篇小说的萌芽:“在这有知觉和无知觉的两种生物之间展开的争斗里，不可能感受不到任何令人战栗的恐怖——每次总是无知觉的那种生物获胜，这样一种扎着根的无生气的植物身上，仿佛结合着狡诈和嗜血的欲望。”[20]

兰花不是食肉植物（目前只有一个在艾伦那个时代还未发现的种，疑似具有食肉习性[21]），后来却成为几部杀手植物小说的主人公，这似乎显得很奇怪。当然也要承认，以杀手兰花为主角的作品相对来说还是少数；大部分植物杀手是以真实存在的食虫植物为原型的，以巨形的捕蝇草、魁梧的猪笼草或怪兽般的茅膏菜示人。[22] 然而在兰花这些明显更危险的植物堂亲之间，豪、威尔斯和怀特等许多作者开始把一些致命的兰花安插其中。这些短篇小说（其中几篇下文还会讨论）包括玛乔丽·皮克索尔（Marjorie Pickthall）的《黑色兰花》（“The Black Orchid”，1910），约翰·布伦特（John Blunt）的《恐怖的兰花》（“The Orchid Horror”，1911），埃德娜·安德伍德（Edna Underwood）的《亚洲兰花》（“An Orchid of Asia”，1920），詹姆斯·汉森（James Hanson）的《死于兰花》（“Orchid Death”，1921），奥斯卡·库克（Oscar Cook）的《有尾巴的西·乌拉格》（“Si Urag of the Tail”，1923），巴塞特·摩根（Bassett Morgan）的《波宋的魔鬼》（“The Devils of Po Sung”，1927），戈登·英格兰（Gordon England）的《白色兰花》（“White Orchids”，1927），约翰·科利尔（John Collier）的《绿色思想》（“Green Thoughts”，1931）以及怀亚特·布拉辛格姆（Wyatt Blassingame）的《受难花》（“Passion Flower”，1936）等；此外，马文·希尔·达纳（Marvin Hill

Dana）也在其长篇小说《兰花女》（*The Woman of Orchids*，1901）中围绕能置人死地的兰花构建起了整个故事。[23] 其他杀手植物小说的主角在面临生死一刻时，往往也是在猎寻兰花，比如克拉克·阿什顿·史密斯（Clark Ashton Smith）在令人毛骨悚然的《墓穴的种子》（“Seed from the Sepulchre”，1937）中就写到了一种异形植物，只能在活人的头骨里面萌发（这样的画面让人不禁想到那棵在伦敦售出的长在头骨上的蝴蝶石斛，见上一章）。[24]

为什么可怜、无辜的兰花要让它的花瓣承受这么多想象出来的鲜血呢？我们可以在格兰特·艾伦的一篇文章中找到线索，他在那篇文章中说，兰花属于植物中“最进步的科”，因此“比其他科的植物都聪明而狡猾”。[25] 植物可能拥有迄今为止未曾察觉（而且非常像动物）的狡黠特性，这个观念虽然来自达尔文，但是在艾伦等作家把达尔文的植物学研究重新解读给新的读者后才变得特别生动鲜明。只要看一下那些杀手植物小说的发表日期（见上一段）就能看到，里面没有一篇早于达尔文自《兰花》（1862）一书开始从演化的角度对植物所重新做的探究，但在艾伦等人开始做了富有想象力的解读之后，这些作品才真正集中出现。这当然不是巧合。我们可以在达尔文对真实兰花的描述中，对应出杀手兰花最初的原型。比如薄荷吊桶兰（见第五章），唇瓣扩大成捕虫瓶状的吊桶形（就像猪笼草之类的多肉植物），一旦有倒霉的蜂类掉进去，再往外爬的时候便为花传了粉——而这也只是兰花用计诓骗传粉者的许多例子之一。与此类似，达尔文在描述兜兰类兰花时，也观察到小型昆虫可以爬入，但是爬不出，于是“唇瓣的功能就像市面上能买到的那种边缘内卷的圆锥形陷阱，用来放在伦敦的厨房里捕捉甲虫和蟑螂”。[26] 还有些澳新界的兰花，比如镘叶秋篷兰（*Pterostylis trullifolia*）和茂篷兰（*Pterostylis longifolia*），真的会囚禁为其传粉的昆虫；达尔文写道，当昆虫落到它们的唇瓣上，唇瓣会弹起，昆虫"于是被暂时囚禁在几乎完全封闭的花里面。唇瓣会保持半个小时到一个半小时的闭合状态，等它重新打开后，便又恢复了对触碰的敏锐感觉"。[27] 同样，昆虫在逃走之前也不得不蹭过花粉块。这样善于欺诈的兰花，很容易就可以让人们通过想象将其转化为杀手。

然而，达尔文对杀手植物小说的影响远不止在那几则描述某些兰花行为的暗示性文字中。他也引发了大众对食虫植物的痴迷。[28] 他以这类植物为主题所写的那本著作，曾得到科学性很高的严肃期刊《自然》（*Nature*）的评论。那位评论者写道："就连报纸都在讨论一些植物的反植物习性；这些媒体惯于用这种轻松、随意、市侩的讨论方式来处理'纯粹科学的'话题。"[29]

报纸评论、杂志文章和畅销图书不仅传播了达尔文的理论，还重新想象了这些理论；当公众越来越从你死我活的竞争和奋斗的视角，而不是从神圣主宰的和谐角度去打量自然界时，这些媒体便保证了公众看到达尔文的名字就能想到兰花和食虫植物。在人类的自然观所发生的更为广义的转变之中，杀手植物小说也体现了一个侧面。不过，达尔文的影响还体现在另一个较为微妙的方面。在讨论攀缘植物的著作中，他强调了西番莲之类攀缘植物的"卷须会让自己处在适合行动的位置"，仿佛是在等待攀缘的机会。他说这类植物可以展示"植物在生物阶梯中可以升到多高的位置"，又把它们"妙不可言的"卷须与章鱼的腕足做了对比（怀特在《紫色恐怖》中也用了同样的比喻）。[30] 达尔文在致其子的一封信中用语更为夸张，竟然把卷须说成"比你的手指对触碰更敏感，真是狡猾和精明得不可思议"。[31] 认为植物是精明的生物、拥有敏锐的感知或判断的这种观念，在达尔文式的新式植物观中甚为基础。达尔文实际上是在主张，植物拥有意图，具有能动性。如此惊世骇俗的观念，让包括科学家在内的许许多多人花了很长时间才慢慢接受。在虚构和非虚构作品中那些得到通俗化介绍的植物，因此发挥了重要的功能，让人们第一次去想象植物可能真的拥有计划，也许在等待机会，这样它们便可以利用昆虫，或者彼此利用。经过达尔文的阐释，植物拥有了为生存、繁殖和其他所有生命活动服务的“狡猾”策略，还拥有实现这些策略的方法，但如果没有包括那些小说作家在内的通俗作家，我们中的大部分人可能一直都不会知道植物已经发生了多么大的变化。

达尔文的植物学著作是他更大策略的一个部分，整体上他旨在打破看似横亘在动植物两界之间的壁垒。既然演化意味着所有生物一定在过去某个时刻拥有一个共同祖先，那么这种假想的生物肯定既不是动物也不是植物，但这两类生物最终一定都由它发展而来。因此对他来说，表明这两界之间没有不可逾越的障碍就是重要之事；植物一定拥有与动物相同的能力，无论程度多么轻微。而且既然没有人曾经见过新种的起源，那么达尔文要想说服别人，关键就在于要找到真实的例子，这些例子要能很明显地体现出可以被视为在通往复杂生物之路上迈出的许多小步。捕蝇草之类的植物能够察觉苍蝇、小块肉以及一粒沙或小卵石之间的差异，这种区分能力就可以作为极其微小但令人信服的一步，用来展现单细胞生物缓慢升级到完整人类意识的悠长之路。[32]

一旦通过演化之眼来打量，植物就发生了戏剧性的变化；它们成了写起来更让人兴奋（也可以更受人欢迎）的对象，而在所有作家之中，不止格兰特·艾伦一人把握住了达尔文在植物身上所发现的这些引人入胜的新特征。另有一位科学记者约翰·埃洛·泰勒（John Ellor Taylor），是伊普斯威奇博物馆（Ipswich

Museum）的馆长，也是很多地方科学学会的创始人。他也写了一本通俗的达尔文主义的植物学科普书，题目非常有趣，叫《植物的精明和道德：简说植物界的生活和行动方式》（*The Sagacity and Morality of Plants: A Sketch of the Life and Conduct of the Vegetable Kingdom*，1884，后简称《植物的精明和道德》）。如果这本书早出版 40 年，这样一个书题绝对会让人把它当成一部讽刺作品（这还是在最乐观的情况下），但是演化植物学现在已经让植物的生活和"行动方式"成了一个严肃的科学话题。正如泰勒所写，植物学"已经不再只是尽可能多地采集不同种类的植物，太多时候它们那些干枯萎缩的残骸只是生前美丽形象的夸张和歪曲罢了"；相反，"它现在是一门活生物的科学，而不是机械式的自动机的科学，我一直努力想让读者一瞥它们的生命法则"。[33]

考虑到一些读者可能会反对这个标题，在论证只有具有意识的生物才能说其拥有道德的时候，泰勒引用了达尔文的原话。达尔文说胚根（植物最初的根）的尖端"就像一种低等动物的脑一样在行动；这脑位于其躯体的前端，受感觉器官的影响，并能指导几种运动"。[34] 达尔文这样深刻的见解使得人们必须发展出一套新的语言来描述植物和其他生物之间的"新颖关系"。泰勒因此明确表示："不管我们是不是相信植物生命有意识，这套语言基本暗示了这样的信念。"泰勒承认，只要接受演化论，就会得出一个必然结论：高等动物的每个特征，哪怕是人类智力，一定都是沿着"由连续不断的微小梯级所构成的阶梯"而构建出来的，就这样"从'最为微小的微动物（animalcule）'一直升到莎士比亚"。

泰勒认为，接受植物拥有最早期的智力雏形的观念并不特别困难；毕竟，植物就像我们一样，也有好恶——有些兰花喜热，另一些兰花需要凉爽。接下来，他又讲出了一些更容易引发争议的话：

普通的植物聚集成群时常常会采取一些行动，如果换作人类这么做，马上就会被归入善与恶的范畴。几乎没有一种美德或罪恶在植物界找不到对应的行为。从这一点来看，当我们说到行为方式时，低等动物和植物之间只有很小的差异。

虽然泰勒不相信植物要为它们的行动负责，但是他坚信，从最低等的植物到最高等的动物之间存在连续不断的过渡。

在描述植物操纵其传粉者的复杂方式（泰勒称之为“花的外交”）时，兰花便以花中最发达、最特化的一类而占据最重要的位置。泰勒说“全世界的兰花都有最灵巧的禀赋”，并感谢达尔文把它们这种禀赋如此生动地写了出来，引起了全世界的关注。“在他的笔下，兰花为了让昆虫传粉而做的种种发明，读起来仿佛传奇

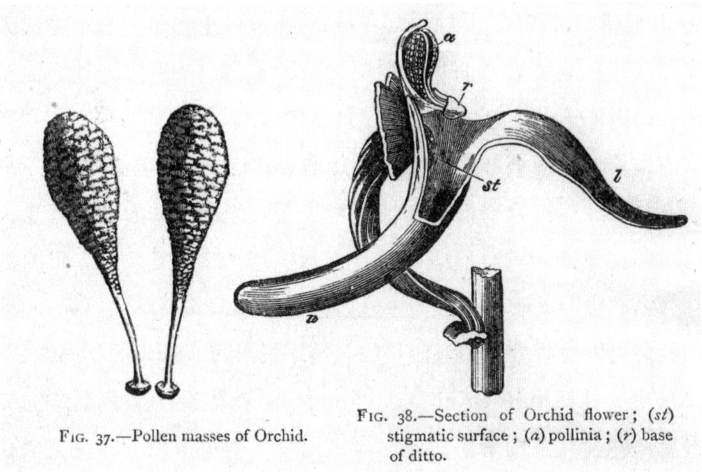
a
r
st
l
w
FIG. 37.—Pollen masses of Orchid.
FIG. 38.—Section of Orchid flower; (st) stigmatic surface; (a) pollinia; (r) base of ditto.

图 31　要想普及达尔文的观念，不妨重新使用他书中的图片，并配以更易读的文字。

（引自 J. E. 泰勒《植物的精明和道德》，1884）

图片来源：本书作者收藏

故事一般。”

与达尔文一样，泰勒也鼓励读者亲手做一做研究，比如劝说他们小心地把“一支黑铅笔的锥尖插进一朵兰花的喉部”。正如我们已经看到的，能够亲自参与，是达尔文的植物研究得以普及推广的关键原因；泰勒更是声称，在达尔文之后的短短几年间，科学上对植物的理解就有了很大增长，超过了他之前整整一个世纪的进展（虽然有夸大其词之嫌，但可以原谅）。植物知识的这种爆炸之所以可能，是因为“最为谦卑的观察者”可以研究诸如确保异花传粉的机制之类的现象，结果便“为科学事业做出了忠诚而货真价实的贡献”。

泰勒断言，选择与他一起重复达尔文实验的读者，一定会更为“钦佩这些花卉世界中的贵族”！如今所有人都可以拿这些“贵族”来做实验，这听上去是颇为自相矛盾的说法，但可能反映了19世纪后期，英国一方面社会流动性比以往更强了，另一方面人们在察觉社会差异方面也变得更为敏锐（这完全是因为社会流动让人们更加不确定自己真正属于什么阶级）。艾伦、达尔文和泰勒的大多数读者应该都属于一个迅猛增长却定义模糊的新人群——中产阶级。这群人一面开心地俯视工人阶级，另一面却越来越不情愿仰视贵族，觉得那些人道德上不检点，又好吃懒做。贵族的这些毛病也因此越来越成为中产阶级例行嘲讽和谩骂的目标。[比如我们可以看看维多利亚时代的长篇小说对贵族形象的刻画方式；安东尼·特罗洛普（Anthony Trollope）就塑造了大量蠢笨而没出息的勋爵儿子的形象，他们除了拥有一个头衔和一处荒芜瘠薄的庄园，其他一无所有。]泰勒经常在植物和人之间建立类比，并把一种典型的中产阶级道德观强加在植物身上。他发现花和果实会消耗叶产生的能量，所以植物可能多年都不开花，在果实繁茂的大年之后随之而来的常常是果实稀疏的小年。植物成了维多利亚时代中产阶级的一员，那些人类中产阶级读过托马斯·马尔萨斯（Thomas Malthus）著名的《人口论》（*An Essay on the Principle of Population*），因此知道自己有责任把婚姻推迟到攒下足够的积蓄之后。"'建立一个家庭'的欲望在植物那里也像在人类那里一样明显！"泰勒写道，"要不然它们如此缓慢地积聚能量又是为了什么？"[35]

在艾伦和泰勒这样颇受欢迎的中产阶级作家的作品里，英国更为广泛的社会变革反映到了花园之中。贝特曼那种花卉世界里的古老政体（见第四章）被一种更流动的感觉取而代之，人们开始另行思考人和植物怎样才算门当户对。这样一来，即使是兰花这类最绚丽的花中贵族也可以被重新想象，被试着纳入方兴未艾的中产阶级之中（当然，这听上去特别自相矛盾，但要成为维多利亚时代中产阶级的一员，本来也需要那种相信"在早饭前就相信多达 6 件不可能发生之事"的能力①）。

泰勒在这本书的第十章（标题写得很明白，"社会和政治经济学"）描述了很多花卉的块根，其中把"各种兰花的块根"描述为格外节俭出来的"淀粉仓库，从当年夏天植株的收入中节省出来，为下一年储备"。他也称赞了附生兰所采取的政治经济学策略的合理性，因为他发现附生兰依赖它们所栖息的植物为之提供养分，于是它们自己几乎没有叶子，也就可以把植物能量省下来用于开花。（泰勒错误地把附生植物与其宿主植物之间的关系理解成了寄生与被寄生关系，但在那个时代，这是普遍存在的误解，也确实让他赋予的寓意更为清晰。）"记住，"泰勒告诉读者，"兰花在开

① 这里化用了刘易斯·卡罗尔（Lewis Carroll）著名荒诞童话《爱丽斯镜中奇遇记》（*Through the Looking-Glass and What Alice Found There*）中的典故。

花时，会不惜付出巨大的开销。”——就像中产阶级园艺师把钱一便士一便士地攒起来，为的是有足够的资金让自家温室种满华丽的植物。[36]

千百年来，人类一直在用植物相互毒害——在文学作品和现实中都是如此，但是19世纪后期作品（无论虚构还是非虚构）的特别之处在于，植物似乎自行发展出了凶残的意图。不管一个人是不是真相信植物“有道德”或“精明”，到了19世纪后期已经越来越难把植物看成与动物截然不同的生物。达尔文和重新解读他的写作者们已经对植物与人之间的界线做了微妙却十分有说服力的模糊处理，创造了在杀手植物小说中所表达的那种暧昧的不安感。就像泰勒观察到的，虽然人们长期以来都像林奈那样，习惯用拟人的语词来思考植物，但是——

> 如果现代植物学除了废除这些粗糙的观点之外什么都没做，那么我们对这个学科没什么可感谢的。但是现代植物学做了更多事情——它教导我们把植物当成和我们一样的生物；控制它们的生命法则，完全就是那些影响着人类本身的法则！

这几句话非常直白地表现了达尔文主义的冲击力。如今，我们不仅可以在植物中见到自己，而且可以在我们自己中见到植物。[37]我们甚至可以向兰花学习，也许能由此变得更节俭或更狡猾。

造物与安慰

除了艾伦和泰勒，还有人把植物写成了有意图的生物。M.

C. 库克（M. C. Cooke）的《植物生命的怪事和奇迹：或植物之奇趣》(*Freaks and Marvels of Plant Life: or, Curiosities of Vegetation*, 1881，后简称《怪事和奇迹》）也是一本代表性著作，展示了作家使用食肉植物来企图让读者对“一个多少不太受欢迎的话题”产生兴趣。然而，《怪事和奇迹》这本书由促进基督教知识协会（Society for Promoting Christian Knowledge）出版，所以库克不得不小心谨慎地处理茅膏菜及其创造者的道德问题。他引证了一些实验（包括达尔文的儿子弗朗西斯所做的一个实验）来证明，食肉植物所捕食的昆虫不是平白无故被滥杀，实际上是滋养了植物本身。所以，虽然这个现象表面看上去颇为残忍，其效果却是正面的。苍蝇少了，植物喂饱了。这正是一个基督徒应该期待的场景，毕竟——

> 任何致力于研究生命现象的人，心中根本就不会考虑恣意毁灭或能量浪费等情况发生的概率；这些情况也不可能让我们对全智的造物主产生更高层次的观念。[38]

对库克来说，略有点麻烦的是，他一方面要完全承认达尔文的研究对他的论述贡献良多，另一方面又要安抚他那些虔诚的读者。幸运的是，在维多利亚时代，人们普遍认同，科学事实和理论完全是两码事，两者很大程度上相互独立。[39] 因此，库克就可以提醒读者，达尔文是“一个精确而不知疲倦的观察者”，即使是这位引来很大争论的博物学家“最激烈的仇敌，也从来没有指控他只为了有利于什么理论就歪曲或臆造事实”。[40] 库克这种打圆场的方法绝不是独一无二的；达尔文的兰花著作就遇到了这么一位评议人，他不承认这本书有丝毫的“争议性”，他认为它“甚至没什么理论；事实，只有事实，构成了它的基本内容”。[41] 对达尔文观察和实验的准确性的强调，让传统的基督徒园艺师们也愿意去看他有关食虫植物、攀缘植物和兰花的著作，但只是作为有趣事实的合集来看，其中的演化论基本都略过了。

随着达尔文的读者越来越多，他淡化植物、动物与人之间，也就是人类与自然之间壁垒的观念导致了很多更令人意外的结果，其中之一就是一些读者竟然从演化中寻得了安慰，特别是觉得自己无法完全赞同库克的信仰、不认为植物研究揭示了植物由基督教的仁慈上帝所创造的那些人。格兰特·艾伦观察到了一个显著的现象：如果一个人相信“凶残的”茅膏菜是由上帝专门创造的，那就很难相信这个造物主的仁慈；与此相反，“如果我们现在可以卸下负担，不必对自然选择或最适者生存之类死硬的唯物主义法则负责，那将何等轻松”。[42] 这种大概可以被称为“演化的安慰”的观点如此具有吸引力，可能是达尔文对同处于维多利亚时代的人们所施加的最意想不到的影响。[43] 他以兰花为基础对传统基督教实施的“侧面包抄”所产生的长期影响，在艾伦描写鸟类、蜂类和兰花的笔法那里颇为明显。比如艾伦在好几篇文章中都把他考察的自然对象说成是他将要“传布”的“道”。与著名的演化论传播者托马斯·赫胥黎类似，艾伦的植物学文章也模仿了布道词的那种通俗形式，从一种普通的植物或花那里引出教诲。[44] 然而，艾伦传达的要旨，在维多利亚时代的任何布道坛上都听不到：

> 旧的思维方式让人们把美想象成只是为了人类而赋予花朵和昆虫的性质；而如果新的思维方式是正确的，那么我们可能不妨说，美完全不存在于花朵和昆虫本身之上，而是由人类种族通过想象从它们身上过度解读出来的东西。

对艾伦来说，“花的全部可爱”最终取决于“各种偶然原因，也就是说，花的美感并不出自精心的设计”。[45]

对维多利亚时代的一些人来说，自然选择没有人情味的严厉感可能显得太无情，甚至是残酷的，但理解起来更容易。相比之下，竭力想象一位全能仁慈的上帝如何对我们每个人的生命都抱以密切的个人关注，同时又似乎很乐意让残忍的行为波及他的造物，这反倒有点难懂。为什么昆虫要在茅膏菜那种“死一般的恐怖活监牢”中受罪呢？为什么维多利亚时代那么多的孩子年纪轻轻就夭折了呢？为什么世界上要有恶？至少对一些人来说，如果相信虽然是上帝创造了自然法则，但这些法则对单个生命的影响纯粹是随机的，“那倒让人如释重负”。

在达尔文之后，兰花也像其他花一样，经由多种方式被人们重新想象，但很少再作为上帝仁慈设计的显豁证据了。从一个有趣的例子就能看出这种变化。有一本奇特的小册子，题目叫《虚弱的信仰：兰花的故事》（*Feeble Faith: A Story of Orchids*，1882）。作者（仅知其署名是“T. F. H.”）显然对兰花很了解，在这本小册子一开头就放了一篇相当详细的、在热带地区采集兰花的报告，拿到资金的采集者付钱给“土著军队，让他们到人迹最为罕至的地方游荡”，去猎寻兰花。他们的战利品往往在运输途中就开始奄奄一息，最终被带回伦敦送到拍卖场上：

> 购买者的兴趣由两部分组成：他不仅可以竭力让这些看上去没有希望的一坨坨植物在他的精心照料下重新长出茎叶；而且如果他运气好，通过一两年的栽培能够让它们开花的话，又可以满怀希望地看看能否在他的宝贝中找到某些前所未知的品种，或者如果是已知的品种，看看是否具有珍奇的形态

和非凡的价值。

这显然就是威尔斯笔下韦德伯恩先生的那个世界，但是小册子的作者讲述了一个真实的故事，讲到他/她在开始一次“小型采集”时见到了一位M先生，“是一位兰花买家，城里一个批发商行的雇员”。M先生大概可以被视为现实世界中的韦德伯恩，拥有枯燥乏味的工作、郊外的庭园，还有3个种满兰花的小温室。

作者与M先生成了朋友，但又失去了联系，后来作者发现，M先生患上了重病。作者给他写了封慰问信，随信附上了一本宗教小册子［由卫理公会的马克·盖伊·皮尔斯［Mark Guy Pearse］牧师所写的《得拯救》（“Getting Saved”）］，希望M先生如果病重不治的话，他的灵魂能够得到拯救。结果，M先生终于领悟了。多年以来，养兰的爱好让他远离了上帝，每个星期日都越来越多地待在温室中，而不是上教堂。但是皮尔斯牧师的小册子让他看到自己所行之事是误入迷途。在他病重期间，家人曾把一些兰花带到他的床边，想让他振作一下——

> 但是一看到兰花，他就马上伸出手摆动，示意把兰花拿走，一边大叫道：“不要，把它们弄走！现在它们就是些垃圾！”[46]

他从兰花的诱惑中解脱出来，几天之后便安详地去了。这些可怜的花朵，曾经是上帝仁慈设计的完美例证，现在却成了尘世之人对灵魂事务漠不关心的缩影。至少在这个例子中，达尔文成功实现了对自然神学家的侧面包抄；这样全方位、大火力的进攻，大概是他从来都没想过的。

图 32 在达尔文之后，收集兰花会被视为一种不关心宗教事务的行为，而在以前，博物学研究曾被普遍视为对上帝造物工作的虔诚考察。
（引自 T. F. H.《虚弱的信仰：兰花的故事》，1882）
图片来源：剑桥大学图书馆

8

性感的兰花

兰花不仅野蛮，而且性感；性与死亡是生命的起点和终点，都在同一棵植株上缠卷交织。不管奥尔基斯的伪古典神话出于什么理由被编造出来，之所以能代代流传，显然是因为它敏锐地把握住了兰花身上两个彼此矛盾的意象：神圣的美丽混杂着低贱的色欲，不受控制的性冲动又残酷地除灭色欲的根源。在我们的文化想象中，兰花千百年来就是这样的形象，这让英国艺术批评家约翰·拉斯金（John Ruskin）深感不安，于是他谴责植物学家总是先入为主地用“淫秽的过程和猥亵的外观”来打量植物，并坚决否认花是性器官。他争辩说，很多拉丁语和希腊语的植物名称（特别是兰花）过于低俗，本不应被使用（“都建立在一些不洁或下流的联想上”）。因此他建议，兰花应该改名叫 Ophryds（*Ophrydae*），这来自古希腊语里表示“眉毛”的单词，“因为它们形似动物的眉头”。[1]

当然，拉斯金的建议无人采用，但是那些因为兰花名字的词源与性有关而深受困扰的人，也许多少还是能得到点安慰，因为至少那个神话般的奥尔基斯是个男人。千百年来，欧洲文化所想象的性欲，是只有男性才会体验到的东西（不妨回想一下，在林奈心目中，他的夫人是一朵贞洁的、只有一个配偶的百合），因此女性在很大程度上仍然未遭植物学家用“淫秽的过程和猥亵的外观”来玷污。然而，对 19 世纪后期涌现的那些危险的兰花来说，一个惊人的事实是，它们不光狡黠、残忍而性感，而且明显都是雌性——是勾人的“致命美人”（*femmes fatales*）。这种意象的出现，反映了维多利亚时代的性道德和女性社会地位都有所变迁，从而引发了社会的焦虑。

以怀特的《紫色恐怖》为例，整个冒险故事始于美丽的古巴女郎萨拉，她那富有魅力的舞姿，把她佩戴的兰花花环变成了“一道颤动的紫红色火焰”[有趣的是，“富有魅力”（seductive）这个词于 18 世纪后期在英语中第一次出现时，就是在一首咏花的诗中]。[2] 在怀特的想象中，兰花本身是邪恶的，具有凶残的表情和“古怪而令人作呕的芳香”，但是它们那几乎让人丧命的诱惑又与那女郎本人的诱惑交织在一起。利用性来猎寻男人的女子，在 20 世纪之交的那些成批编造的低劣小说中成了固定角色，以一个又一个“坏女孩”的形象登场，常常靠她们身上搽抹过多的香水来识别。很多兰花小说中都会有一种几乎压倒一切的情色气味，营造出让女人和兰花之间的界限变得模糊的怪奇氛围[差不多也是在这个时候，富有魅力的女子第一次被称为“食男兽”（man-eaters）或“妖妇”（vamps），后一个词简写自“吸血鬼”（vampire）]。[3] 在威尔斯的《奇兰花开》中，韦德伯恩还没见到兰花，就注意到了它那种压倒一切的“浓郁香醇的气味”。就像一个富有魅力的女人利用香水来吸引男人的注意一样，兰花也差点就把这位无辜的单身汉引上死路。

19 世纪结束、20 世纪伊始之时，香气浓烈的兰花常常变身成一位兰花女，特别是在通俗文学作品中。以约翰·布伦特的《恐怖的兰花》为例［这篇文章最初发表在每期卖 10 美分的廉价杂志《大船队》（*The Argosy*）1911 年 9 月号上］，小说深受那时候人们熟悉的 19 世纪猎寻兰花小说流派的影响，但是又在一些意想不到的方向上做了新的发挥。一个古怪的、几乎如行尸走肉一般的男子试图接近小说男主角洛林（Loring），那男子“黄色的皮肤紧绷在颧骨上，四肢的筋肉少到让他完全引不起别人注意的程度”。这个阴森的怪人邀请洛林到附近的一所住宅去欣赏其中收藏的奇妙异域植物。洛林走进温室后，看到的是“兰花，全是兰花，成千上万五彩缤纷的花朵从那地方的墙上和天花板上飘逸地垂下”。[4] 然而，真正勾人的东西，后来才从花丛中现身：

> 在我眼前，成列的兰花向两边弯开。它们缓慢的动作精致优雅，像是和风拂过麦田，在麦浪中分开一道田陌。然而这里并没有风……花朵行列间的巷道开得更阔了。突然在这巷道的末端，我看到了——那位收藏家的女儿。

即使没有微风，花也会摇摆，仿佛受到了小说中从来没有提到名字的这位女子的命令似的。洛林提到她时，只是简单地称呼她为“兰花女神”，然后他马上就爱上了这位极为美丽的女子。她的一举一动都非常像兰花，连走起路来都“带着这些摇摆花儿的慵懒优雅”。她说愿意与他相爱，但是很遗憾，她不能离开年迈的父亲，她现在的首要任务是采到“永施卡特兰”（*Cattleya*

图 33　雨果·根斯巴克（Hugo Gernsback）常常发现，他收到的科幻小说新稿不足以排满《惊奇故事》（*Amazing Stories*）的版面，于是他重新发表了 H. G. 威尔斯等人的作品。《奇兰花开》就刊载在 1928 年 3 月号上。

图片来源：乔治·摩根（George Morgan）的收藏

Trixsemptia），为父亲的收藏补上这唯一缺失的种。[这种兰花是作者想象出来的，但其学名很有意思。我们已经看到，它所属的卡特兰属是一个真实存在的属，其中有一些传奇的“失落”兰花。作者杜撰的种加词似乎是用拉丁语后缀 *-trix* 造出来的，这是一个表示女性的后缀，也见于 aviatrix（女飞行员）和 executrix（女执行人）等英语词汇，同时可能通过与 trickery（诡计）一词谐音而一语双关；词中的另一部分 *semptia* 可能来自拉丁语词 *semper*（永远）。[1] 这样一来，这个兰花名字的意思就可以大致理解成“永远使诡计的女性”。]

闻听此说，此前连一朵雏菊都没摘过的洛林毅然踏上了前往南美洲的征程，开启了一场童话般的追寻。他遇见了一位正在路上的职业兰花猎人，那人也在寻找这种兰花，知道在哪里可以找到整整一大片。然而，当他听说洛林的追寻竟然是因爱而起之后，便好奇地问道：“把你介绍给你的意中人的，是不是一个骨瘦如柴的活骷髅，长着一双深不可测的黄色眼睛——就像是从地下墓穴的动乱中逃出来的家伙？”见到洛林连连点头，兰花猎人便揭露了真相。原来这位“兰花女神”在他那行当里非常有名，她本人就深深痴迷于兰花，并没有什么父亲。兰花猎人还称她是“植物恶魔”（不知是说她对植物有着恶魔般的痴迷，还是说她本人就是一棵恶魔般的植物）。在搜寻那种传奇卡特兰的历程中，色欲已经把太多采集者引上了死路；只有她那个形容枯槁的跟班，是唯一一个虽然两手空空返回却继续黏着她的。他拼命想要赢得她的爱情（或者可能是想从她的咒语中解脱出来？），为此就要找到什么人能真正把那种神秘的兰花带来给她。洛林拒绝相信这些说法。他在

① 兰科中有一个属叫 *Thrixspermum*（白点兰属），属名意为“毛状的种子”；*Trixsemptia* 的拼写很可能受到了这一属名的启发。

试图摘获兰花的时候差点儿死掉，因为它的香气过于浓烈（就像“甜得发腻的毒药烟雾”），几乎就像麻醉药一样，让不幸吸入的人离了这气味就没法活。女人和兰花就这样都成了令人成瘾、能够致死的毒品。（在现实中，没有兰花具有麻醉性能——就算真的有，我咨询过的兰花专家也都对此守口如瓶。然而在电影《兰花贼》中，由幽灵兰所激发的不可抗拒的欲望塑造了许多关于这种兰花的想象，其中之一就是以为它是一种强力毒品的来源。）洛林故事的结局神秘莫测，引读者自行遐想他和他的女神身上到底发生了什么事。

在类似《恐怖的兰花》这样的小说中，女性和兰花融合成了同一个邪恶的象征。这种邪恶的诱惑力非常强，会让男人欲罢不能（女神的仆人，也就是那个“骨瘦如柴的活骷髅”，看描述非常像吸毒者，已经不指望能摆脱毒瘾）。类似的意象在《恶意的花

图 34　“恶意的花朵”正在控制这位伟大的白种植物猎人。

（引自《惊奇故事》，1927 年 9 月号）

图片来源：乔治·摩根的收藏

朵》（“The Malignant Flower”）中也能见到，这篇小说的德国作者一开始只把这种花简单地称为“Anthos”（源自古希腊语中表示“花”的词）。[5] 这个故事最先以英语发表在1927年9月的廉价杂志《惊奇故事》［“科幻小说”（science fiction）这个提法就是其编辑雨果·根斯巴克创造的］上，描写了另一种能吃人的神秘花朵，但这次它藏匿在喜马拉雅山中一处隐秘的山谷里，具体位置由一位印度教潜修者所透露。小说的男主角是乔治·阿姆斯特朗（George Armstrong）爵士，他身边有一位忠实的仆人约翰·班尼斯特（John Bannister）。为了这种花，阿姆斯特朗推迟了计划好的婚礼（而且没有告诉未婚妻他要去哪里、为什么要去，以免让她担心）。两人找到了那道隐秘的山谷，其中植被茂盛，生有“种类极为多样的兰花”。他们在稠密的林下植被中艰难穿行，终于发现了传说中的兰花：未露其貌，便先通过一股“浓烈得压倒一切的气味”宣告了它的存在。阿姆斯特朗仿佛被催眠一般，听不见班尼斯特的警告，一味去接近那棵植物，然后——

> 那花慢慢绽放，一些浅亮的肉色东西从中射出。是什么东西投掷得如此迅速？是章鱼带吸盘的腕足吗？还是女人柔软的手臂？

神秘的触手抓住了阿姆斯特朗——而班尼斯特拼了命才勉强砍断触手，把主人救了下来。阿姆斯特朗躺在草丛中，“僵硬的面容上凝固着阴森的笑容，仿佛半带着超自然的愉悦，半带着对死亡的恐惧”。虽然他活下来了，但是就像那位印度教修士说的，“就所有的世俗之爱而言”，他已经死了（说得委婉点，对一位马上就要结婚的男士来说，这堪称一场奇遇）。即使他后来回到了文明世界，也未能康复，在一家精神病院苟活了一年半之后，最终真的死了。几年之后，那位失去爱人的未婚妻在报纸上看到了“食人植物”的报道。这个种叫“巨兜兰”，学名 *Cypripedia gigantea*（原文如此），“属于巨兰类，是地球上最大的花”。[《惊奇故事》总是会用小说来普及科学知识，由此淡化两者之间的边界。这本杂志在刊登“巨兜兰”的故事时，还附有一篇讲巨魔芋（*Amorphophallus titanum*）的短文，作者在其中问道，以后是否“会有一些大胆的探险家到仍然未知的地方去冒险，结果发现某种花比巨魔芋更类似于小说中所描写的‘恶意的花朵’呢”？[6]] 在这篇小说中，兰花实际上就是引诱阿姆斯特朗而插足在他与未婚妻之间的“第三者”，但故事中也留了一丝奇怪的线索，暗示是他主动寻求这种命运的，（就像一些印度教圣贤一样）希望从肉体的激情中解放出来。

富有魅力的女人与兰花之间的关联不只在廉价杂志上的作品中体现，在自命严肃的文学作品中也能见到，比如美国圣公会牧师马文·希尔·达纳的《兰花女》（1901）。[7] 小说主角名叫吉尔伯特·阿斯代尔（Gilbert Arsdale），是一位英国商人，前往南美洲安第斯山寻找矿山，却把妻子留在家中。阿斯代尔与秘书到一位马尔库（Marcou）先生的牧场做客时，迷上了马尔库的妻子。阿斯代尔第一次见到她时，她正在为两群野马凶猛打斗的壮观场面而兴奋不已（阿斯代尔和他的同伴倒是差点被这些野马害死）。“这不带劲吗？”马尔库夫人一面问，一面“脸上泛起了勇猛而无情的快乐”（所引作品原版第 7 页[①]）。

马尔库夫人（小说中从未提过她的名）是一位成熟而练达的

① 本书正文部分标注的具体页码，均为所引具体作品原版页码，后不再说明。

美女，“老于世故而优雅从容”，受过良好教养，精力又非常充沛，喜好骑马不亚于读书。阿斯代尔虽然为她倾倒，但是也困惑于她每次魅力四射、卖弄风情都是在刮北风的时候；刮南风的日子，她就会显得高冷。后来有一天，这个谜团（多少）解开了。那天马尔库夫人蒙上阿斯代尔的双眼，把他领到了森林中一处隐秘的林地，跟他说此前她是唯一到过这里的人。她把阿斯代尔的蒙眼布摘掉，然后他便看到了多到惊人的一大片兰花：“森林消失了，眼前几乎什么都没有，只有一片颤动的火海。目力所及之处是一片色彩摇曳的广袤迷宫。”

阿斯代尔瞠目结舌，一度忘了身边还有一个人，直到她问道：“*Et moi?*”（那我呢？）

> 这女人的在场，仿佛是眼前这幕魔法场景的天然高潮。他们四目对望，她的灵魂随着目光跳跃到了他那里。不经犹豫，他们的嘴唇便轻柔地、无休止地、热切地、疯狂地碰在一起，彼此的心也这样触在一起。（51 页）

片刻之后，这位夫人解释说，原住民管这个地方叫“魔花山”，对它怕得要命。随之空气变得凝重，“大片花朵起伏摇摆，仿佛中了骚动的咒语”（与其他一些小说一样，要让这些后达尔文时代的活泼花朵运动起来，并不需要任何微风），他们害怕的原因逐渐变得清晰。她突然毫无来由地恐慌起来，催促阿斯代尔跟着她赶快逃走。就在他们动身之时，“藤蔓巴到了他们不欲逗留于此的身躯之上”，仿佛竭力要把他们扣留下来。跑了 5 分钟之后，阿斯代尔绝望地停了下来，但夫人催他继续逃跑。“一阵不祥的睡意麻木了他的感觉。一股奇怪而熏人的气味钻进了他的鼻孔。香气

使他昏沉，他盼望着能倒在地上，就躺在那里一动不动，什么也不想。”（56—58 页）

最终，他们逃离了这片树林的无形恐怖，夫人这样解释他们所逃离的东西：

> 你大概知道，很多兰花一点气味也没有，但是最美丽的兰花有微弱的气味；花越艳丽，香气越令人厌恶。我们去到的那个地方，是这片森林中的未知秘境，那里就生长着世界上最华丽的兰花。我不知道它的分布范围，反正放眼望去，所有地方都满是它们那炽热的美貌。它们是兰花中最华美、最脆弱的种类，而兰花又是最绚丽的花朵。它们的花瓣就在那地方簇集在一起，从摇曳的茎秆上垂下，颤动，在那里散发出凶险的气味，能置人于死地，就跟它们的美色一样浓烈。正是因为有数以百万计的花朵一起散发气味，我才发觉了它们的生长地点。每当风从北边刮来，我就会去接近它们，就像我们今天一样，因为风会把它们的气味吹到我这里。今天刮的又是北风，所以我们会尽情沐浴在它们的美丽之中；但是我们游逛到那里之后，风向就改而朝东了。（62—63 页）

既然夫人的心情会随风向而变化，那么她和兰花之间似乎就有了神秘的联系。她差点把阿斯代尔引上死路，为此向他道歉。但是他回答道：“这不是你的过错，是那些凶狠的花变成了冒着火焰的利剑，把我们逐出了伊甸园。”（64 页）然而，他可能想错了。后来，夫人的女儿克莱尔（Claire）和热情追求她的恋人贾尔斯（Giles，就是阿斯代尔的秘书）也碰巧走进了同一片兰花树林，但他们就没有体验到任何恐怖。他们在那里的时候，风始终从北吹来，因为“这对恋人的欲望与热切和满足之心诚恳而健康，虽然如此庄重单纯，却圣洁美丽”。他们在树林中体会到的只有美丽，最后虽然“磨蹭而不情愿地”离开了那些花儿，“却得到了它们的祝福”。在这对纯洁而未曾堕落的情侣面前，兰花树林真正是个乐园；只有奸夫淫妇，才会遭到兰花那浓烈的麻醉性气味的惩罚。

关于这些小说，最令人意外的事情可能是，它们都是以 19 世纪一次据说为真的兰花猎寻行动为蓝本。1896 年，伦敦的《每日邮报》刊载了一篇文章，题为《至珍之物：用命换来的花朵》（“Most Rare: Flowers That Cost Lives to Secure”）。其中提到的几个兰花故事，都讲了男人“前仆后继地冒险、丧命，只为得到那些兰花……因为最受珍重和最为珍稀的兰花必须到满是热病的丛林中才能觅得”。这位只是简单署名为“夏洛特女士”（Lady Charlotte）的文章作者声称，“一位名叫福斯特曼（Fosterman）的著名兰花猎人”在巴西考察时，有人告诉他存在着一座“魔鬼花之村”。[确实有一个真实存在的采集者名叫伊格纳茨·F. 弗尔斯特曼（Ignatz F. Förstermann），但这篇文章拼错了他的姓氏。弗尔斯特曼也为兰花王桑德采集，但是没有记录表明他到过巴西。[8]]

按这文章的说法，弗尔斯特曼动身前去寻找魔鬼花，然后——

> 一天下午，三个走在他前面的护卫突然举起双臂，一声惨叫之后便毫无知觉地倒在地上。他那时已经注意到，闷热的空气中弥漫着一种令人作呕的气味，于是马上命令其他随从小心向前，把那三个倒地的人从他们躺倒的地方拽了回来。那些人照办了，回来之后便报告说，就在森林前面不远处，

他们看到了那座广阔的“魔鬼花之村”。

掩住口鼻之后，这位采集者再次尝试前往，但还是被气味熏倒，最后绝望而归。他们又组织了第二次探险，仍是徒劳而返。正如夏洛特女士所说（这些话显然为达纳提供了他那部小说的灵感），“这是一个古怪的事实”，虽然“很多兰花几乎没有气味，但是最俊美的兰花有着最让人不可承受的气味。如果有数以百万计的花聚集在一小片地方，那么我们不难想见，这股难闻的气味会变得完全不可忍受，长期吸入会实实在在地致人死亡”。[9]

植物学期刊《兰花评论》重新刊载了这个故事（还揶揄地建议道，本来应该叫《兰花学传奇》），他们的专栏作者“阿格斯”（Argus，基本可以肯定就是杂志编辑罗伯特·艾伦·罗尔夫）嘲讽了《每日邮报》那位轻信的通讯员，说这个考察队的成员本来可以试着一直等到兰花花期结束，“那时候我就怀疑这场考察注定失败”。不过，可能——

那种精明的植物大概以前听说过兰花采集者这个职业；考虑到自己的弱点，它们大概会一年到头一直开花。我衷心希望事实最后真的就是这样，因为这样一种植物肯定会为兰花房增添一种新的恐怖。[10]

忽略阿格斯略带嘲弄的腔调，我们可以看到他仍然把这种兰花想象为“精明”之物，能够有意识地用计胜过采集者，而且也承认这种兰花如果真的能被找到的话，会为兰花收藏“增添一种新的恐怖”。即使是这样一位严肃、科学的编辑，看来也已经受到了小说中想象出来的兰花形象的影响。

其他一些作者似乎也受到了“魔鬼花”故事的启发。1927年在《诡丽幻谭》（*Weird Tales*）杂志上发表的短篇小说《白色兰花》中，也出现了气味浓烈到让人无法靠近的兰花。在另一篇题为《亚洲兰花》（1920）的短篇小说中它们也登场过，小说描写了一种委内瑞拉的“死亡兰花”在采来之后被做了杂交，结果造成了可以预料到的可怕后果。[11] 在《兰花女》和《亚洲兰花》这样的小说中，兰花那种盖过一切的香气会让人把它们视为雌性。在《兰花女》中，那对偷情的恋人逃离花丛之后，阿斯代尔一开始并没有责备夫人几乎置他于死地，但是他的宽恕没有坚持多长时间；因为厌恶自己的不忠行为，他指控夫人（这也暗示他指控了兰花）引他误入歧途：“你把我的良知哄睡，就像罂粟一样让我合上了眼。在睡梦中我看到了天堂般的景象，因为我看到了你。但是我必须醒来，我就像吸了毒的东方人一样，因为剧烈的痛苦而睁开双眼，醒来便会面对疼痛和绝望。”（87—88页）那位火热、活泼而老练的女人就这样变成了一朵富于魅力、令人迷醉却逆来顺受的花朵（罂粟在19世纪后期的文艺作品中常常出现，作为颓靡东方奢华的象征——据说原本朝气蓬勃的白种人往往会对它成瘾而不能自拔）。[12] 怀亚特·布拉辛格姆的短篇小说《受难花》也描写了一种兰花，既是一位富有魅力的女人，又是一种不可抗拒的毒品。[13] 而在《亚洲兰花》中，“死亡兰花”通过杂交创造了一个被培育它的人称为“鬼魅”（La Revenante）的品种，其气味“（在男主角身上）激起了一波又一波的感官之乐，他的意志都为之消磨”；在这种麻醉力的作用下，男主角感觉有女人在他身边，仿佛“什么怪物跨越了千古”主动来与他接触。这位主人公心烦意乱地发现，他竟然把那朵兰花“想成了一个活生生的女人”，而且还“超越花卉的生命极限而栽下了一棵花。他制造了一位兰花女……

一个端坐在他灵魂中的吸血鬼”。[14]

千百年来，女人都是花朵所隐喻的本体，但是只有在19世纪后期，她们才成了可以杀死和吞食男人的花朵。食虫植物为这种意象的变迁提供了一个源头。18世纪，捕蝇草第一次到达欧洲。当时费城有一位叫约翰·巴特拉姆（John Bartram）的植物学家把它寄给了伦敦的联系人、贵格派商人彼得·科林森（我们在第四章中已经知道他是第一个在英国种活热带兰花的人）。巴特拉姆说这种植物的俗名叫“tipitiwitchet”，这个词在伊丽莎白时代是用于指称阴道的下流话。[15] 这种植物的叶片形状，以及它那美得诱人的艳红色内部，几乎让人不可避免地产生这种联想；而叶片的齿状边缘也会让人想到 *vagina dentata*（长牙齿的阴道），这样的古老民间传说在很多文化中都有（可能用来威慑潜在的强奸者），明显地传递出对阉割的恐惧。正是食肉植物与富有危险魅力的女人之间的联系，启发斯温伯恩写了那首题为《茅膏菜》（“The Sundew”，1862，见第七章）的诗。[16] 很大程度上正是因为达尔文，食肉植物和兰花才在19世纪后期公众的想象中关联在一起，兰花很可能也因此变成了捕食性的植物。（大众对达尔文的理解与这些故事之间的关联性，在《亚洲兰花》中表现得特别明显。与“死亡兰花”杂交的正是长距彗星兰，也就是达尔文做出有关蛾类的著名预测的那个种；不仅如此，小说中的采集者还告诉他的园艺师，要“把杂交推到最高极限！要选出最大、最强壮的植株”。[17]）

然而，那些想象中的兰花开始被想象为雌性，而且更咄咄逼人、更有性意识，反映了维多利亚时代后期人类两性关系的变迁。19世纪60年代在英国出现了争取女权的第一场有组织的运动，许多人齐心协力，试图让女性获得投票权。哲学家、英国议会议员约翰·斯图尔特·密尔（John Stuart Mill）就试图修正《1867年改革法案》，把投票者定义中的“男人”（man）字样改由“人”（person）所取代。虽然针对这个修正的投票失败了，但是密尔做了一场精彩的演讲，指出“一场静默的内部革命”已经在男女关系中发生。[18] 很多人欢迎这场朝向更大平等的变革，但也有人觉得，见到越来越多受过良好教育的自信女性以及她们对社会中更重要角色的追求，对他们来说是一种威胁。差不多就是这个时候，法语短语“致命美人”也进入了英语，这当然不是巧合。1879年，一家美国报纸用这个短语来指称“对其影响所及范围内的一切都施加了诅咒的女人”，这样的描述显然可以用到马尔库夫人和那位无名的兰花女神身上。[19]

当然，对维多利亚时代后期所想象的“致命美人”来说，兰花小说也只是她登场的其中一个舞台罢了。这位美人体现了一系列焦虑感，因为女性的性意识等新现象威胁到了充满阳刚气的帝国主义。[20] 在19世纪60年代，女性的投票还是主要话题，但是到了19世纪90年代［“女权主义者”（feminist）这个词也在这时第一次出现在了英语中］，有些女性所掀起的运动已经明确涉及一些与性有关的事务了。这些都反映在一种新类型的文艺作品中，即所谓的“新女性”（New Woman）文艺。格兰特·艾伦虽然为了普及达尔文的“古怪的花”而不遗余力，但是他最出名的还是长篇小说《敢作敢为的女人》（*The Woman Who Did*，1895），其中探讨了世纪末的新女性运动所要求的危险的性自由。[21]“新女性”这个表述，本来指的是那些相信自由恋爱的人，就像艾伦小说的女主角一样，但是后来越来越多地指所有年轻、单身的女性，她们选择以工作代替结婚，这样便可以享有某种程度的自由。大多数新女性小说由女性创作，其中很多作者也是女权活动家，她们的作品倾向于关注那些在讨论男性和女性性行为时常常出现的双重标准。已婚女性没有权利拒绝丈夫的性需求，这个事实让一些活动家认为婚姻并不比合法卖淫强多少。还有些女性把精力放在一些一点都不淑女的主题上，比如避孕、性教育和性病传播等。当一位名叫伊迪丝・兰彻斯特［Edith Lanchester，是卡尔・马克思的女儿埃莉诺（Eleanor）的朋友］的年轻女性决心不结婚，只想与她所爱的男人公开同居时，她父亲和兄弟都觉得她一定是疯了；他们把她绑进了一间私立精神病院。虽然女性们为了她团结起来，让她获得释放，但就连她的支持者也不完全同意她的决定。女权主义杂志《女性信号》（*The Woman's Signal*）就怀疑她可能是在看过艾伦的《敢作敢为的女人》之后被引上了歧途。[22]

女性对性平等以及政治平等的需求，让很多人感到不安（其中既有男性又有女性），这些焦虑常常体现在这一时期的文艺作品中，包括兰花小说。作者在处理关于性和生殖的内容时，常常主动选择（或被迫）面对一系列问题，如什么样的人类行为（如果有的话）称得上是“自然”的，这些问题也会强迫我们面对自己的偏见。举例来说，虽然艾伦支持包括女权主义在内的进步事业，但是他的女性观因为他对生物学的兴趣而染上了偏颇的色彩。他与那个时代（可能后世也是如此）的很多进步男性一样，仍然深信女性所谓的“自然”角色就是母亲，而且觉得很难让自由主义的政治信念与这种成见脱钩。[23] 虽然艾伦坚定地相信女性有独立和自我表达的权利，但是他似乎曾担心，女性一旦有了更多可能的选项，那么她们就必然会对成为妻子和母亲失去兴趣。社会又会变成什么样？他又能去哪里找一位女秘书来替他打文稿呢？

成为女性的捕食兰花和成为兰花的捕食女性，都暗示了一些人在女性开始希望让她们身上所谓的自然角色变一变时所感受到的不适。然而，由食肉兰花所激起的忧虑总是与欲望交织在一起；兰花就像“致命美人”一样，之所以如此危险，完全是因为它们如此诱人。那些兰花小说的字里行间清晰地潜藏着一股帝国焦虑，是一种对危险热带的恐惧，其中充斥着病态和诡计多端的土著，所有这些整合在一起以富有魅力的异域女子形象示人。（也许，比帝国自家那些文明程度更高的姐妹更魅惑、更有异域风情？）威尔斯的《奇兰花开》似乎嘲讽了像韦德伯恩先生这样的兰花收藏者，他们对花的欲望遮蔽了对女人的恐惧。过着乏味单身生活的韦德伯恩渴盼某种刺激（遇难的兰花采集者巴滕让他嫉妒的一点就是曾经结过两次婚），但是兰花的感官欲望几乎置他于死地（最后还得靠一位反应迅速但似乎相当忠贞的女性挽救他的生命）。这样危险的兰花，似乎让女性身上兼有了反叛和诱惑的性质（这也正是兰花本身留给一些人的印象）；这样的女性可能像花一样获得欣赏和驯化吗？在性上很有主见的女性具有强有力的危险性，这在阿诺德·贝内特（Arnold Bennett）的长篇小说《窈窕佳人》（*The Pretty Lady*，1918）中也有所暗示。小说的叙述者想象着他迷恋的花魁能够被他包养，这样“她性情上的极端变化”便可放心地随他所欲。如果环境合适，“她会绽放”，“她会变成另一种生物，或者说，虽然还是原来的她，但已经兰花化了”。[24] 然而，对很多作者来说，富有魅力的异域兰花是危险的陷阱（尤其会捕捉男性）。

文艺作品中致命的兰花女形象，意味着长期以来以传统的理想标准表征出来的女性气质正在通过这些方式打破。然而，正是因为兰花可以象征传统家庭和道德的崩溃，所以它们受到了 19 世纪末名为“颓废派”（Decadents）运动的欢迎——对他们来说，无论是男子气概还是性意识，兰花都可以具体地表现出有异于传统观念的另类形式。颓废派在英国的领衔人物之一是奥斯卡·王尔德（Oscar Wilde），他曾经激烈地批评“异域”（exotic）这个词遭到了滥用。在其著作《社会主义制度下人的灵魂》（*The Soul of Man under Socialism*，1891）中，王尔德表达了对“异域”一词的鄙夷，说它只不过表达了“须臾即逝的蘑菇对那永恒的、迷人的、极其可爱的兰花所倾泻的狂怒”。[25]

兰花让王尔德和他的很多朋友着迷的气质，也正是让其他人反感的那些气质——它们表面上的人工感和充满异域气质的怪诞形态。在王尔德的长篇小说《道林·格雷的画像》（*The Picture of Dorian Gray*，1890）中，标题中所提到的男主角十分喜爱兰花，而他的朋友和精神导师亨利·沃顿勋爵（Lord Henry Wotton）也用兰花来解释自己对周遭世界的不满：

> 昨天我剪了一朵兰花，插在纽扣孔里。这朵缀着美妙斑点的花，与七宗罪一样让人印象深刻。我不假思索，问园丁这花叫什么名字。他告诉我，这是“鲁宾孙氏兰”（*Robinsoniana*）①的一个优良品种，或诸如此类的可怕名字。我们已经失去了给东西起些可爱名字的能力，这真是个让人悲伤的事实。名字就是一切。我从不在行动上跟人冲突。我只跟词语过不去。所以我讨厌文学中庸俗的现实主义。（212—213页）[26]

这位慵懒的唯美主义者鼓励他的年轻门生道林·格雷接受他的生活哲学，而且为了给他灵感，还送了他一本没有名字的黄皮小说，“全书风格诡异，如镶嵌着宝石一样生动而又隐晦……书

① 这是王尔德编造的名字，但在形式上确实很像一些兰花学名中用来向某人致敬的种加词。

中的隐喻像兰花一样怪异，却又有着微妙的色彩”（139 页）。这样一部没有情节的“毒草”果然给了道林灵感，让他去模仿小说中的男主角，“一个巴黎青年，想在 19 世纪用他的一生去努力实现所有那些属于过去每个世纪，却唯独不属于他自己这个世纪的激情和思维方式”。在这个角色的启发下，道林尝试了多种多样的时髦知识，包括“德式达尔文主义运动的唯物主义学说”[原文用了德语 *Darwinismus* 一词，这是从达尔文的德国拥护者恩斯特·海克尔（Ernst Haeckel）那里得来的灵感]。虽然没有证据表明他对兰花生物学有任何兴趣，但是他在杀人和成功地处理掉尸体之后，确实认定最好的庆祝方式就是订购一大批兰花。

那本被道林奉为邪恶圣经的不光彩黄皮书，其原型是一部真实存在的长篇小说，叫《格格不入》（*À rebours*，1884），作者是法国作家若里斯-卡尔·于斯芒斯（Joris-Karl Huysmans）。[27] 小说的男主角叫让·德塞森特（Jean des Esseintes），总是“瞧不上在巴黎货摊上绽放的那些普通常见的品种”。德塞森特与英格兰的兰花收藏家詹姆斯·贝特曼非常相似，把花店的橱窗视为“一个小社会，形形色色的人和所有的阶级在这里都有展示”。像香石竹（康乃馨）这样的花是“寒酸庸俗的贫民窟花卉”，“只有种在阁楼窗台的花槽中才真正合适”。代表中产阶级的则是“玫瑰之类愚蠢的花朵”，在他看来“造作而保守”，适合种植的地方是“包在由年轻淑女绘制了图案的瓷花瓶里的花盆”。代表最上流阶级的则是“异域花卉，被流放到巴黎，在玻璃宫殿中保暖”；它们过着“冷漠孤僻”的生活，“与那些大众植物或布尔乔亚花卉毫无共同之处”（82 页）。

毫无疑问，德塞森特是那种会被精致的异域植物吸引的人，“来自辽远之地的珍稀而高贵的植物，栽在由仔细调节的火炉所创

VIII.

IL avait toujours raffolé des fleurs, mais cette passion qui, pendant ses séjours à Jutigny, s'était tout d'abord étendue à la fleur, sans distinction ni d'espèces ni de genres, avait fini par s'épurer, par se préciser sur une seule caste.

Depuis longtemps déjà, il méprisait la vulgaire plante qui s'épanouit sur les éventaires des marchés parisiens, dans des pots mouillés, sous de vertes bannes ou sous de rougeâtres parasols.

En même temps que ses goûts littéraires, que ses préoccupations d'art, s'étaient affinés, ne s'attachant plus qu'aux œuvres triées à l'étamine, distillées par des cerveaux tourmentés et subtils ; en même temps aussi que sa lassitude des idées répandues s'était affirmée, son affection pour les fleurs s'était dégagée de tout résidu, de toute lie, s'était clarifiée, en quelque sorte, rectifiée.

Il assimilait volontiers le magasin d'un horticulteur à un microcosme où étaient représentées toutes les catégories de la société :

图 35 德塞森特这样的颓废派会被兰花吸引，它们是“来自辽远之地的珍稀而高贵的植物，栽在由仔细调节的火炉所创造的人工热带里，受着精心的关照，一直欣欣向荣”。

［插画由奥古斯特·勒佩尔（Auguste Lepère）绘制，引自 J.-K. 于斯芒斯《格格不入》，1903］

图片来源：法国国家图书馆

造的人工热带里，受着精心的关照，一直欣欣向荣”。它们脆弱易损，特别是要依赖人工热源才能存活，而这正是其贵族姿态的明显表象。他一开始在家里摆满人造花，但很快就用车载斗量的异域植物取而代之，特别是那些“看上去像假花的天然花朵”。兰花也在他最珍视的宝贝之列：

> 兜兰那复杂而不连贯的轮廓，像是出自某个精神错乱的绘图员的设计。它看起来非常像木鞋或笸箩，顶上是一根反弯的人舌，舌筋紧紧绷着，看上去像是会出现在介绍喉部和口腔疾病的医学著作图版中的形象。这舌头有葡萄酒渣和青石板的颜色，是一个光亮的口袋，内层向外渗着黏糊状的液滴。两枚小小的翼瓣呈枣红色，活似从孩子的风车玩具上借来的零件，补齐了舌底的巴洛克式的复杂结构。

可以理解，他发现自己“无法把目光从这棵看上去不真实的印度兰花那里移开”（85页）。

在德塞森特所处的后达尔文时代，全知的造物主已经成了“某个精神错乱的绘图员”，奇妙的发明看起来像儿童玩具，整个形象也十分诡异，让人想到病变口腔的医学插图，而这种渗着黏液的口腔不会有任何人想要接吻（其他的花朵在他看来好像天生就患有梅毒）。他的花朵实验让他得出了与达尔文完全相反的结论。那个英格兰人把自然选择与动植物的人类育种者相比较，赞叹前者的缓慢力量。与此相反，德塞森特在思考兰花时，却有这样的想法：

> “毋庸讳言，”他得出结论，“短短几年时间，人类就可

以完成一场选择，要是放在优哉游哉的自然那里，可能没几个世纪都发明不出来。用不着任何怀疑，园艺家才是今天我们中间仅剩的真正艺术家。”（88 页）

德塞森特认为，正是园艺师工作的那种不折不扣的人工性（达尔文为此创造了术语“人工选择”），让育种的成果配得上艺术之名；自然只有在模仿人类艺术时，才让人觉得有趣。这种说法令人震惊——也颓废得令人震惊。

德塞森特还种着一种卡特兰，“有上了漆的松木味，像是玩具盒子的气味，唤起了他小时候对新年的可怕回忆”（87 页）。能够唤起童年记忆的气味，让人不禁想到马塞尔·普鲁斯特（Marcel Proust）；对他来说，玛德琳小蛋糕的味道也有同样的效果，让他脑海中浮现起童年的生动场景。《追忆似水年华》（*À la Recherche du Temps Perdu*）的主角斯万（Swann）有一个情人叫奥黛特·德克雷西（Odette de Crécy），她曾解释为什么兰花——特别是卡特兰——是她最喜欢的花之一，理由与德塞森特的理由相似得惊人：

它们有一个最大的优点，就是一点也不像别的花，而是像用绫罗绸缎的碎片做成的。“它看起来真的很像是从我披风的衬里上裁剪下来的。”她指着一朵兰花，对斯万说道。（265 页）[28]

颓废派很易感于这样的吊诡，为真正的花儿看上去像假花而欣欣然。在普鲁斯特笔下，兰花是奥黛特的“姐妹”——这似乎是在说，女性也是另一种具有高度人工感的花朵，是到处装点着东方风格饰物的房间中的兰花。斯万和奥黛特第一次亲密接触时，卡特兰便为他们提供了借口。他采了一束花，“插在她低领连衣裙的领口开衩处”，又娴熟地把洒在她身上的花粉抹去，最终让她“完全投降”。后来每次幽会时，这对情人在开始亲昵行为之前都会以卡特兰为托词，用 *faire Cattleya*（这个表述实际上无法翻译，只能大致理解为“做一朵卡特兰”）这个短语来婉转地邀请对方更进一步（279—281 页）。

男孩自己的兰花

尽管兰花有着非常不良的名声——或者可能正是因为这样——很多基督徒作家才费力地想把它们从达尔文“侧面包抄”的影响中拯救出来。詹姆斯·尼尔（James Neil）神父就出版了《自然王国的光芒：或植物生命的寓言》（*Rays from the Realms of Nature: Or, Parables of Plant Life*），在其中宣扬了一系列美德，并把多种多样的植物硬拉来充当说明这些美德的角色。[29] 他甚至还试图从雄兰那睾丸状的双重球根上洗雪掉有 2,000 年历史之久的性意象，在书中用这种花来说明“优雅成长”的美德。按照尼尔的说法，雄兰每年新长出来的球根总是出现在植株的南边：

> 这样一来，人们就能看到它稳步迈向兰科在热带的明媚家园——一片万里无云之下洒满阳光的土地。正是用这种方式，把家园当成避风港的灵魂才会耐心地向着天堂生长，每年都向那里伸出可以说是充满神圣爱恋的新根。

热带在尼尔眼中压根就不带一丝一毫的色欲！然而，他的博物学甚至比他的神学更经不起推敲。他认为兰花可以自发地形成，因为它们“似乎是在温暖湿润的大气和腐败的枯枝落叶的召唤下产生的”；他还猜测这可能就是它们向热带迁徙的原因，因为在热带，这些过程“始终以非常迅速的方式进行”（67 页）。热带的附生植物也被用来说明仁慈的准则，因为它们的气生根吸收了丛林空气中“恶臭而有毒的气体”，然后转化成了“它们自己甜蜜花朵的芳香”（25—27 页）。[30]

兰花还以类似的气质频频出现在《男孩自己的故事报》上。这本办给帝国未来建设者看的健康向上的杂志，由基督圣教书会这个福音派基督教出版机构创办，旨在抵制被称为“一便士惊险小说”（penny dreadfuls）的低廉庸俗周刊越来越流行的趋势。《男孩自己的故事报》常常推荐兰花采集活动，说这是一项引导少年们积极向上的爱好。比如在 1879 年春，《男孩自己的花园及其他》（“The Boy’s Own Flower Garden, etc.”）一文的作者就告诉读者，光说能呼吸到新鲜空气和锻炼到身体还不足以表明去乡间徒步的好处；“带着目标地徒步也很好”。对那些没有合适目标的少年来说，“我现在就给你们推荐一个目标：出去猎寻兰花”。接下来，文章就开始描述各种本土兰花。除了对“达尔文博士（原文如此）等人耐心的研究”致以了简短的谢意，文中没有一处地方提到，与兰花有关的任何意蕴对易受影响的年轻心灵来说可能都不合适。事实上，作者虔诚地相信，研究昆虫传粉可以让少年们“振奋我们的心，去感谢万物的伟大创造者”。

吊诡的是，基督教作家们竭力想要给兰花及其采集者恢复名誉的一个理由竟然是，尽管英国人当时统治着他们历史上前所未有的广阔帝国，但是到了 19 世纪末，他们满脑子想的已经是帝国的衰落。他们还是那个征服了半个世界的活力四射的阳刚种族吗？他们是否足够强壮，足以坚守住曾经赢得的东西？虽然兰花已经成了大众花卉，但它们身上仍然带着奢靡、财富和人工制造的意味。作家们于是常常把兰花作为闲散（且近亲繁殖的）富人们的象征——软弱而无用。有位英裔爱尔兰剧作家叫爱德华·约翰·莫尔顿·德拉克斯·普伦基特（Edward John Moreton Drax Plunkett），也就是邓萨尼男爵十八世（eighteenth Baron Dunsany）。他本人就是一名兰花采集者。在其讲述古巴比伦颓废堕落的剧作《神灵之笑》（*The Laughter of the Gods*，1917）中，他用了饱满的紫红色兰花来象征古巴比伦的颓废奢靡。[31] 古巴比伦国王卡尔诺斯（Karnos）离开都城，到特克（Thek）去观看那里极为美妙的兰花，全然不顾图谋报复的神灵正在毁灭他的王国。“这简直就像一幅由垂死的画家绘制的画作，”他这样形容特克周围满是兰花的丛林，“到处是美艳的色彩。就算所有这些兰花今晚都死掉，它们的美丽也将给人留下永远无法磨灭的记忆。”[32]

普伦基特对腐化文明的描绘，典型地体现了那时候英国人普遍感到的焦虑，他们担心“退化”（Degeneration）的来临，害怕照耀在这个部分地由达尔文主义所驱动的伟大欧洲帝国之上的太阳会有落下的一天。达尔文的思想常常被解读为证明了竞争（可以发生在物种、个体、公司和民族之间）是自然法则，（对那些赞同宇宙没有上帝的人来说）也是人类进步的唯一保证。在人们失去自然神学的慰藉之后，对进步的承诺提供了某种安慰，这可以解释为什么达尔文的思想在英国传播得如此迅速。然而，随着维多利亚时代晚期的英国人渐渐接受达尔文的主旨，很多人也开始为现代文明正让生活变得过于轻松的想法而烦扰。如果我们受到文明教养的恻隐之心引导我们去保护人类这个物种中的弱者免遭自然选择的威权压迫，那时会发生什么？一旦我们停止演化，又会发生什么?（这正是威尔斯在《时间机器》中所问的问题。）19世纪、20世纪之交，兰花象征着一种恐惧，人们害怕域外奢华所具有的腐化人心的影响力［当时，英语中有时候会用“兰花般的”（orchidaceous）和“绚丽的”（showy）之类的词来表达对带有“异国情调的”外国人的蔑视］。作家理查德·勒加利恩（Richard Le Gallienne，虽然姓氏像法国人，但其实他是利物浦人）是奥斯卡·王尔德的朋友，曾为现代生活的复杂而悲叹，并论述说：“我们都被过度教养了。简单老派的男子气概早就在无休无止的兰花般的变异中丢失殆尽了。”[33] 勒加利恩这番话明显表达了一种淡淡的却挥之不去的恐惧，害怕人类就像暖室中的兰花一样变得虚弱，因为我们已经太过依赖现代文明的人造奢华，越来越无法在大自然的严酷世界中生存下去。

出于对帝国腐化和大英帝国实力退化的恐惧，文坛中涌现了很多通俗小说，竭力要把兰花及其采集者从“兰花般的”勾人妖女和颓废的兰花发烧友组成的卑劣大军那里拯救出来。1892年（也就是卡特兰被重新发现之后的第二年），《男孩自己的故事报》上连载了一部小说，后来结集成了一本书，名为《兰花搜寻者：婆罗洲历险记》（*The Orchid Seekers: A Tale of Adventure in Borneo*，后简称《兰花搜寻者》）。小说描写了多种类型的帝国风格的老套蛮勇行为，而之所以要冒这些险，是为了搜寻一种神秘的蓝色兰花。[34] 小说主角叫拉尔夫·赖德（Ralph Rider，以弗雷德里克·桑德为原型），是“一个身材粗壮、肩膀宽阔的男人，正值壮年，面容红润而善良。他的头发和胡子呈闪亮的棕色，胡子里没有一根灰色的胡须”。小说故事发生在1856年，因为“植物学家和爱好者在回想那个年代时，都觉得那是个黄金时代”！那时候的兰花房仍然罕见，地球上的大片土地仍然未经探索和开发；“那个年代的一位兰花种植者面前就是整个世界”，因为“热带王国”还有无边无际的空间，“任想象力在其中恣意游荡”（1—2 页）。

在小说开头，赖德身处他的兰花房中，正与一位年轻男子交谈，那人也同样洋溢着阳刚之气：

> 他穿着长筒袜，身高六英尺两英寸（约 188 厘米）。他卵圆形的脸呈光亮的红铜色，被毒辣的热带阳光晒得颜色很深；阳光又把他浓重的亚麻色小胡子漂成了至少比头发还浅了两个色度，但丝毫没有减损他那双警惕的蓝眼睛的光泽。
>
> 他的国籍几乎一目了然——是个德国人。他的名字叫路德维希·赫兹（Ludwig Hertz），职业是兰花采集者。他只有一只胳膊，是左边那只。在那只因为一次机器事故而失去的右臂的位置上，装着一个铁钩子，与一些人的手指一样有用。确实，他灵活使唤这弯曲铁钩子的本领简直是个奇迹。（2 页）

这样一个海盗式的钩子听起来像是过于狗血的发明，但由此当然可以看出这位虚构的赫兹在现实中的原型。他的形象显然部分参考了贝内迪克特·罗兹尔。真正的罗兹尔和虚构的赫兹之间存在相似性，这基本不会让人觉得意外——因为弗雷德里克·博伊尔就是《兰花搜寻者》的共同作者之一。这篇小说的主要作者是阿什莫尔·拉桑（Ashmore Russan），他曾经为了咨询与兰花有关的信息而联系过圣奥尔本斯的桑德，桑德父子让他与博伊尔联系。我们已经看到，博伊尔当时算是一个人撑起了这家苗圃的非正式公关部门，而且总是不太愿意让事实妨碍他讲一个好故事。[35]

按照《男孩自己的故事报》编辑的说法，博伊尔同意担当顾问，“整个故事的纲要都是他写的”。这个故事描写了“他自己见过的场景，发生在他本人认识的人群和个人身上”，所以他在小说中的很多地方都加了一些文字来描述这些场景，但是主要的写作工作是拉桑完成的。“经我们这样解释之后，”编辑继续写道，“读者应该能看到，这个故事通篇都有牢固的事实基础。”

拉桑和博伊尔决定让故事中的兰花采集者是个德国人，所以这个角色可能另外也以米霍利茨为原型。这个决定给了他们机会，让这个虚构的赫兹在将近 400 页的篇幅中一直讲一种只能说是带着“杂耍剧院德国口音”的英语。在被赖德问到是否认为那种传奇的蓝色兰花真正存在时，赫兹回答说：“为什么不存在？……没有什么东西会神奇到一定不存在。我见过太多奇迹，所以我什么都能相信。”（5 页）① 他们重点要搜寻的花朵是蓝色的，这不是巧合，因为蓝色在兰花里面很可能是最少见的颜色。《每日邮报》在 1896 年时就告诉读者：“这些（蓝色兰花的）名录确实很短，就算把只存在于兰花猎人故事中的那些种类考虑进来，也还是长不了。”[36] 博伊尔也曾回忆说，他早年在婆罗洲时曾听说过一种当时已经被送到伦敦的蓝色兰花的故事，但已经不记得是哪个种了（“在我们的印象里，那天在丛林里听到的名字实在太模糊了”），也不记得是否还有栽培植株存活下来。[37]

在拉桑和博伊尔的小说中，人们成立了一支考察队去寻找这种兰花；赖德的两个儿子，十几岁的杰克和哈里也被派到队中，与赫兹一起去丛林探险。他警告他们，前方有很多危险，但是杰

---

① 这一句的原文为“Vhy nodt? … Nodings ish too marfellous. I have seen so many marfels dat I gan beliefe anydings.”，这里的单词拼写有意体现了赫兹的德国口音，下文中继续引用的小说中赫兹的原话也是如此。译文对此不做刻意处理。

THE BOY'S OWN PAPER

No. 681.—Vol. XIV. SATURDAY, JANUARY 30, 1892. Price One Penny. [ALL RIGHTS RESERVED.]

THE ORCHID SEEKERS:

A STORY OF ADVENTURE AND PERIL IN BORNEO.

By Ashmore Russan and Frederick Boyle.

CHAPTER I.—A PALACE OF ENCHANTMENT.

A well-filled and well-cared for orchid house, when the plants are in blossom, is indeed

Introductory Note.

Some of our boy readers may cry, on seeing the names of two authors at the head of this page, "What! A couple of 'em?" And at any point they will be likely to ask themselves, "Now, I wonder which of the two wrote this?"

The public in such cases is commonly left to wonder, but circumstances here are unusual. When Mr. Ashmore Russan formed a project of writing a story upon the subject of orchid-collecting, he applied to Messrs. Sander, of St. Albans, the great importers of orchids, for special information. They referred him to Mr. Frederick Boyle, as one who had travelled in many lands where those plants flourish, who grows them, as an amateur, with unusual success, and publishes much about them. Mr. Boyle had no time to take an equal part in writing the story, but he consented to advise, direct, and in general to lend his assistance. The outline of the tale is his, and for all statements therein, historical, local, or scientific, Mr. Boyle is responsible. It naturally happened, since he was treating of scenes he had himself beheld, of peoples and individuals he himself had known, that he found it necessary to take the pen from Mr. Russan's hand and write a few lines here and there. But in general he confined himself to his functions of director and critic. It will be understood, after this explanation, that the tale rests on a solid basis of fact all through.

"'Ach! I am robbed.'"

图 36 独臂的路德维希·赫兹惊骇地看到，他新发现的一种兰花竟然已经种在拉尔夫·赖德的温室中。

（引自阿什莫尔·拉桑和弗雷德里克·博伊尔《兰花搜寻者》第一部，1892）

克回答道："如果一个家伙打定主意不待在家里，不到万不得已不会动摇意志；如果他想出门旅行去寻找兰花，而且觉得在家待着一点用都没有，那他应该怎么办呢？"

"他最好跟我一起去。"

"乌拉！"

毫无疑问，赫兹有能力踏足这样一趟旅行。小说告诉我们："如果坐热气球游历热带，在其中任何一个地方的上空把他扔下去，他都能通过考察植物种类知道自己身在何处。"与威尔斯小说中的采集者巴滕一样，赫兹也已经多次历险，"逃离野蛮的动物和同样野蛮的人类、瘴气弥漫的沼泽、洪水和大海上的风暴"，但这些"都是干这一行常遇到的事儿。他喜欢这个职业，即便拿公爵头衔来换也不干"（3 页）。但那两位少年呢？为什么他们的父亲在相信他们也有能力取得类似的伟绩之余，还要亲自待在家里劝他们的母亲不要担心？其实，这是因为哥哥杰克"虽然年轻气盛……却行事果断"。更重要的是，他"在一段助跑之后可以跳起 5 英尺 5 英寸（约 165 厘米）高；他掷板球可以掷出 110 码（约 100 米）远"。这让他有可能把兰花从高处的树枝上一揪而下，或是一气打倒 6 个奸诈的土著。他弟弟"书呆子气要重得多"，但无论如何，"拉尔夫·赖德家的男孩子都不可能属于'娇生惯养属'下的'拉着妈妈围裙系绳不放'种"（19 页）。确实是这样，乌拉！

显然，小说的作者和《男孩自己的故事报》的编辑都焦急地想要让小读者们相信，兰花采集绝不是什么女里女气的事情。"mollycoddle"（娇生惯养）这个词来自 18 世纪的英语俚语，其中的"molly"意为男同性恋或娘娘腔的男人；兰花在 19 世纪 90 年代不幸获得的这方面的意象，似乎让小说作者对清澈健康的 19 世纪 50 年代怀念不已；那时候，男人还是男人，兰花还是兰花，而且没有人听说过什么奥斯卡·王尔德（就在 1895 年，也就是《兰花搜寻者》出成书的两年前，他被判处两年劳役）。

接下来，两位作者继续过度地展示着小说主人公夸张的男性气质。他们到达了雾气腾腾、弥漫着陈词滥调的婆罗洲丛林，无论是文笔还是审美，写到这里都没有丝毫改善。成群聚集的马来海盗又矮又黑，性格懦弱；华人也同样扎堆，看起来高深莫测；希腊人是世界上“最肮脏的浑蛋”；而那些被赫兹称为“土著”的人，总的来说都来自不堪信任和行为暴力的猎头部落（可能比猎头还糟，所有描写都不禁让人回想起米霍利茨对土著的评价，见第六章）。幸好，一波接一波带着冒犯意味的刻板印象被有关兰花的有趣内容打断了。赫兹给两位少年上课，教给他们兰花的定义，描述了很多种类的兰花，介绍了很多兰花的学名，甚至还讲述了它们与传粉者之间的亲密关系。把这本书的背景放在 1856 年，保证了无须在整个故事中提及达尔文的大名，对这部小说的福音派出版商来说，这肯定是件令人安心的好事；不过，其中很多有关兰花传粉的内容，分明就来自达尔文的著作。（甚至连长距彗星兰和达尔文所预言的那种为它传粉的蛾类，小说中都提了一嘴。）赫兹讲述了吊桶兰属兰花捕获蜂类的方式，是在碗状的唇形中盛满汁液，“打湿他的翅膀”①，这样它就飞不起来，只能在花里面爬过，在这个过程中就携带上了花粉块。虽然达尔文的幽灵在故事中到处出没，但是赫兹对于兰花身上的奇迹做出了截然不同的解释。他告诉杰克和哈里：“自然是奇妙的——非常奇妙！一定要记住，孩子们，当我说‘自然’的时候，我指的是‘上帝’！”（131 页）

① 原文为 vets his vings。这里用 his（他的）而不是 its（它的），也是在模仿德式英语。

虽然拥有虎虎生威的基督教信仰，种族优越思想也无处不在，但我们这些无畏的男主角还是没能采集到那种备受珍视的蓝色兰花。不过，作者坚持认为小说情节是真的，他们的故事肯定会在很多小读者那里激起比以往更大的热情，引导他们去研究植物学（和打板球），以此实现在辽远丛林中猎寻到自己的兰花的梦想。这本书也确实比较成功，后来又出了续集《赖德兄弟，或戴着红帽徽穿越森林和热带草原》（*The Riders; or, through Forest and Savannah with the Red Cockades*）。[38] 拉桑和博伊尔的这两本小说并不是猎寻兰花这个流派的唯一作品。几年前，珀西·安斯利（Percy Ainslie）也出版了《无价的兰花：尤卡坦森林历险记》（*The Priceless Orchid: A Story of Adventure in the Forests of Yucatan*，1892），讲述了另一位名叫杰克的年轻兰花猎人被派到野外去寻找极为罕见的诡花卡特兰（*Cattleya dolosa*），以便让一位富有的兰花狂人拥有齐全的收藏。有位书评人说这“毫无疑问是一本十分有趣的小说”，“基本不可能引不起男孩子们的兴趣”。[39]

非洲为另一个有关兰花猎寻的故事提供了背景舞台。这个故事的作者是著名作家 H. 赖德·哈格德，他通过《所罗门王的宝藏》和《她》等冒险小说弘扬了帝国的阳刚形象。而在《艾伦和圣花》（*Allan and the Holy Flower*，1915）中，哈格德（他本人也热衷于兰花种植）让他那位伟大的白种植物猎人艾伦·夸特曼（Allan Quatermain）开启了一场猎寻“全世界最奇妙的兰花”之旅，从而能够让他讲出一个老式的英雄主义故事，而这一定让很多读者能够把心思从第一次世界大战步步逼近的恐怖气氛中暂时解放出来。[40] 在小说中，夸特曼把这种兰花的唯一样品——仅有的一份干燥标本——送到了一家拍卖行的兰花拍卖会上，希望能够找到人来资助他外出考察，把价值连城的活植物采集回来。在拍卖会上，有人提醒他说："夸特曼先生，因为这种兰花，这间屋子里有人想杀了你，把你的尸体扔进泰晤士河。"（34 页）发出警告之人是一位很没出息的年轻男子，名叫斯蒂芬·萨默斯（Stephen Somers）；他非常痴迷于兰花，让他那个有钱的父亲心生厌恶。"你甚至都没有把你的钱，或者应该说是我的钱，花在任何绅士式的罪恶上；什么跑马，什么打牌——如果是这些事情，那都还好。"斯蒂芬的父亲抱怨道，"可是你竟然花钱养花，那些烂花，真是糟透了。"（46 页）[41] 显然，就是把他父亲的钱浪费在女人身上，都比浪费在女里女气的兰花上面值得。一分钱都再拿不到的斯蒂芬，就这样与夸特曼一同前往非洲。夸特曼警告他说，他们此行可能什么都找不到，除了"某处热病肆虐的沼泽中的一块无名墓地"，但是对斯蒂芬来说，这种危险反而更吸引他前往。与奴隶贩子、疯狂的博物学者和非洲的一个"好"部落（"好"这个词在哈格德的笔下一直是"恭顺"的意思）打过交道之后，他们发现，这种传奇的兰花正受到一个邪恶的食人族部落崇拜。他们的神灵是一只大猿（这是金刚的前身，一个白化体），最后被夸特曼只用一颗子弹就结果了性命。在这场大冒险中，斯蒂芬的勇气和声望越来越大，最后不仅得到了兰花，还得到了一个好女人的爱情（这是一位被食人族绑架的白人女子，斯蒂芬帮助夸特曼把她解救了出来），甚至还得到了他父亲的原谅。显然，除了拉桑和博伊尔之外，还大有人认为兰花能激发"外出遨游的渴望，这是英国男孩的传统"。[42] 这些小说似乎都在宣扬，只要猎人们还很伟大，还是白人，那么他们完全可以像追逐狮子那样追逐兰花，完全无损于他们的阳刚之气。

真实的和虚构的兰花猎人都在彼此斗争，与野兽斗争，与热带疾病斗争，偶尔还要在他们试图控制这些宝贵的花朵时与"土

图 37 猎寻兰花的危险和回报，在 19 世纪后期启发了大量类似文学作品的创作。

（引自珀西·安斯利《无价的兰花》，1892）

图 38 年轻的斯蒂芬·萨默斯与艾伦·夸特曼第一次见到了“全世界最奇妙的兰花”。

[莫里斯·格赖芬哈根（Maurice Greiffenhagen）所绘插图，引自 H. 赖德·哈格德《艾伦和圣花》，1915]

著”斗争。与此同时，当19世纪的每个作者都在竞相决定兰花的象征意义时，他们也便身不由己地处在类似的斗争之中。有些作者赞颂着兰花身上所谓的人工感，另一些作者却坚持认为研究兰花是在考察自然，是纯粹而无拘无束的工作。然而，一篇有关兰花的文章不管是冷静的、科学的、娱乐的、激动人心的、道德说教的还是充满病态的，每一位作者都在把兰花转化为人造物的过程中出了力；这样的人造物不再是“自然的”，而是由人类文化塑造而成的。越多人用笔书写兰花，它们的意义就变得越多样、越复杂。在20世纪的作家笔下，兰花与性、死亡和奢靡的联系又将把它们从虚构的帝国丛林中取出，置换到现代的城市丛林中；在这个新背景下，呈现备受争议的男子气概的具体形式，也将从阳刚的白种猎人形象转变为一种新的形象——私家侦探。在现代都市，黑帮团伙替代了食人族，对异教神祇的崇拜让位给了对性和金钱的崇拜；只有兰花，依旧欣欣向荣。

9

阳刚的兰花

在温室里面，“空气又稠又湿，蒸汽腾腾，正在开花的热带兰花散发出的甜腻气味浓郁至极。玻璃墙和屋顶都蒙着厚重的水汽，大滴的水珠落到植物上向四面溅起。这里的光带着一丝不现实的绿色，就像从水族箱透过来的。温室里到处都充塞着植物，简直就像一片森林，里面交错着令人讨厌的肉质叶子和茎梗，就像刚刚被刷洗过的死人手指。它们都散发着浓烈的气味，就像酒精在毯子下面沸腾”。[1] 就在这时，兰花室里进来了一名男子，看上去一点也不猥琐，既不黯然，也不胆怯。他就是菲利普·马洛（Philip Marlowe），一名私家侦探，雷蒙德·钱德勒（Raymond Chandler）的第一部长篇小说《长眠不醒》（*The Big Sleep*，1939）的男主角。

钱德勒笔下兰花室中的“甜腻气味”，带着的显然不光是性的气息，而且是腐败堕落的性的气息。当马洛的客户斯特恩伍德（Sternwood）将军问他是否喜欢兰花时，马洛回答说“不太喜欢”。虽然将军正是这间满是兰花的温室的主人，却也附和道：“它们是些讨厌的东西。它们的肉体太像人的肉体。它们的香气也带着妓女的那种甜烂气息。”［1946 年，这部小说被搬上了银幕（电影译名为《夜长梦多》），由霍华德·霍克斯（Howard Hawks）执导，亨弗莱·鲍嘉（Humphrey Bogart）和劳伦·白考尔（Lauren Bacall）主演；影片为了避开审查，不得不把这句台词改成“它们的香气也带着腐败的甜烂气息”。］兰花“令人讨厌的肉质叶子”以及它们与死人手指的相似性，都在为小说中后来发生的那一系列谋杀案打伏笔。其中这第二幅画面，正如我们前面已经看到的，源自《哈姆雷特》中奥菲利娅的死亡场景，只不过，在钱德勒的世界中，女人更容易成为杀人凶手，而不是受害者。

为什么一个不喜欢兰花的男人，要拿出巨款来种植它们呢？

图 39　斯特恩伍德将军［查尔斯·沃尔德伦（Charles Waldron）饰］向菲利普·马洛（亨弗莱·鲍嘉饰）解释说，兰花“是令人讨厌的东西”。
（引自《夜长梦多》，霍华德·霍克斯导演，1946）

年迈的将军这样向马洛解释:“我好像基本只能靠热量活着,就像刚破壳而出的蜘蛛;兰花就是热量的借口。”将军形容兰花气味时所用的“甜烂”一词,把这些花与他自己两个任性的女儿联系在了一起。他随口说道,这两个女儿里面没有一个人的“道德感超过一只猫的水平。我也没超过。斯特恩伍德家里从来没人超过”。他判定他的女儿“各种常见的恶习一样不落”,正是她们那些违法的消遣,让他正在遭人敲诈勒索(“不是第一次了。”他消沉地承认道),而这就是他把马洛找来的原因。在这里,兰花充当着斯特恩伍德家两个女儿的隐喻;特别是妹妹卡门(Carmen),对“男人的肉体”实在太过喜爱,而且带着惹人注意的芬芳而甜烂的气质。兰花与性之间的这种联系,在小说后面还有体现:马洛捡到了一本淫秽图书,是一位光顾黄书店的主顾慌张之中丢下的,而这家书店的老板正是马洛在跟踪的勒索者。大侦探迅速浏览了一下这本书,发觉“四周的空气稠密得让人感觉好像又回到了斯特恩伍德将军的兰花温室”。将军对他收集兰花的解释还有一层隐晦的意思,暗示他的两个女儿并不是他出于延续家族姓氏的任何欲望所取得的成果,而只不过是一个老男人挥洒色欲——就是那位老将军说的“热量”——的借口罢了。在老将军眼里,包括两个女儿和她们的母亲在内,女人都是讨厌的东西,就跟兰花一样。她们都只是热量的借口。[2]

有些读者会觉得,《长眠不醒》中兰花室这一幕颇让人困惑不解,因为后面基本没再提到兰花,将军这个角色在小说中也越来越边缘。[3]然而对20世纪30年代犯罪小说的读者来说,兰花的出场马上让他们想到了那个时候文艺作品中最成功、最有名的侦探之一——尼罗·沃尔夫(Nero Wolfe)。

沃尔夫这个角色,是雷克斯·斯托特(Rex Stout)在1934

年（也就是《长眠不醒》出版的5年前）创造出来的，之后又在30多部长篇小说和更多的短篇小说中亮相。他非常肥胖（重达300磅，合137千克），也非常有钱；他用自己超人的智慧去侦破罪案，为的只是养活自己那个奢侈的爱好：种植兰花。给他当助手的哥们儿叫阿奇·古德温（Archie Goodwin），相当于沃尔夫的华生博士，他们破案的惊险经历就由阿奇叙述。阿奇讲道："沃尔夫曾经向我评价说，兰花就是他的小老婆：姿色平庸，花钱如水，黏人不放，又喜怒无常。在他的精心培养下，它们那缤纷的形态和色彩都臻于完美，但他之后就会把它们丢弃。他从来没卖过一棵兰花。"[4]（沃尔夫显然是德塞森特和道林·格雷在文学上的派生。）

那些兰花（共有10,000棵）生长在沃尔夫那栋位于纽约上西区的褐沙石豪宅顶上专门建造的屋顶温室中。在私家园丁霍斯特曼（Horstmann）的协助下，他每天都会雷打不动地照料它们，罪案的发生从来不可能打断他对兰花的养护日常。他对任何事情都非常挑剔，衣着也完美无瑕（每天早上起来吃早餐的时候都会穿着金丝雀黄的睡衣，还搭配好与之呼应的翘尖拖鞋），但他实在太胖了，几乎无法出门（他接的案子里，所有的跑腿工作都是阿奇在做）。他所侦破的案子也都像他本人一样怪诞。这些小说里面的所有事情都过激而荒谬。斯托特只是照搬了夏洛克·福尔摩斯的角色，把他移植到了曼哈顿，然后竭力在所有方面都让主角比福尔摩斯还要福尔摩斯。福尔摩斯对女人的轻微厌恶，到了沃尔夫身上变成了彻头彻尾的厌女情绪；伦敦侦探的小提琴演奏，到了纽约人这里变成了深信"所有音乐都是野蛮行为的残遗"[《血迹无法掩盖》（*Blood Will Tell*）第二章]；更有甚者，既然福尔摩斯在心神没有被迷人的案情所占据时会沉醉于浓度为7%的可卡因溶液，那么沃尔夫也得有一种控制不住的嗜好——那就是兰花，他可以用打击犯罪挣来的钱去满足。这些植物不过是一系列不合常理的故事情节的引子。比如《有人葬下恺撒》(*Some Buried Caesar*，1939)，据说是斯托特的最得意之作。小说一开头就是沃尔夫和阿奇驱车370多公里去参观一场兰花展，这样就可以满足沃尔夫的欲望，去把查尔斯·E. 尚克斯(Charles E. Shanks)"当猴要"，因为尚克斯是一个跟他作对的育种者，"曾经两次拒绝把杂交品种出售"给他。[5]

就在雷蒙德·钱德勒努力想要突破《黑面罩》(*Black Mask*)之类廉价杂志的限制，努力创作一种崭新风格的侦探小说时，尼罗·沃尔夫过于庞大的身影正笼罩着这个类型文学流派。在英格兰受教育的钱德勒对自己的作品十分在意，甚至有些自命不凡，坚决不能容忍自己的名字与另外某些作家一起出现，"不管他们在各自的领域发展得多顺利多成功"，这些人简直"算不上是作家，也就从纯商业角度看还有点价值。把一个人放在那群人中，等于把他也归入了那一类，才这点钱是不够的"。他的目标并非要成为一位严肃的小说家，而是要在一个名声不佳的世俗文学的旧瓶中装入一些醇厚而独特的新酒。

虽然钱德勒也想看到他的作品受到推崇和广泛阅读，但是他还是告诉出版商："尽可能不要让我在大众心目中与油滑浅薄、投机取巧的……斯托特之流相提并论。"还有一次，当一位女书迷称呼他为"了不起的绅士"时，他说她搞错了："如果你觉得我是和厄尔·斯坦利·加德纳(Erle Stanley Gardner)或雷克斯·斯托特差不多的人，那我要抱歉地告诉你，我自认为比他们强多了。这应该能让你明白，我根本就不是什么绅士。"[6]

在那篇题为《简单的谋杀艺术》("The Simple Art of Murder",

1950）的经典随笔中，钱德勒明确地述出了他的写作目标。正是在这篇随笔中，他给出了那个对理想私家侦探的著名定义（“一个一点也不猥琐，既没有污点又不胆怯的男子”）。在钱德勒看来，谋杀必须不再把乡间别墅当地点，并远离那个有爵位的侦探（或者其可笑的美国冒牌货）；谋杀要重新回到低劣的经济公寓、又小又烂的办公室和破旧的街头。当然，不是所有人都喜欢这种风格，但是钱德勒对批评他风格的人士根本不屑一顾，说他们是“慌里慌张的老妖婆——两种性别的都有（或者说无性别之分）”，说他们之所以要反对他那种冷峻的现实主义，是因为他们“喜欢把他们的谋杀染上玉兰花的香气”（或者兰花的香气）。

了解了钱德勒的这些野心，《长眠不醒》中兰花所起的作用也就有了意义。钱德勒对温室的描写营造了一种有力的氛围，满是丰富的暗喻和生猛的意象，但其中对兰花本身几乎没费什么笔墨。这段描写既没说温室里有多少种兰花，也没说怎样种植或为什么种植它们，这类细节统统没有。马洛根本不在乎，我们也不在乎。与此相反，斯托特却在很多长篇或短篇小说中用了大量笔墨来描写沃尔夫的兰花室，说有几个房间专门摆放卡特兰和杂交品种，另有几个房间养着齿舌兰和文心兰；一套精心打造的角铁架子漆成了闪亮的银白色，上面怒放着上万朵兰花，有几个种已经得到了准确的命名和描述。[7] 然而，除非读者对兰花本身很感兴趣（斯托特本人毫无疑问是这样），这些描述对小说本身根本没什么用处；反而是钱德勒，只用一段简净的兰花室场景描写，便立即调动起了读者的情绪。

斯特恩伍德将军的兰花温室是一项杰作；那段描写就像钱德勒作品的其他描写一样紧张难忘。尼罗·沃尔夫那种臃肿松懈的形象，与雷克斯·斯托特小说中同样臃肿松懈的情节堪称绝配，而兰花室那一幕肯定是钱德勒有意用来从斯托特那里把兰花拯救出来的，并为读者提供另一个精瘦版的沃尔夫。不得不承认，这两位作者具体呈现了两种相互对立的男子气概。沃尔夫无论是品位还是行为看上去都非常阴柔，《长眠不醒》却带着无端而漫不经心的恐同情绪。钱德勒在《简单的谋杀艺术》一文的结语中所描述的他心目中理想的侦探形象，后来广为人知。他特别强调，侦探必须既高尚，又是异性恋（“他能够引诱公爵夫人，但我敢肯定，他绝不会让处女失身”），同时还必须是个“相对贫穷的人，否则他根本就不会做侦探这个行当”，此外又得是个“讨厌弄虚作假”的普通男人。换句话说，他一定得在方方面面都对尼罗·沃尔夫所呈现的形象完全反其道而行之。虽然提一笔兰花可能让钱德勒的很多读者想到沃尔夫，但是他把兰花从那些造作而怪诞的冗词赘句中剥离出来，展示了什么叫作简单即美。他也一直在把谋杀从那位兰花发烧友那里拯救出来：那家伙追踪杀人案只是为了养活自己阴柔的嗜好，而现在，凶杀案“还到了出于明确理由才犯案的那种人手里”。

很大程度上，正是因为斯托特和钱德勒，兰花才成为那种由达希尔·哈米特（Dashiell Hammett）首创、钱德勒完善的冷峻派侦探小说中反复出现的细节。这些花朵常被用来让读者想到一个脆弱、高度人工化的奢靡而颓废的世界。大多数这样的作品和斯托特的小说一样令人阅后即忘，但是在较为有趣的作品中，有一部是詹姆斯·哈德利·切斯（James Hadley Chase）的长篇小说《没有兰花送给布兰迪什小姐》（*No Orchids for Miss Blandish*），与《长眠不醒》同年出版，情节非常暴力，但也极为成功。事实上，兰花在这部小说中一次都没被提到，但它们早就是大家非常熟悉的情节支柱，以至切斯光是在小说题目中提上一嘴，便足以在读者的脑海中唤起联想，让布兰迪什小姐那种奢华而脆弱的气质生动地浮现出来。这位布兰迪什小姐看上去不仅没有名字，而且（就像斯特恩伍德家的女儿一样）“没有什么价值观”，只会“终日寻欢作乐”，最后终于被一个精神错乱的歹徒在他母亲的协助和教唆下绑架与强奸。布兰迪什小姐刚被解救之后就自杀了，然后，在这样一部非常令人不适的小说中出现了一处极其令人不适的情节反转，那就是暗示了她无法离开虐待她的那个男人而生活，仿佛已经沉迷于虐待而不能自拔。在 1948 年由小说改编的电影中，导演圣约翰·L. 克洛斯（St. John L. Clowes）试图弥补切斯没有在书中提到任何兰花的明显疏忽，于是在影片的最后一幕我们可以瞥到，已经死去的布兰迪什小姐戴在身上的一束兰花被漠然的人群踩踏在脚下。这部电影因为过于暴力（以当时的标准来看），导致后来曾担任英国首相、当时分管电影工作的内阁大臣哈罗德·威尔逊（Harold Wilson）公开表示，他很高兴看到“奥斯卡奖没有颁给布兰迪什小姐”。连乔治·奥威尔（George Orwell）都谴责了这部小说，因为他认为这部作品是法西斯时代娱乐的缩影，野蛮、暴力，如同施虐狂一般（不过他那篇文章还给人另一个印象，就是他至少也同样深深厌恶小说的“美国味”，担心会把英国读者都教得用低俗的美国俚语讲话）。

在切斯的小说中缺席的兰花，虽然代表着布兰迪什小组所失去的财富、奢华和清白，但是也被用来象征最高级别的赞誉和嘉奖。在钱德勒和切斯的小说出版的次年，爱德华·G. 鲁宾孙（Edward G. Robinson）主演了一部名叫《兰花哥》[*Brother Orchid*, 1940；由劳埃德·培根（Lloyd Bacon）导演] 的电影，在其中扮演小约翰尼。这是一个遭人背叛的黑帮分子，被迫藏身于一家修道院，里面的修士靠种花来为穷人筹款。他选用了“兰花哥”这个化名作为自己的教名，因为兰花象征着他想用非法得来的收入竭力为自己购买的那种“格调”。电影最初的预告片多次使用了“给……的兰花”（Orchids to …）这个习语，预示着鲁宾孙及同台出演的影星将饱享赞誉，也预示着观众会在“将要享受到的欢乐时光中获得兰花（奖励）”。[8] 这个习语在那个时代广泛使用：1935 年有一部电影就叫《给你的兰花》（*Orchids to You*），而一本名为《剧迷指南》（*Theatre Men's Guide*）的杂志也用这个习语来称赞电影《一个明星的诞生》（*A Star is Born*，1937）的原版。甚至钱德勒在《长眠不醒》中也用到了这个习语（这也是小说中在兰花室以外唯一提到兰花的地方）。马洛被一些黑帮分子打昏，醒来之后发现自己被绑了起来，而那个黑帮头目的妻子正盯着自己；他抱怨自己被打得很疼，然后她便回应道：“你指望得到什么呢，马洛先生？一束兰花吗？”马洛回答说：“最简单的松木棺材就行。”[9] 兰花意味着掌声，所以切斯的小说标题暗示了布兰迪什小姐不会得到任何赞颂；她那空虚的享乐人生带给她的只能是最为可怕的悲惨命运。切斯后来又为布兰迪什小姐写了续篇，叫《兰花的肉体》（*Flesh of the Orchid*，1948），在其中又引入了一位堪称世纪末套路的贪婪而性感的女性，是布兰迪什小姐的女儿（但她是何时、怎样诞生的，实在是剧情里的几大硬伤之一）。她拥有分裂的人格，因为她是精神错乱的父亲和贪图享乐的母亲的结合。这位卡萝尔·布兰迪什（Carol Blandish）小姐每次都会在犯罪现场留下一朵血红色的兰花，切了这部平庸之作的题目。

脆弱的兰花

对选中兰花来描写的冷峻派作者来说，兰花的象征意义与花朵本身一样绚丽夺目；硕大华丽的热带兰花，往往是经典侦探小说作家作品封面上显眼的装饰。然而，虽然那些受人推崇的热带物种在原产地生境中看上去似乎长势凶猛，甚至相当危险，然而一旦移植到温带的温室中，它们就成了精致易损的花朵，需要专家细心呵护才能活下去（19 世纪，养活兰花的困难程度也增加了它们诱人的魅力）。还有其他很多兰花并不显眼，比如温带地区的兰花通常植株矮小，花一般也特别小，甚至完全不会让漫不经心的过路者引起注意。20 世纪，兰花的种种脆弱气质也被发掘出来，更加丰富了男人之为男人的存在方式。

英国的本土兰花难得一见，它们似乎非常腼腆。正是这些不爱见人的小花身上那种看上去躲躲闪闪的气质，激发了来自肯特郡的小说家和博物学家乔斯林·布鲁克（Jocelyn Brooke）的想象。他所感兴趣的不是热带兰花，而是英国原生的种类。就像达尔文在 20 世纪所做的那样，他也在肯特郡和萨塞克斯郡的乡下采集这些兰花。布鲁克在《英国的野生兰花》（*The Wild Orchids of Britain*，1950）一书中写道，"和其他某些原本清白的植物生命一样"，兰花也"不幸沾上了一些联想"，要么是财富和奢靡，要么是"德塞森特式的艰深品味，或王尔德式略显庸俗的异域风情"。布鲁克显然希望能够把这些花儿从这类不体面的名声和联想中解救出来。这本书中精致的水彩画，绘制之时似乎就有意与维多利亚时代那些大部头兰花专著中色彩极为浓烈的插画作对，反其道而行之；它们似乎有利于作者实现他的使命，把读者的心思从"穿越瘴气弥漫的丛林的危险考察"或"《男孩自己的故事报》风格的九死一生和轰动发现"那里引开。虽然很多英国兰花非常珍稀，想要见到它们，对大多数专业采集者来说也是实实在在的挑战，但是他仍然坚持认为"它们没有一个种身上有什么颓废或世纪末的气息”。[10] 布鲁克所描述的英国兰花看起来相当乏味，但他在半自传式的小说中，用这些花朵展示了另一种迷人的男子气概，与那些英勇的热带采集者所象征的迥然不同。

布鲁克曾是个害羞而笨拙的男孩，讨厌学校，更喜欢写诗或是在乡下游逛、观看野生动物。感到自己不适合接手家族生意之后，他在第二次世界大战开始的时候加入了英国皇家陆军军医队，成了一名所谓的“治疮人”（pox wallah），也就是治疗性病的专家。从军生涯中的同袍情谊和秩序肯定对他颇有吸引力，因为战后发现自己仍然找不到合适的工作之后，他又重新入伍，仍在皇家陆军军医队服役。直到他的第一部长篇小说《战士兰》（*Military Orchid*，1948）出版之后，他才专职写作。[这部小说在很大程度上具有自传性质，后来成为“兰花三部曲”中的一部。之后他又写了另两部，《蛇矿山》（*A Mine of Serpents*，1949）和《鹅教堂》（*The Goose Cathedral*，1950）。[11]]

布鲁克的小说简简单单地讲述了一个人一生的故事，非常像他自己的一生。小说的主角度过了田园诗般的童年，曾经多次去猎寻英国兰花（通常都铩羽而归），后来又过上了行伍生涯。他的一大专门兴趣是四裂红门兰（*Orchis militaris*，这个学名直译出来就是小说的标题“战士兰”；之所以有这样的名字，是因为它的花看上去像战士的头盔）；如果认真咀嚼布鲁克那微妙精致的文笔，便会发现小说讲述者对这些植物的兴趣不仅限于植物学方面。举例来说，写到肯特郡迪布盖特（Dibgate，英国军队如今在那里仍有一座训练营）附近的一片土地时，他描述其为“一片边疆之土，只有战士在此居住”：

> 有时候我会遇到这些边疆的部落：队队士兵，正出来

> 做着越野跑训练。他们穿着背心短裤，在崎岖的野外重重踏步，裸露的四肢被刺骨的东风冻成紫红色，通红的面颊上显出麻木坚忍的神情。他们似乎是人类这个物种的某个奇特变种——智人种战士变种（*Homo sapiens* var. *militaris*）——就像战士兰一样，原产地只是很少几处孤零零而远离人烟的石灰岩地区……远远地，陌生地，他们跑过我身边，没有打招呼，在他们粗糙健硕的脸上丝毫没有闪过任何人类的情绪。望着他们，我觉得自己是另一个世界的陌生来客，与这些异国居民之间任何友好接触的可能，都被封堵得没有任何通融的余地。（248—249 页）

为什么这位兰花采集者会觉得与他所属的物种——特别是其中穿制服的成员——这样疏远？小说作者和读者会慢慢变得像私家侦探一样，寻找揭示叙述者本性的隐晦线索，尽力去理解分散在整本书中的各种暗示。当内维尔·张伯伦（Neville Chamberlain）忙着在慕尼黑绥靖希特勒的时候，叙述者也“正忙于撰写一本有关英国兰科的足本专著”（正如布鲁克本人在现实生活中所做的）；在他看来，这种堂吉诃德式的工作就像“在罗马焚毁时拉小提琴”。虽然世界已经处于战争的边缘，但是兰花专著提供了一个借口，可以无视政治，继续搜寻难得一见的“战士兰”。叙述者在多佛的公寓里租了一间房，房外的风景让他想到了 W. H. 奥登（W. H. Auden）[①] 的一句诗：“海鸥黎明的唳叫，如工作一样悲伤。”他发现，“事情还真是这样，奥登和伊舍伍德（Isherwood）先生最近也在这里待过，‘可以说，他们是一对活宝。’女房东坦

① 英国诗人，后入美籍。他与伊舍伍德是同性恋人关系。

言。”（遗憾的是，小说中并没有提供细节来说明这两个人到底为什么被称为活宝。）这时候，他听到传言，有人在附近见到了“战士兰”，但是“就像是它总是不会现身那样，最终还是没有现身”（257 页）。

在这样一本长而克制的小说中，讲述一个羞涩的男子看似徒劳地寻找形如士兵的隐秘兰花和形如兰花的士兵，始终让人感觉有某种意味萦绕其间。后来有一幕，作者和另一位植物学家一同去寻找一种少见的兰花。他们在一些长形古冢附近搜寻，这是一片新石器时代的坟丘，“高大的水青冈树从坟上挺拔而起，它们的根年复一年地把下面勇士的骸骨囚禁得越来越紧”。他们还见到了更多正在演练的士兵，但是“活的士兵列队走了，只有死的留在这里”。他们也找到了那种兰花，布鲁克鉴定为火烧兰（*Epipactis helleborine*）。“它的花没有开放。它们从不开放，因为火烧兰早就变得自交可育，为自己解决了性的问题。”兰花的隐喻意义由此有了丰富而全新的转变：

> 不光花不会绽放，连那纸质的薄唇都已经在花蕾中萎蔫，蕊喙也迅速凋逝。火烧兰似乎已经放弃了不对等的奋斗：它是体现在花上的内向，是演化的倒退，又回到了自慰的阶段。（258 页）

“内向”和“自慰”这两个词的组合，为布鲁克小说隐含的意味之一提供了线索。20 世纪 40 年代的传统心理学结合了某个版本的弗洛伊德理论，认为性心理的发展会经历几个截然不同的阶段，先是自慰期，之后会经过一个同性期，最终演进到成年人的异性期。“内向”（introvert）一词隐隐表达着“倒错”（invert）

之意，在布鲁克的时代，后者仍然常被用来形容同性恋，因为按照很多心理学家的解释，同性恋是一个人固守早前的性心理发展阶段（可能表现为害羞）的结果，或者像布鲁克描写火烧兰的那段话所暗示的，是倒退回了一个较早的发展阶段。利用这样分散的线索，布鲁克的小说中逐渐涌现的意味，就是在同性恋还是非法行为的那个时代，他接受了自己的同性恋取向。他完全不想模仿王尔德或其小说中那些张扬的男主角，也完全不想被电击。他对“战士兰”的追寻，就是对他自己的追寻、对爱情的追寻，最理想的就是能被同伴士兵拥在怀中。

布鲁克小说的主角还在部队服役时，在意大利找到了所有兰花中最罕见的种类之一。就在搜寻兰花时，他差点踩到一群意大利士兵：“他们灰绿色的制服与林下植被合为一体，他们一动不动地卧着，仿佛斑驳树荫下的蜥蜴。”这样成功的伪装，让他们也成了这片风景的一部分：

> 他们看上去就像托斯卡纳这片乡村的本土动物：害羞而警惕的生物，让人觉不到危险，然而又略带敌意；他们可能是林中潘神，肚脐下面覆盖着浓密纠结的毛发……我经过旁边，一位士兵冲我咧嘴一笑，一片褐色之中便突然闪过一道皓白的牙齿。（269 页）

就在士兵们近旁，他发现了“蜥蜴兰[①]——那种传说中的花，英格兰‘奇珍’中最出名的种类，我一直在肯特郡的白垩地上寻找，年复一年，却从未成功”。小说把当地士兵描写为“像蜥蜴一样一动不动”，于是也把它们与兰花联系在了一起：

---

① 即第二章中提到的带舌兰，英文名为 lizard orchid。

> 采摘蜥蜴兰——这样的行为多少有点不神圣，甚至可以说是亵渎……我又采了几棵，带着好奇的喜悦检查那长而纤薄的唇。它长两英寸（约5厘米），顶端分为两半，仿佛蛇的信子，当花蕾绽开时，便从中展开成精致的螺旋形。（270页）

这里的“甚至可以说是亵渎”，再一次让我们想到那些长得像潘神的异教战士。在托斯卡纳的那个下午，男主角颇为快乐，但是布鲁克对这快乐的源泉表述得小心翼翼（可以理解）；然而，他还是希望读者能够察觉，兰花不是他发现的唯一的“纤薄的唇”。

20世纪的兰花可以用来在多种类型的文艺作品中意指多种类型的男子气概。在典型的冷峻派侦探小说中，与坚韧的男主角一同出现的通常是华丽的热带种类；它们往往会保留19世纪的意象，与那些朝男人下手、香水味过于浓郁的坏女孩联系在一起。与此相反，英国那些难得一见的本土兰花，在布鲁克的小说中却暗指一种到该世纪中叶仍然不能直呼其名的爱情。兰花意象多样性的不断丰富，意味着它们还可以用来象征一种非常不同的侦探，表达一种非常不同的男性气质，比如在诺曼·朱伊森（Norman Jewison）的电影《炎热的夏夜》（*In the Heat of the Night*，1967）中所示的。

电影故事发生在美国密西西比州斯巴达（Sparta）一个炎热的夏天。黑人演员西德尼·普瓦蒂埃（Sidney Poitier）饰演费城的一位谋杀案侦探维吉尔·蒂布斯（Virgil Tibbs），他正在回家途中，要于子夜在那个偏僻的地方换乘火车。当地的一名白人警察在市镇主街上发现了一个被杀害的男子，而当他在火车站发现这个穿戴整洁得令人起疑、衣袋里还揣着现金的奇怪黑人之后，便仓促地下定结论逮捕他。蒂布斯被确认身份之后，他便协助这位名叫吉莱斯皮［Gillespie，罗德·斯泰格尔（Rod Steiger）饰］的白人警长侦察这起罪案。电影就20世纪60年代后期对自由主义所怀揣的希望做了略有些不合情理的宣扬，于是虽然蒂布斯大城市风格的优雅举止和衣着一开始引发了吉莱斯皮红脖子式的疑心，但是他们后来慢慢学会了相互尊重，最后更是彼此欣赏，成了好友。

蒂布斯在调查被谋杀男子的汽车时，在制动踏板上发现了一块紫萁属（*Osmunda*）蕨类的根。他之所以认识这种植物，是因为盆栽兰花时会用到它。[12] 于是他也仓促地下定了一个同样带有种族色彩的结论，认定一个叫埃里克·恩迪科特［Eric Endicott，拉里·盖茨（Larry Gates）饰］的狂热兰花种植者是首要嫌疑人。恩迪科特拥有棉花种植园，有着顽固的种族主义立场。与此相反，被杀害的科尔伯特（Colbert）先生是一位自由派的北方实业家，计划在斯巴达建立一家没有种族隔离的工厂。所以蒂布斯推断，恩迪科特有谋杀动机，为的是阻挠建厂，要不然他手下的劳力会被永久性地从摘棉花的苦活中解放出来。

吉莱斯皮和蒂布斯开车前往恩迪科特的豪宅，路过棉花田时看到黑人们正在摘棉花，一如他们一个世纪前干的活。“没有要你摘的棉花吧，维吉尔？”吉莱斯皮调侃道（普瓦蒂埃沉默的面部特写非常精彩）。两名警官到达恩迪科特的宅邸之后，便被请进了兰花温室，一位黑人管家给他们端来柠檬水。吉莱斯皮精通市井智慧，为人强悍，但对自己的能力不是很有信心；与此相反，蒂布斯很自信，在向恩迪科特展示他丰富的兰花知识时，表现出了较为温文尔雅的男性气质。接下来就这个白人的兰花所展开的讨论非常引人入胜：

恩迪科特（后简称“恩”）：你有最喜欢的花吗，蒂布斯先生？

蒂布斯（后简称“蒂”）：嗯，我偏爱所有的附生兰。

恩：哎呀，真神奇不是嘛！这里面这么多兰花，你确实应该更喜欢附生兰。我想你知道原因。

蒂：如果你告诉我的话可能更好。

恩：因为它们就像黑鬼一样，需要照顾、喂养和栽培——都要花时间。你没法让某些人明白这一点。科尔伯特先生就没有意识到这一点。

蒂布斯（年轻，聪明，英俊，个头比年老的恩迪科特高出很多）平静地听着这个瘦弱而傲慢的老南部白人遗民坚持认为他手下的“黑鬼”就像兰花一样，从热带地区移植到一个恶劣的环境之后，如果没有一位富裕白人的专业呵护，就没法活下去。蒂布斯通过说出他所掌握的兰花专业知识来回应。他从一个兰花种植篮中摘下一段蕨根，问道：“这是附生兰扎根其中的东西吗？”

恩：说对了！它们就活在这上面。你把它拿走，它们就活不好了。

蒂：你管这材料叫什么？

恩：这是紫萁。一种蕨根。

在他们讨论的过程中，吉莱斯皮一直坐着，显然已经心生厌倦；到他们提到紫萁时，他突然来了一个精神头，说时间到了，应该走了。恩迪科特起了疑心，蒂布斯便坦然挑明恩迪科特就是嫌疑人，问道：“科尔伯特先生来过这间温室吗？比如说昨天晚上，快半夜的时候？”闻听此言，恩迪科特扇了蒂布斯一耳光——然后蒂布斯马上扇了回去。这一幕可能是非裔美国人第一次在美国主流电影中攻击白人，后来被称为“响彻世界的一记耳光”。在这部电影上映时，美国的电影院大多还是黑白隔离的；演到这一刻时，白人观众都静静地坐着，目瞪口呆，黑人观众则为普瓦蒂埃这毫无顾忌的酷劲欢呼喝彩。[13] 在电影中，恩迪科特转向吉莱斯皮，问道：“你看见喽？”警长回答道：“哦，看到了。”“嗯，”恩迪科特问道，“你准备怎么办？”吉莱斯皮像其他所有人一样（蒂布斯除外）困惑地说道：“我不知道。”（后来，这个镇子的镇长指出，如果前一任警长还在任，会马上开枪打倒蒂布斯，并说这是出于自卫。）两个警官离开温室时，只见恩迪科特泪流满面，而那位黑人管家显然对蒂布斯毫不顺从的行为感到极为震惊。后来证明蒂布斯错了；恩迪科特与谋杀案毫无关联，但这个错误成了他与吉莱斯皮关系的转折点。不过，正是兰花温室中的这记耳光让观者刻骨铭心。把西德尼·普瓦蒂埃那过于自信的荒诞形象比作兰花——脆弱、易损、需要白人的呵护，是《炎热的夏夜》中兰花温室那一幕能够在情感上给人冲击的一个因素。兰花还为影片增加了另一个维度：蒂布斯与钱德勒笔下的菲利普·马洛一样，也是地道的游侠骑士，无时无刻不乐于冒着生命危险追求正义；但是他又是一个更依赖头脑而非拳头的男人，相比之下，吉莱斯皮则更擅长以老办法处理穷街陋巷的事务。蒂布斯是又一个了解兰花的人，他那富有修养的专业知识与吉莱斯皮的红脖子式无知也形成了戏剧性的对比。

花哨扎眼的男人，会被派到丛林中采集花哨扎眼的兰花；但是兰花的精致和不易接近又让它们可以用来暗指羞涩男子的人格，他们在日常生活中可能都不太能活下去或活得好，更不用说在污秽的丛林里了。兰花神秘的性行为也被用来暗指这些安静、隐秘的男人身上的其他维度。以澳大利亚电影《花痴》[*Man of Flowers*，保罗·考克斯（Paul Cox）导演，1983]为例，电影一开场在没有任何铺垫或解释的前提下就出现了奇特的一幕——一位美貌惊人的年轻女郎，和着多尼采蒂（Donizetti）的歌剧《拉美莫尔的露琪亚》（*Lucia di Lammermoor*）中的一首咏叹调，故作忸怩地跳起了性感的脱衣舞，而一个秃顶的中年男子一直盯着她。后来我们知道这个男人是查尔斯·布雷默（Charles Bremer），一个古怪的有钱人，热爱艺术和花卉。演出刚一结束，布雷默就迅速离开大厅，为的是在当地教堂的管风琴上即兴地敲出一些震耳欲聋的前卫派旋律。正如观众将发现的，他几乎无法用其他任何方式来表达自己的感受，尤其是性方面的。这便是这部古怪电影黑色喜剧式的开场。

观众很快又会得知，那位跳脱衣舞的姑娘名叫丽莎[艾莉森·贝斯特（Alyson Best）饰]，在布雷默学习艺术的夜校当真人模特。她在布雷默家里还会伴着音乐多跳几场脱衣舞，因为她需要钱来养活男友戴维[克里斯·海伍德（Chris Haywood）饰]，一个毒瘾很大的潦倒画家。戴维迫切需要1,500美元来付给毒品贩子，于是他威逼丽莎去布雷默那里索取更多的钱。给又一节真人写生课当完模特之后，丽莎把这些都告诉了布雷默："我有麻烦了——更准确地说，是戴维有麻烦了——我需要很多钱。让我做什么都可以。"她决定这个周末把自己的女同朋友简带来，再次许诺她们为了钱"做什么都可以"。

布雷默第一次注意到她眼眶有瘀青，而且显然很怕戴维。他告诉她："但下一次他还会要更多钱的，不是吗？（停顿）我可怜的小花啊，你怎么能继续这样呢？好的，好的。这周末过来吧。

带上你的朋友。我们2,000元成交。”刚准备离开时他又补充道：“把找零的钱花在有用的东西上吧。”停顿片刻后又建议道：“买一些兰花吧。任何房子有了兰花都会更好看。”再没有其他花卉能够让这一刻显得更滑稽了；兰花完美地展现了布雷默那种别样的天真，让这样一个阴森至极的角色呈现出一股子奇怪的可爱。要把这些昂贵到人人皆知的异域温室花朵视为“有用的东西”，这需要一定程度的不食人间烟火。在接下来的场景中，他布设了一道致死的陷阱，准备解决丽莎的麻烦。他冷静地谋杀了戴维，把尸体封装在青铜里，然后作为公共雕像献给了墨尔本市。性、死亡和兰花就这样再一次紧密联系在了一起。

在电影《秘书》[*Secretary*，斯蒂文·谢恩伯格（Steven Shainberg）导演，2002]中，兰花也扮演了一个次要的小角色。这部电影主要讲述了李·霍洛韦[Lee Holloway，玛吉·吉伦哈尔（Maggie Gyllenhaal）饰]与她的老板格雷（Grey）先生[詹姆斯·斯佩德（James Spader）饰]之间的关系。两个人都羞涩而孤独，不能用常规的方式抒发性欲。他们最终通过双方自愿的虐恋关系找到了快乐（达成这个关系的过程具有喜剧色彩，也很感人，对双方来说都是最极致的解放）。格雷先生的生活正如他的姓氏一样缺乏亮色；[1]那过度整洁有序的办公室反映了他的过分讲究和一丝不苟。在这间办公室中，他以强迫症式的一套步骤照顾的兰花，算是为他抹上了一丝鲜活的色彩。那些他自己觉得难以承认或表达的感觉，都在呵护这些受到拘束和栽培过度的花朵时发泄出来。

格雷先生种的花属于蝴蝶兰属，是今天最广为栽培的兰花类

① Grey 一词本义为“灰色”。

群。虽然蝴蝶兰很流行，但有些人很讨厌它们，可能因为它们光秃的枝条顶端只生有寥寥几朵孤零零的花，给人一种憔悴的人工感。蝴蝶兰属原产东南亚，还有日本和中国台湾，泰国是全世界现代高科技兰花种植业（也是兰花大盗至今持续破坏兰花野生生境）的中心。对这些兰花所产生的反应（无论正面还是负面）可能都源于人们从它们身上所联想到的“东方”韵味——这就好比有些人喜欢树木盆景的精巧，但也有人觉得盆景看上去备受折磨，很容易让人想到缠足，而不是天然的美感。在女秘书帮助格雷找到更愉快地宣泄激情的方式之前，正是蝴蝶兰那略显不自然的气质，让它们成为最适合拘谨格雷的花卉。

在我们的文化想象中，兰花似乎会定期改变性别，它们的性意义更是流动的。在 18 世纪的伪古典神话中，以兰花为名的奥尔基斯不仅被想象为男性，而且还被人格化成了男性性活动中最暴力、最令人不悦的方面。在下一个世纪，这个意象将逐渐淡去，同时兰花开始成为指代女性的新刻板象征，代表着妖妇和诱惑者（这可能反映了当时的男性为女性越来越呼吁平等而感到担忧）。当然，兰花也被用作颓废的象征，展示“德塞森特式的艰深品味，或王尔德式略显庸俗的异域风情”。部分是出于对女性化的兰花意象的回应，帝国兰花猎寻流派的作品也开始出现；这些作品把兰花当成战利品，或是作为阳刚气概和狩猎技艺的象征，意在重新弘扬传统的男子气质。而待到 20 世纪徐徐展开之时，兰花在性别上变得更模棱两可，因为它们既可以象征变得更阳刚的女性（更像奥尔基斯），又可以象征变得更阴柔的男性（比如羞涩而文静的布鲁克）。然而，这些相互矛盾的用法，不仅没有淡化兰花作为性象征的力量，反而似乎有所强化。把所有这些看上去彼此矛盾的意象统一在一起的，是一种性异议——兰花可以用来象征任何拒绝充当传统性角色的人（因此在《秘书》中，它们会与格雷先生发生关联）。而最让人意外的是，一定程度上，正因为文艺作品以如此多样的方式重新想象了植物的性行为，20 世纪的科学才会发现，兰花真实的性生活竟然要比任何人曾经以为的还变态得多。

10

欺诈的兰花

除了小说和诗歌，乔斯林·布鲁克还写过兰花的博物学作品，对它们的生物习性了解得很清楚，就像他谈到火烧兰退回到自花受精时所展示的那样（详见前一章）。这个现象达尔文也曾经探索过。虽然植物把如此大量的生物能量和演化时间都投入到了能保证异花传粉的适应上，可是为什么还是有一些兰花要放弃这条路，回到自花传粉的老路上呢？以达尔文和布鲁克都在肯特郡的山丘上见过的蜂兰（*Ophrys apifera*）为例，虽然其构造显然是对昆虫传粉的适应（它甚至还保留着能把花粉块粘到蜂类身上的黏性腺体），但是蜂兰所模仿的蜂类很少访问它的花朵。达尔文推断，在这类情况中，兰花的传粉者已经无法发挥作用；可能它们已经灭绝，要不然就是兰花迁移到了传粉者非常稀少的地区，或者与之竞争的花朵更能成功地吸引昆虫注意。这时候，就像布鲁克写过的火烧兰一样，自然选择会让花朵发生饰变，保证自花受精能够发生。达尔文指出，这是“因为对植物来说，比起完全不结或只结极少的种子，通过自花受精结出种子明显具有优势”。[1] 换句话说，正如布鲁克的作品所暗示的，自花受精总比不受精好。

然而在 20 世纪，尽管自达尔文时代起人们已经做了几十年的研究，但很多与兰花受精有关的未解之谜仍然没有解开。其中最有趣的谜团之一就是拟态。为什么蜂兰第一眼看上去那么像蜂类呢?

1829 年，牛津大学一位名叫杰勒德 · 史密斯（Gerard Smith）的教师出版了一本小书，题目是《采于南肯特的珍稀显花植物名录》[*Catalogue of Rare or Remarkable Phaenogamous Plants, Collected in South Kent*，后简称《名录》；其中“显花（植物）”（phaenogamous）一词的本义为“显露的婚姻”，该词是被子植物在植物学上的旧称，与林奈用来指藓类等无花植物的“隐花（植物）”（cryptogamous，本义为“隐藏的婚姻”）相对]。史密斯这本书是达尔文从事兰花研究时所参阅的许多书中的一本，（正如我们在第五章中看到的）达尔文对下面这段引自该书的文字感到困惑：

> 正如其名，蜂兰的外观，确实与来其花中偷盗的昆虫相似。普赖斯（Price）先生就频繁地目击其植株被蜂类攻击，看上去好像是爱招惹是非的藓熊蜂（*Apis muscorum*）；我自己也曾见过一位年轻的昆虫学者伸出一只手，悄悄靠近这成功的欺诈者，只一抓—— 哎呀，它伪装出的美丽就这样化为乌有。[2]

如史密斯所说，这些奇怪的兰花身上总展示出“一种与众不同的奇观”，它们“被人们戏称为‘自然的怪胎’，仿佛造物主在随意摆弄似的”。上面已经提到，达尔文在他论兰花的著作中写了一条脚注，引用了史密斯《名录》中的部分文字，并这样评论看上去在攻击花朵的蜂类：“我无法设想这句话意味着什么。”[3]

达尔文的困惑很难让人觉得意外。他从来没见过任何昆虫访问过蜂兰这种在肯特郡始终靠自花受精来繁殖的植物，但不管怎样，为什么蜂类要“攻击”兰花呢？自然选择又是如何把一朵兰花塑造得与昆虫如此相似，以至昆虫学者都想去捉一只？林奈本人曾描述过蜂兰属的另一种黄蜂兰（*Ophrys insectifera*），说它的“花形与蝇类十分相似，没有相关知识的人见到它们时，会以为有两三只苍蝇落在草茎上”。[4] 兰花生物学习性中的另一个方面也让达尔文感到困惑。很多种类似乎并不会产生花蜜来给传粉者作为报酬。同样对这个现象百思不得其解的还有18世纪的德意志植物学家克里斯蒂安·康拉德·施普伦格尔（Christian Konrad Sprengel），他写过一本《在花的结构和受精中所发现的自然秘密》（*Das entdeckte Geheimnis der Natur im Bau und in der Befruchtung der Blumen*，1793），是最早有关昆虫传粉者的重要著作之一。达尔文认真看过这本书，发现施普伦格尔虽然有很多宝贵的深刻见解，但他实在无法认同这个德意志人在书中给这些花所下的“假蜜花”（*Scheinsaftblumen*，意思是“假装能分泌花蜜的花”）的判断，因为这意味着它们要依赖达尔文所说的“精心安排的欺诈体系”。身为英国人，达尔文尤其困惑于昆虫在得不到奖赏的情况下为什么还要持续不断地访花、给花传粉。就像达尔文所说，任何相信昆虫会一代接一代被花朵愚弄的人，“必须极力贬低”很多传粉昆虫的本能和智力。[5]

虽然达尔文也赞叹植物“狡猾得不可思议”，但是他从来没能充分认识到植物到底有多狡猾。直到20世纪前期，法国的一位法官、英国的一名上校和澳大利亚的一个学校老师才最终解开了模仿昆虫的拟态与“假蜜花”的成功这对谜团；他们之所以能成功，一方面在于意识到了这两个问题实际上是一个问题，另一方面在于意识到了兰花比达尔文曾经怀疑过的还要妖媚狡诈（事实上真的非常像小说里的那些形象）。

这个故事要从瑞士植物学家亨利·科尔翁（Henry Correvon）讲起。科尔翁是一位生态环境保护先驱，在瑞士自然保护联盟（Swiss League for the Protection of Nature，该组织致力于拯救瑞士的国花雪绒花，避免它们在过于热情的游客手下惨遭灭绝）担任主席一职。[6] 很多人在看过达尔文有关兰花的著作（因为这本书较为成功，所以很快就译到了国外）之后都萌动了调查本土兰花的心思，科尔翁就是其中之一。然而，他感兴趣的蜂兰属的一些种在瑞士没有分布，于是他便给莫里斯-亚历山大·普亚纳（Maurice-Alexandre Pouyanne）写信。普亚纳是科尔翁众多的通信人之一，是法国当时的殖民地阿尔及利亚的一位法官，驻在锡迪贝勒阿巴斯（Sidi-Bel-Abbès，为法国外籍军团驻地）。普亚纳和当时的许多法国植物学者一样，利用法国的大片非洲殖民地来研究热带植物。在科尔翁的建议下，他开始利用闲暇（显然非常充裕）的时间来研究北非兰花的虫媒传粉；特别是像蜂兰属这类模仿昆虫的兰花，还没有人知道它们的受精过程。普亚纳最后得出的结论，在他自己看来都极为惊人，以致他艰苦研究了20年之后，才有信心把发现公之于众。[7]

普亚纳的研究关注的是一种名叫镜蜂兰（*Ophrys speculum*）的兰花，之所以叫这个名字，是因为其唇瓣上有一个亮闪闪的艳蓝色斑块，仿佛反照着笼罩在它分布地上方的地中海蓝天。就像曾让达尔文大惑不解的蜂兰一样，镜蜂兰的唇瓣边缘也呈流苏状，生有红棕色的长须，虽然只是花瓣边缘的变态，看上去却像很多昆虫腹部所见的毛。常常有土蜂到访这些兰花，但是它们并没打算在兰花上取食（这并不意外，因为它们是肉食性昆虫）。为了调查它们的访花行为，普亚纳描述道，他作为实验者需要坐在日头下面，“手里攥住一小把镜蜂兰”，就像是在等着向土蜂求婚。土蜂一旦现身，就会竭力抓住一朵花，但只要土蜂落在兰花上面——

> 它的腹底部就会扎入那些红色长毛，这些长毛看起来就像唇瓣戴着流苏王冠。它的腹尖会对着这些毛抽动，做出近于痉挛般的不雅动作（*les mouvements désordonnés, presque convulsifs*），身体也跟着扭来扭去。[8]

完成这奇特的动作后，兰花的花粉块便会粘在昆虫的腹部；等到土蜂以同样的动作钻进下一朵兰花时，花粉块便自然而然地被带到了这朵兰花中。

普亚纳在考察这种奇怪行为时，注意到了一些有趣的事实：所有来访的土蜂都是雄性，而那些“痉挛般的”不雅动作仅仅出现在第一批土蜂孵出之后最初的几个星期——那时候，周围还没有雌蜂。为了确定兰花吸引力的来源，普亚纳使尽浑身解数，试了各种方法。他发现，如果把兰花的唇瓣（也就是花中最像昆虫的部位）切掉，但保持其他所有器官完好，那么土蜂就会完全无视它们。这似乎证实了视觉相似性的重要意义；唇瓣那闪亮的色泽很像雌土蜂身上的虹彩——虽然得承认不是特别相似，但（就像普亚纳所说）雄蜂实在近视得厉害。他的这一猜测通过实验得到了证实，放在地上的花居然也能吸引土蜂；甚至把花上下倒转也管用，只是不太有效罢了。然而，虽然他手持的花束可以吸引雄蜂，但如果把同样的花束强行举到雌蜂面前，它们却对这兰花的魅力无动于衷；而如果实验者把这股勤献得太近，雌蜂反而会飞走，仿佛非常嫌恶似的。如果兰花的外表可以吸引一个性别，为什么就不能吸引另一个性别呢？普亚纳开始怀疑兰花的气味，认为虽然人类几乎无法察觉，却是关键所在。为了检查这个想法，他把花藏在报纸下面，然后发现雄蜂仍会去寻找它们，正如他期待的那样。[9]

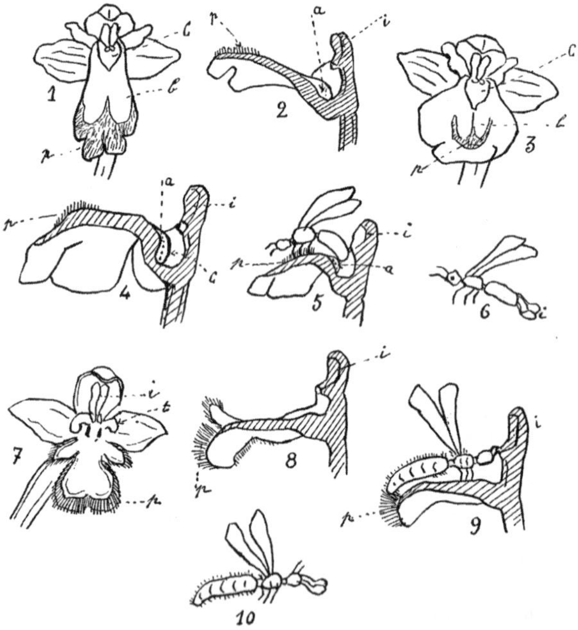

图 40　莫里斯-亚历山大·普亚纳所绘的土蜂腹部示意图，
展示了它在为蜂兰属兰花传粉时“近于痉挛般的动作”。
（引自 Pouyanne and Correvon, “Un Curieux Cas de Mimétisme chez les Ophrydées,” *Journal de la Société Nationale d’Horticulture de France*，1916）

普亚纳的结论令人震惊。他在描述土蜂的行为时，把话说得非常直白："其动作和姿势看起来非常像这些昆虫企图交配时的表现。"[10] 土蜂企图与兰花交配，因为兰花通过演化，正好利用了雄蜂已破蛹而雌蜂还未破蛹的短暂时光。（在科尔翁的协助下）普亚纳的第一篇论文于1916年2月发表，那时候，法国和世界上的其他国家一样，有比兰花传粉更急迫一点的事情要担心。① 还要再过几年，人们才会充分意识到普亚纳工作的重要意义。

仅仅几年之后，澳大利亚的业余博物学家伊迪丝·科尔曼（Edith Coleman）也独立发现了类似的现象。用她自己的话说，女儿"向我描述一只胡蜂"落在兰花上面，但"倒退着爬进花朵，做出了某些奇怪动作"，自那以后，这便成了"一个有趣但令人费解的谜团"。她亲自去观察，结果不仅表明女儿所说的确有其事，而且又发现了几个事实，"让几位一流的昆虫学家也大惑不解"。虽然这些兰花在人类闻起来几乎没有气味，但确实有什么东西在吸引胡蜂。科尔曼注意到兰花的唇瓣"看上去有点像来访昆虫的身体"，特别是它的曲线"与胡蜂的需求精确吻合"，这样的相似性让她"大胆地提出了一个理论"。她发现胡蜂抱住兰花时，二者似乎紧锁在一起；胡蜂"好像在用力"挣脱兰花，于是就"把花摇晃起来"。不过，这种显然令它们不适的经历并没有"劝阻住"胡蜂，这个事实"可能表明，它前一次访花时以某种方式获得了报酬"。[11] 澳大利亚的胡蜂看来也在试图与兰花交配。

科尔曼在第一篇论文发表一年后发现了普亚纳和另一位英国博物学家马斯特斯·约翰·戈弗里（Masters John Godfery）上校之前的论文，戈弗里也证实了法国人的发现（从他的讣告中可知，

① 指第一次世界大战。

他的关键研究是“在地中海地区酒店游廊中插在花瓶里的切花之上开展”的)。[12] 科尔曼由此得以就澳大利亚的兰花发表更为详细的报告，她在其中下结论说，胡蜂“搜寻的既不是花蜜，也不是可食的组织；它们是在对一种不可抗拒的性本能做出反应”。胡蜂其实是被“狡黠的拟态”蒙骗了：

> 其花瓣和萼片均纤细，几乎为线状；奇特的唇瓣在形态上则与它们迥异，生有两排发亮的深色腺体，在炎热的太阳下闪闪发光，为胡蜂所喜爱。这种形态的唇瓣可能足以表明，花朵通过类似雌蜂的外形来散发吸引力的理论是正确的。即使用我们的眼睛看，相似之处也很明显。而昆虫用较低的视力来看，这种相似性可能就更毋庸置疑。

不过，科尔曼坚言，单是视觉相似性还不足以解释这种吸引力。她指出，如果把花“放在打开的窗户下面的架子上”，那么“几乎立刻”就会有胡蜂来访；“单独一朵花隔开一段距离也能引诱昆虫的事实意味着，即使花香微弱得让我们注意不到，也能很容易地飘送到胡蜂那里”。[13] 她率先在兰花中找到了胡蜂的精液，确凿地证明了她的理论，同时还开创性地使用了摄像术来考察和说明这一现象。[14]

普亚纳、戈弗里和科尔曼就这样独立得出了相同的结论：通过气味和视觉拟态的结合，兰花能够愚弄雄蜂，让它们以为这些花是雌蜂。自然选择修饰了这些花的外观和气味，使它们刚好能够让雄蜂误入歧途，在获得传粉服务的同时，却不给予任何回报。(20 世纪 50 年代，生物学家最终鉴定出了这些兰花实现拟态时所利用的气味中的化学物质；兰花用人类的鼻子闻起来可能没

图 41 伊迪丝·科尔曼是最早把摄像术——
包括立体影像——用到植物学考察中的学者之一。
[直立隐柱兰(*Cryptostylis erecta*),
伊迪丝·科尔曼和埃塞尔·伊夫斯(Ethel Eaves)摄,1931]
图片来源:维多利亚州立图书馆

什么气味,但它们产生的化学物质可以模仿雌蜂向外散发的性激素。[15])科尔曼这样描述兰花的行为:"兰花拥有一种超乎我们所想的马基雅维利式狡诈,会引诱毫无心机的昆虫为自己服务。"她还评论道:"越是紧密地追踪传粉过程,越能让人对植物的精明深信不疑。"[16] 已故的杰出植物学史学者威廉·斯特恩(William Stearn)也评论道,即使是 J. E. 泰勒(见第七章)归在兰花身上的那些罪行,比起它们对倒霉的胡蜂所实施的性欺诈,也实在不算什么了。[17]

20 世纪 30 年代，伟大的美国兰花生物学家奥克斯·埃姆斯就这种当时已经被称为“假交配”的古怪传粉形式写了第一部发现史主题的专著。他承认，（那个时候）基本不清楚它是如何演化而来的，但认为：

> 可能那些拒绝以演化的方式来理解生命的人，以及那些更愿意把世界视为特殊创造的产物的人，在发现昆虫中的道德堕落之后，会稍微少批判一点人性的弱点……[18]

这里倒是没在说兰花的道德品质。埃姆斯甚至还好奇，假交配的发现是否会鼓励昆虫学家“拥抱弗洛伊德式的观点，来讨论”由科学家“所揭示的怪异性癖”，也许他们会把“蜂兰情结”（*Ophrydean* complex）之类的术语引入分析之中。“也许，”埃姆斯总结说，“连诗人都不得不重新考虑，是否‘只有人类是卑劣的’。”[19]

达尔文本人未能察觉到这种非常关键的演化关系，可能是因为他就像那个时代的大多数男性一样，无法想象女人可以像男人一样聪明，或是像男人一样充满性欲。达尔文推测，雄性之间剧烈的演化竞争会让它们比雌性更聪明，所以他只把儿子们送进大学，对女儿则不予考虑。而当他苦苦思索是否要结婚的时候，也在权衡“贤惠的夫人”和“在俱乐部中与聪明男人交谈”这二者的吸引力孰轻孰重。虽然最后是结婚的分量胜出，但在达尔文的笔记中分明可以看到，他想要迎娶的妻子艾玛，在他心目中似乎从来就没有对结婚这件事有过她自己的看法。[20] 考虑到这些偏见在达尔文的时代非常普遍，无论是达尔文本人还是他同时代的人都没有意识到兰花竟如此诡诈妖媚，也就不足为奇。在真理最终被人们掌握之前，人们似乎首先必须改变思想，以完全不同的方式来看待兰花和女性。

到了20世纪前期，不管是在现实还是想象中，兰花的性生活都已经大大显露出来，比达尔文当初所想的还要复杂得多。不管是什么样的动机激发了普亚纳、戈弗里和科尔曼去调查兰花的这个方面，他们能够看出达尔文自己错过的东西，这都让这件事情足够引人注目。兰花的传粉策略之所以得到了人们充分的了解，看来是把握住了两个前提：首先，达尔文的著作影响了其他人，让他们能够改而把植物想象为满腹狡诈的生物——能够欺骗（甚至吞食）昆虫。然而，一直要到形形色色的作者重塑了兰花的形象，让它不仅是女性而且还拥有狡诈的诱惑力之后，兰花哄骗雄蜂为它们传粉的能力才为人所知，这是否并非只是巧合呢？这第二个前提，取决于女性要能够挑战由来已久的刻板印象，而这会让虚构的和现实的兰花——分别属于通俗作家和严肃科学家的世界——所呈现出来的样子没有太大差异；事实证明，现实的兰花和虚构的兰花，不过是同一个故事的一部分罢了。[21]

太空轨道上的兰花

科学与科幻之间最早发生“异花传粉”、结出丰硕果实的迹象，毫不令人意外地体现在H. G. 威尔斯的作品中。[22] 前面已经提到，威尔斯是坚定的达尔文信徒，直接师从T. H. 赫胥黎学习生物学，所以一点也不奇怪地，他在《奇兰花开》（见第七章）中虚构的英雄韦德伯恩会讨论达尔文的著作。韦德伯恩告诉房东：“兰花实在是古怪的东西……总是时不时地让人惊奇。”他还说：“达尔文研究过它们的受精，发现连一朵普通兰花的全部结构都是为了蛾子能把花粉从一棵植物带到另一棵植物才发明出来的。”他继续陈述，达尔文还提到：“现在已经知道，还有很多兰花的花可能没法以那种方式用于授精。”他解释说，这些植物会伸出匍匐茎，以这种无性的方式蔓延，但是“问题在于，它们的花是干什么用的呢”？

韦德伯恩很想知道，“我的兰花”是否“属于什么与众不同的种类”，要是那样的话，他就可以研究它，因为他“常常设想自己像达尔文那样做研究”。当然，我们一直没见到他做过那种研究，但这篇小说的结尾颇令人玩味。在韦德伯恩经历那场几乎致其丧生的遭遇后的第二天，那棵兰花仍然摆在温室里，“现在呈黑色，开始腐败了”，韦德伯恩自己却因为刚经历的奇遇而神清气爽、喋喋不休。这场遭遇似乎对兰花才致命，对那个男人却是奇异地让他充满了生气。这样的结局，恰恰是蛾类这样的昆虫与刚得到传粉的兰花之间所遭遇的奇妙反转——昆虫是短命的，兰花却会在昆虫完成其工作之后欣欣向荣、蔓延铺展。[23]

英国作家约翰·科利尔［他为约翰·休斯敦（John Huston）导演的电影《非洲女王号》（*The African Queen*）撰写了最初的剧本］，也利用演化和威尔斯式的主题创作过许多科幻小说。他有一篇短篇小说叫《绿色思想》（1931），以威尔斯的《奇兰花开》为本，又有所发挥，在其中试探性地暗示了兰花与人类之间发生了性接触。[24] 科利尔的故事描写了一位典型的威尔斯式“小男人”。这位与韦德伯恩非常相像的曼纳林（Mannering）先生是一个单身的兰花收藏者，也与他的女性堂亲住在一起，并在拍卖会上购入了一种不知名的兰花，“是他那位在考察中独自神秘死去的朋友所取得的成果之一”。而且，“就算处在只有干燥的褐色休眠根的状态之中，这株兰花也散发着某种不祥的气息。它那疙疙瘩瘩的表面就像一张长着古怪胡须又咧嘴而笑的面孔”。要是曼纳林看过威尔斯的小说，那么他本来可以知道将要发生什么，也会听得进他那位名叫简的堂亲反复提醒的事——“他把精力全用在‘那些不自然的花朵’之上不会得到什么好处”。当然，他还是种下了那棵兰花，兰花很快就长成了庞然大物，而且明显具有食肉特性。首先是猫失踪了；然后，简和曼纳林震惊地看到，当这株兰花较大花蕾中的第一朵绽放时，这朵花“就是简那只失踪的猫的精确翻版。花与猫实在太像了，而且栩栩如生，以至曼纳森先生在一刻钟（的目瞪口呆）之后，首先就扯来浴袍裹在身上，因为他是个羞怯的人，而那只猫虽然是当作雄猫买来的，后来却发现完全相反”。他如此全神贯注地盯着那朵花，以致没有发现兰花的卷须正在他脚上缠绕，“几声微弱的喊叫”之后，他便倒在地上。等他再恢复意识的时候，显然已经被植物的意识占据；他已经被兰花吸收，现在也成了一朵花蕾，就在简的花蕾旁边。成为兰花的曼纳林仍然葆有足够的认知能力，恐惧地想到现在他可以得到命名和分类并成为一篇科学论文的主题了，“还可能在外行人的报刊上遭到评论和批评”。因为“就像所有的兰花收藏者一样，他实在太害羞、太敏感了”。这样的前景让他“濒临凋谢”，但这时一只蜜蜂爬过他的脸，钻进了曾经是他嘴巴的地方，于是他的精神又诡异地重新振奋起来。然而，当这只蜜蜂迅疾地飞向简并重复这个过程的时候，极滑稽的时刻到来了。很不幸，他曾经向她详细解释过昆虫在兰花传粉中所扮演的角色，于是只能在恐惧之下眼睁睁地看着“他堂亲脸上柔软而整齐的花瓣因为愤怒和尴尬而泛起皱纹与羞红的颜色”。因为无法传达歉意，曼纳林便使劲拿出“一个兰花收藏者所能拥有的全部骑士风度”，竭力想把他自己的花瓣拼成一个图案，向她表达“他的悲伤，他的男子气概，他在命运面前的无助，他想要对一切做出高尚弥补的意愿，所有这一切之中都弥漫着一股微弱却令人慰藉的乐观情绪；可是，一切都是徒劳”。他唯一能做到的，仅仅是轻微眨一下左眼皮而已。

威尔斯小说情节中潜在的喜剧性，让阿瑟·C. 克拉克［Arthur C. Clarke，他最知名的作品是《2001：太空漫游》（*2001: A Space Odyssey*）］也忍不住写了篇向威尔斯原作致敬的戏仿之作《不情愿的兰花》［“The Reluctant Orchid”，首刊于 1956 年的《卫星科幻》（*Satellite Science Fiction*）杂志］，但显然不如科利尔的作品成功。[25]“小男人”在克拉克的笔下被极不合宜地安在赫库利斯·基廷（Hercules Keating）身上。① 这是一个体重仅 44 千克的弱不禁风的家伙，他安安静静种植兰花的消遣会持续不断地因他大婶亨丽埃塔（Henrietta）的闯入而中断。亨丽埃塔是个身材魁梧且自信的女人，“总是穿一件色彩俗艳的哈里斯粗花呢大衣，把一辆捷豹轿车开得横冲直撞，还一支接一支地抽雪茄。她父母是把她当男孩子养大的，而且从来都没办法决断他们的这一心愿是否已经实现”。她是一位卓有成就的大型犬类饲养者，而且“理所当然地把男性视为较弱小的性别，从未结过婚”。她对赫库利斯有一种“叔叔般的（avuncular；是的，这个词绝对是最恰当的形容）关爱”，可能是因为她这位畏畏缩缩的侄子“激发了她”对男性的“优越感”。小说中对亨丽埃塔的描述，在 20 世纪 50 年代的科幻小说杂志上已经算是尽可能明显地暗示了她是女同性恋，而她也让她矮小的单身侄子感到恐惧和憎恶。之后，赫库利斯不出意料地从一位零售商那里得到了一棵不知名的兰花，来自“亚马孙地区的什么地方”。这是一团不起眼的褐色东西，大约有一个人

① 赫库利斯（Herculis）本是希腊神话中一位大力士的名字。

的拳头那么大，“有股腐朽之气，甚至还有一丝极轻微的、难闻的腐肉气息”。同样可以预见的是，它后来长成了一棵巨大而凶猛的食肉植物，让种它的那个男人断定这是用来摆脱烦人大婶最理想的工具。他饿了兰花几星期，然后请她来参观；但是在撞见这位大婶那亚马孙女战士般的体格之后，“这棵植物紧紧地把它们（触须）抱合起来，包在自己周围保护起来——同时发出一声完全出于恐惧的尖叫。经历了一阵极度的失望之后，赫库利斯意识到了这个可怕的现实。他的兰花根本就是个懦夫”。克拉克笔下这个并不有趣、有厌女之嫌的故事最后告诉读者，赫库利斯不仅没能让自己摆脱大婶，而且“似乎已经沉沦为某种植物性的树懒……一天天地变得越来越像一棵兰花。当然，是无害的那类品种”。

在威尔斯于1894年发表这些兰花小说的祖本时，种间交配，特别是植物和动物交配的想法还只属于幻想领域。然而几十年之后，有关兰花具有令人难以置信的“马基雅维利式狡诈”的消息已经传播开了，于是假交配的奇特事实又为人们对兰花的那些丰富多彩的想象增添了一个新鲜的维度。就在克拉克的小说发表几年之后，《科学幻想》（*Science Fantasy*）杂志发表了短篇小说《致命歌女》（“Prima Belladonna”），这是英国作家J. G. 巴拉德（J. G. Ballard）最早发表的科幻小说之一［他后来因为写了《太阳帝国》（*Empire of the Sun*，1984）等长篇小说而享誉世界］。[26] 不过，《致命歌女》讲述的是另一种完全不同的故事。这篇小说的场景设置在一个名为“朱红沙地”（Vermillion Sands）的度假胜地，叙述者叫斯蒂夫（Steve），是一家花店［帕克音乐花店（Parker's Choro-Flora）］的店主，懒洋洋地打理着店铺。斯蒂夫培育花时不是看它们的外观，而是看它们的音乐能力（他店里存放的花有三重唱杜鹃花，还有一株娇弱的女高音含羞草）。一位名叫简·西拉西利德斯（Jane Ciracylides）的女性进入了斯蒂夫的生活，她有着惊人的美貌，“即便她的遗传背景有那么一点混杂”。在朱红沙地传起的流言蜚语断定“她体内存在大量突变”，特别是她生有一双“昆虫般的眼睛”。她是一位“专业歌手”，嗓音超凡脱俗到会让听众产生幻视，陷入因人而异的幻象之中。在小说中，她刚出场就在斯蒂夫和他的朋友眼前“唱”出了一幅帝王蝎的全真图像，勾得他们盯着她不放。

尽管西拉西利德斯与斯蒂夫和他的朋友调情，但很快她的真实意图就暴露无遗，她并不是对这些男人感兴趣，而是对帕克花店中那棵最为珍稀、最为宝贵的植物——“可汗蜘蛛兰”（Khan-Arachnid orchid）感兴趣；它是“人们所采到的”大约只有十几株的“真正的蜘蛛兰”中的一株。它是一株喜怒无常的花儿，“很难伺候，有标准的二十四个八度全音域”，但“如果不进行大量的练习，就会退化为神经质的小音阶变调，成为再难调教的魔鬼”。它的行为还造成了更多问题，因为它是“店里的长者”，所以它的情绪会影响到其他花朵。正如我们可以猜到的，第一株蜘蛛兰果然又是来自南美洲丛林（圭亚那森林），它的名字来自为它传粉的“可汗蛛”。发现它的那位植物学家相信，这种花的振动不仅可以把蜘蛛引向植物，实际上还会催眠它们。

西拉西利德斯来到斯蒂夫的花店，想买一盆花，但只有这株兰花才真正引起她的注意：

> “它多美啊。”她边说边凝视着从它带着猩红色肋纹的振萼上垂下的艳黄与紫红色相间的叶片。
>
> 我随她在店里穿行，打开蜘蛛兰的音频开关，让她听见它的声音。这植物立即有了生气。只见它叶片硬挺，现出色

彩，花萼也鼓胀起来，肋纹在紧张地跳动。几个不连贯的音符喷吐而出。

“美丽，但也邪恶。”我说。

这位女士不同意这说法，说这棵花只是骄傲。到这里，我们可能还以为小说描述了又一棵充满魅力的雌性兰花，然而它显然是雄性。在西拉西利德斯的诱导下，兰花真的开始歌唱了（在斯蒂夫的经验中这也是头一回），唱出的是“完整的男中音”。斯蒂夫看到西拉西利德斯“死死盯着那植物，皮肤上像是燃起了火焰，昆虫似的眼睛疯狂扭动”；可汗蜘蛛兰似乎也同样入了迷。在它向着她伸展过去的时候，巴拉德如此描述这株兰花——“花萼挺立，叶片犹如血红的军刀”——强调了它的雄性气概。而当斯蒂夫的朋友们向他热烈谈论西拉西利德斯在朱红沙地赌场的演出时，他告诉他们，那根本无法与她在花店里的演出相提并论。“那棵蜘蛛兰都疯了。我敢肯定，它想杀了她。”他评论道。一个朋友则回应道：“要我说，这是雄性发情期的高级表现形式。它干吗想要杀她呢？”

在兰花的影响下，斯蒂夫花店里的植物似乎都变得疯狂了（“到了简来店里之后的第三天，我已经损失了价值两百块钱的贝多芬，还有更多的门德尔松跟舒伯特，我都不忍心去想了”），最终，那位神秘兮兮的突变女歌手伸出了援手。事实表明，她确实拥有能让这些植物谐和歌唱的天赋。他雇用了她，开玩笑说会像对待一棵花一样来对待她（“我会把你安排在一个凉快的大缸里，有充足的氯气供你呼吸”）。

很快，简和斯蒂夫就发生了关系，变得不可分离，但突然有一天晚上——那时候她本来应该正在演出——斯蒂夫发现她偷偷潜回了花店，要和那棵蜘蛛兰来一场二重唱。他进店的时候撞见了他们，看到了这样一幕：

> 蜘蛛兰长到了原来的3倍大，控制缸的盖子被打得粉碎，它探出缸口，足足高出了9英尺（约3米）。它的叶片胀大发红，花萼如桶，狂怒不止。
>
> 正把身子俯向它，又把头向后仰的人，是简。

斯蒂夫硬把她扯开的时候，发现“她眼里飞快地掠过了一丝羞愧”。他把简留在店里，但是到音乐结束的时候，他发现她已经不见了。这株可汗蜘蛛兰萎缩回了平常的大小，第二天就死了（这让我们依稀回想起威尔斯的《奇兰花开》）。小说没有明确指出那位美女与兰花做了什么，但是这一幕毫无疑问与性有关。虽然我们所见到的其他“致命美人”会把兰花用作达到目的的手段，或者偶尔会把男人当成得到兰花的手段，但是现在我们看到，这两个没有亲缘关系的物种之间发生了带有情色意味的奸情。（巴拉德这篇小说的题目也暗示了“致命美人”的主题；“Belladonna”一词来自意大利语，本义为“美女”，但也是剧毒植物颠茄的名字；而在英国，至少从16世纪杰勒德在《本草》中移用这个意大利语名来称呼颠茄开始，这个词也成了颠茄的英语别名。）西拉西利德斯与兰花之间的联系，与人们在胡蜂和兰花之间所发现的关系几无不同，只有一点例外：在巴拉德绘声绘色地想象出来的遭遇中，动物似乎最终胜过了植物（但是西拉西利德斯属于什么种还有点模糊；她是个突变人，有昆虫般的眼睛，连姓氏听上去也像是某种未知生物的学名）。斯蒂夫在这个故事的最后告诉读者，他再也没有见过这个女人，但是“我最近听人说，有个很像她的人正在伯南布哥的夜总会里表演”。（小说最后选择的这个地名很难说只是巧合——就像我们前面看到的，伯南布哥是斯温森真正采到卡特兰的地点——而且，这个地名与小说中其他几处细节一样，暗示着巴拉德非常了解兰花及其历史。）

除了带着可能致死的性欲外，兰花在19世纪获得的颓废意象也一直延续到了20世纪的科幻小说中。如此频繁地与兰花身上所谓的性意味关联在一起的兰花气味，也是腐败的气味；当我们即将开始对付一棵恶毒的兰花时，最先揭开序幕的往往是一丝腐肉的气息。《致命歌女》的故事发生在名为“朱红沙地”的度假地；巴拉德在后来的一系列短篇小说中又再次提到这里，逐渐把它塑造成颓废快感的终极呈现，然而似乎也是一个穷途末路的形象（也许本来就有意设计成这样？），是一个拥有发达科技却亟须大修的世外桃源。不仅如此，这第一个故事还发生在“衰退期，漫长的消沉、倦怠和盛夏，裹挟着我们欢悦地度过了那难忘的十年时光”。经此描述的这个地方，似乎会让后世某位奥斯卡·王尔德的翻版产生宾至如归的熟悉感觉。也正是这样的地方，才会让人期望见到一株疯狂发情的唱歌兰花；而它那带着猩红色肋纹的“振萼”，看上去也像是能叫让·德塞森特宁死也想拥有的东西。

与此类似的颓废的世纪末情绪，也贯穿在最初以德语写成的另一部长篇科幻小说中。这部小说名为《兰花笼》（*Der Orchideenkäfig*），作者是赫伯特·W. 弗兰克（Herbert W. Franke），出版时间只比巴拉德的小说晚几年（初版于1961年，但直到20世纪70年代前期才译成英文，题目直译为 *The Orchid Cage*）。[27] 弗兰克的小说讲述的是一个衰落的人类社会，人们发现所有的社会问题都已经解决后，便全身心地投入到了各种高科技的人造娱乐中。探索其他的行星就是这样一种消遣，但因为超光速旅行不可能实现，于是一种名为“共时镜”的设备就被用来让信息在整个银河系中即时地传输。这种信号可以用来启动遥远行星上“假躯体”的建造，然后人类可以控制它们，并让意识栖息其中，从而间接感受到这副身处远方的躯壳所获得的所有体验。人类发现的所有世界都毫无生机；生命似乎是一种罕见而转瞬即逝的事件，机体一旦获得智能，便一定会把自身彻底毁灭。我们似乎是唯一在走过演化过程的这一步后仍然能够幸存下来的物种。因此，为了给这种无害（而让人相当沮丧）的消遣增添一点乐趣，旅行者开始比赛：探索一个新世界的时候，看谁能最先发现那里最高级的生命形式长什么模样。

《兰花笼》重点描写了这样一场比赛。在银河系一个几乎空荡荡的角落中，有着一个僻远而不毛的世界，上面有一些看上去毫无生命迹象的城市。智能自动机器的防御性响应表明，这颗行星可能并不那么死寂，可能原来的居民还活在地下深处的什么地方。在探索过程中，人类发现了废弃的住宅，里面有娱乐椅，可以把幻觉直接投射到神经系统；消失的居民显然与来访者多少相似，已经不需要工作或奋斗，他们全身心地投入到了复杂精巧的快乐之中。慢慢地，其中一支比赛队伍的队长阿尔（Al）承认，他已经失去了赢得比赛的兴趣。他只想知道，原来的那些居民变成了什么样子，“因为那也会是我们将要变成的样子”。他建议队员们，在这样一个显然前所未遇的情况下不要再去理会那些比赛规章：“生活在地球上的我们一直觉得不再有工作要做，没有任何乐趣可寻”，但他们似乎错了（92 页）。

这支队伍在城市中探索时，发现了一层穿不透的保护盖，让人无法进入更下层，但也发现了可以活灵活现地重放图像、声音甚至气味的录制设备，仿佛穿戴者还在场似的。在研究这些记录的时候，阿尔看到了某种庄严的仪式：两个建造了这些机器的人形生物正在安装某种部分埋于地下的设备，周围有一群人在认真观看——

> 不久之前刚有过一阵动静：什么东西从洞里冒了出来，黄色的枝条跌跌撞撞地向前猛伸，好像在生长。当它们长到差不多有人类手掌那么大之后，有一根枝条抓在开关板上，所有其他枝条便突然分出了杈。它们生长得更快了，然后又有一根枝条抓住一道开关。茎上便突然爆出了叶。这棵植物就这样逐渐地成了形。（108—109页）

这台植物形状的机器，是第一台新一代的机器人，这一代不仅结构精妙复杂，而且可以自我修复、自我编程，被设计用来照顾这些外星人的每一样需求。用上这些机器之后，娱乐活动就越来越通过直接刺激神经系统来进行，外星人越来越无用且脆弱的躯体便转移到地下，以保护它们免遭潜在的损害。在录制到的那些转瞬即逝的影像中，有几个显然是贮藏用的圆柱体，“每一个里面容纳的东西都肉乎乎的，呈粉红色的多枚花瓣形状”。每个容器都与大大小小的管子连接，“看上去就像笼子里的兰花”（114页）。

最后，人类与警卫机器取得联系，获允进入那些乍一看是“一笼兰花”的东西。显然，这些“兰花”就是外星人。阿尔叹道：“一种类似我们的生命体竟然可以变成植物，这实在令人难以置信。”然而，一位监护机器人解释说，这些外星人的演化还在继续。因为营养可以直接打到这些兰花的身体里，所以它们残存的胃在慢慢消失。它们的脑都已经与计算机连线，让“它们能想象所有愉悦的东西：和平，快乐，满足，还有其他没法用语言表达的感觉”。它们不能动，不能交流，也不能生殖——因为没有必要。(一种不能生殖的生物到底如何演化呢？这个设定是小说中一个明显的硬伤。) 人类“望着这些松弛无力的生物，被装在起到保护作用的金属和玻璃外壳中，已经通过某种方式实现了它们的目标——在这样一条蒸汽腾腾的地下廊道中，抵达天堂，历经涅槃，一切皆有，一切归无”。“所以，无欲无求之后就会变成这个样子。”阿尔说道。他切换开关，假躯体便在这外星的地面上坍毁成无生命状态。他发现自己回到了地球，坐在椅子里，而这椅子与他们先前在那颗行星上见到的椅子相似得令他后怕；还有机器也酷似他们在外星记录中见到的那些东西。他把所有东西都砸成了碎片，离开屋子，可能是人生中第一次“走到了露天户外”(167—174 页)。

弗兰克的小说采纳了把兰花视为演化顶点和花中巅峰的观念，并把它与 19 世纪常见的退化观念结合起来，也就是认为文明过度发达的种族必然会不可避免地衰落，因为人们失去了已经不再使用的能力。与其他科幻文本一样 [其中最早的是 E. M. 福斯特 (E. M. Forster) 具有开创性的中篇小说《机器停转》(*The Machine Stops*，1909)，弗兰克的小说结尾显然就是其结尾的再现]，《兰花笼》探讨的观念是，对技术的过度依赖会把我们变成寄生生物，我们越是依赖我们的寄主——我们所创造的机器，身体就会越简化。然而在弗兰克的小说中，那种独特的有机技术——植物般的机器以及兰花的形象——却能让我们对颓废奢靡的诱人力量产生一种不同的感觉，一种能够在我们周围生长、让我们逐渐适应的东西。面对一种无与伦比的安逸生活，我们又能去哪里找到动力要自己回去过一种更艰苦的生活呢？

除了对退化的暗示，巴拉德的小说还明显受到世纪末传统的影响，也就是把兰花视为致命美人。兰花与奢靡和颓废的联系，在电影《芭芭蕾拉》[*Barbarella*，1968，由罗杰·瓦迪姆（Roger Vadim）导演]中也被用来增添些微的喜剧感。电影中的女主角[简·方达（Jane Fonda）饰]到达“黑夜之城”索戈（Sogo）的迷宫时，发现那里的囚犯在吃兰花，还有人告诉她：“兰花基本没有营养价值，在这种气候下很难生长。人们怨恨于喂奴隶吃兰花所需要的花销，这让大暴君觉得好玩。”其他科幻作品对兰花还有更让人意想不到的运用。在皮特·亚当斯（Pete Adams）和查尔斯·南丁格尔（Charles Nightingale）合著的短篇小说《种植时间》（“Planting Time”，1975）中，有一艘正在进行漫长“超光速”旅行的飞船，男主角兰迪·里奇蒙德（Randy Richmond）是飞船上唯一的人类。在这样一个想象出来的未来场景中，没有像芭芭蕾拉那样在性欲方面十分自信的女性，所以兰迪——很明显是那种典型的从事太空飞行的男性——只能通过仔细观察“《斯塔格曼》杂志插页上的三维美女图像”来打发单调乏味的旅行时光。[28] 然而，虽然有这些图像陪伴，飞船计算机（被称为“太空人伴侣”）也在想方设法为他提供娱乐，可怜的兰迪还是百无聊赖。就这样，他们终于在一颗行星上着陆，准备趁着给飞船补充化学燃料的机会放个小假。

行星上的人形居民还“处在非常原始的发展阶段”，也就是说，要严禁与它们发生任何接触，所以飞船在一个无人定居的岛屿着陆。但兰迪外出探险的时候发现了一位美丽的女子，“除了一件用某种精工打造的材料制作的蓝色直筒短裙，其他什么也没穿”，为此感到震惊当然情有可原。那姑娘始终一言不发，但她的手势毫无疑问是在向他发出邀请：

> 她叹息一声，像仲夏树叶的低语，在他面前平躺开来，衣服的褶边轻柔地撩起，露出那幽暗而秀色可餐的禁区。她的气味活似肉桂、麝香和纯粹的堇菜香气，让人失去理智。兰迪已然沉醉，踉踉跄跄地扑向她，一下便被她的肉体和头发包裹起来。她的肉体对着他自己的肉体精巧地扭动；而她的头发，在他进入并气喘吁吁地颤动时一直爱抚着他，仿佛力道轻柔的触手。

这正是那位孤独的太空人梦寐以求的事情，但是当他想要让这位伴侣再来一次的时候，她不仅表面上就显得毫无兴趣，连“攀在他身上的肉体都似乎满带厌恶”。不过，他还有机会；在回飞船的路上，他又见到了第二个姑娘，这次是穿红色裙子的，除此之外和第一位一模一样，让人觉得她们说不定是姐妹。她与第一位姑娘一样魅力四射，心甘情愿，但他想做第二次的时候，照样遭到了拒绝，他发现她“倔强得像块木头”。之后，他又有了第三次邂逅，也同前两次一样，伴随着馥郁醉人的香气，让我们色欲高涨的男主人公感到“仿佛是这颗行星自己张开口要吞掉他，把草和巨大的树叶紧紧合盖在他的头顶。高潮到来时，他仿佛被撕成碎片散落一地，就像一只果荚爆裂后的碎片”。经过一晚的睡眠后，飞船周围满是叶状的软垫，每一个上面都有一位漂亮而热切的女子，几乎全都一模一样，热情地撩拨着兰迪的注意，要把他招徕到自己身边。“这是一片不可思议的种植园，满是晒得黝黑的皮肤、随意乱丢的衣服和丰满性感的欢迎，他在其中来来回回忘我地耕耘，直到最后身体的反应变得疼痛难耐，让他再不想把这农活继续下去。”

到目前为止，一切都十分美妙，至少在那位孤单的太空人看来是如此。然而，麻烦很快降临到这个花花公子的乐园之中。他又见到了第一位姑娘，但是她“在那沾污而磨损的软垫上一动不动，裙子松垂在四肢上，像是腐烂的尸布”。她现在的皮肤苍白、黯淡且松弛；她的头发“已经聚结成死气沉沉而令人厌恶的大团”。他愧疚地拉起她的手，想知道出了什么事，可那手“马上就从她松垂的大块躯体上断下，湿软地留在他手里，有什么发绿的东西从手腕的断口处滴下”。想到自己可能把某种人类病毒传染给了这位玩伴，兰迪大惊失色，奔逃回飞船，把发生的事情告诉了“太空人伴侣”，然而“那计算机带着十足的轻蔑聆听了兰迪的自首坦白”。如果他之前看过这颗行星的数据文档，本来可以知道这颗行星以前已有人类到访，植物学家发现这里生长着一类名叫“酒神兰”（*Bacchantius*）的植物的 3 个种，其中最罕见的那个种叫“巨花酒神兰”（*Gigantiflora*），它们都是一个叫“骇兰科”（*Phorusorchidacae*）的本土植物科的成员（作者没有解释他给这个科仿造的学名是什么意思，但显然来自拉丁语词 *phora*，意为“运动”）[①]。兰迪看了那份植物学报告，发现这些兰花“像很多种植物一样靠假交配传粉，但它们的独特之处在于传粉媒介是雄性嘎古斯人（*Gaggus*）”，也就是这颗行星上的那些原始人形生物。报告中写道，这些兰花的花已经演化成雌性嘎古斯人的复制品，能够以假乱真，此外还说：

> 其花有非常浓烈的香气，虽然其化学结构尚待确定，但

---

① 本书作者的解读可能有误。小说中 *Phorusorchidacae* 这个学名很可能仿自 *Phorusrhacidae*，是一类已经灭绝的大型鸟类，英文名 terror birds，中文名“骇鸟”。需要注意的是，小说作者搞错了植物分类学上科名的后缀（不是 -*acae*，而是 -*aceae*）。

> 已知它具有强烈的致幻和催情效果，最初的作用可能是避免嘎古斯人发现他所面对的所谓年轻女性的真实面貌。比如受这种气味影响，雄性嘎古斯人会感觉这种植物的眼斑栩栩如生，并且会运动，然而事实上，眼斑只是其拟态中最不成功的部分。

于是兰迪发现，原来他就好比普亚纳研究过的一只土蜂，只是被一棵高度演化的狡黠兰花所欺诈的无助人质。然而，兰迪的情绪很快就恢复正常。在小说的结尾，他最终成了一位知名的园艺学家，拥有了在整个星系连锁经营的植物妓院，其中那些“由计算机培育的杂交株系，一年比一年招人喜爱”。

在科幻小说发展早期的大部分历史中，其读者以成年男性为主，因此小说常常会反映出他们那些非常容易预测的品位和价值观。但是到了 20 世纪 60 年代，“花之力”（flower power）已经加入为黑人和女性呼吁的行列，于是科幻小说也开始发展出更为广阔和更具想象力的关注范围，对生态有了兴趣，也开始担心人类与人类发展出的科学可能给地球和其他行星带来的冲击。1968 年，“阿波罗 8 号”的宇航员拍摄了著名的“地出”照片，是从太空中看地球的第一张照片。在这样一幅圣像一般的画面上，一颗蓝色大理石般的星球悬浮在无边无际的黑暗中，很多人由此切身体会到了我们这颗行星是多么微小、多么脆弱。结果，这幅照片在某种意义上成了刚刚兴起的环保运动的标志 [当时的“嬉皮士圣经”《全球概览》（*Whole Earth Catalog*）就把这张照片放在封面上]。自那以后，空间科学和植物的命运便会时不时被联系在一起；比如在电影《宇宙静悄悄》（*Silent Running*，1972）中，宇宙飞船就为地球植被提供了最后的庇护所。

20 世纪 60 年代反主流文化的方方面面，都为一部最意想不到、最引人注目的长篇小说提供了语境，去探索植物学家发现的假交配所带来的冲击，这就是约翰·博伊德（John Boyd）的《伊甸园的传粉者》（*The Pollinators of Eden*，1969）。[29] 小说的主人公是研究外星植物的科学家弗蕾达·卡伦（Frede Caron）博士，她的未婚夫保罗·西斯顿（Paul Theaston）需要完成一项兰花传粉的研究，因而不能从名为弗洛拉（Flora）的行星返回地球，为此她颇为失望。未婚夫保罗为了表达歉意，把他的研究生哈尔·波利诺（Hal Palino）转给她带，又送了她一些弗洛拉星的郁金香，还将其命名为卡伦郁金香，向她表明自己的心意。这些高度演化的植物有几种令人惊奇的能力，比如它们不光可以发出声音，还能准确地模仿它们听到的声音。这是一本相当复杂的小说，其中有大量讽刺科学家和政府官僚作风的文字（相关的笔墨略多），都交织在卡伦和波利诺逐渐确定这些郁金香拥有智力的故事主线里。它们不仅可以彼此通信，防御威胁，而且可以迅速改变地球上某种胡蜂的行为，使这些昆虫能为它们传粉。然而，就像我们将在小说后面看到的，这些郁金香的成就在兰花的成就面前，不过是小巫见大巫。

保罗之所以继续留在弗洛拉星上，是想揭开那些兰花由什么传粉的谜团。毕竟弗洛拉星上完全没有昆虫。他布设了各种各样捕捉鸟兽的陷阱，但什么也没捉到。不管传粉者是什么，它们一定能看见这些美丽的花，而且拥有嗅觉，因为这些兰花“散发出的香味实在太迷人，如果我能把这香气装瓶运回地球的话，9 个月内就能完全毁灭地球的生态系统”。随着调查的进行，保罗开始感到这些兰花好像“故意向我隐藏了它们的秘密”（25 页）。

弗蕾达最终也来到了弗洛拉星，想知道她先前的未婚夫怎么样了。她发现他待在这颗行星唯一的热带岛屿上，周围全是兰花。它们和弗洛拉星上的其他植物一样，已经演化出完全分离的性别，不会开出两性花。这些兰花非常巨大：

> 他把她举高到自己的肩头，让她近距离打量兰花。花萼的萼片向外折叠，直径达 3 英尺（约 0.9 米）。花冠瓣片和唇瓣上精致的红色花纹让它看上去像是亚历山大兰，但雄蕊只有一枚，又没有花柱。它的雄蕊几乎有 6 英寸（约 15 厘米）长。（186—187 页）

这个时候，他已经解开了兰花如何传粉的谜团。负责传粉的是大型的猪形动物，但是它们的数量变得太多之后就开始给兰花林带来损害。于是这些会动且聪明的食肉兰花便杀掉了一部分传粉者，把它们的数量控制下来（雄性兰花体形较大，也较强壮，会在兰花的领地周围组成一道保护屏障）。

保罗相信，兰花和猪形动物之间现在是“真共生”的关系，而不是处在“生态冷战”之中；弗蕾达则在她到弗洛拉星的第一天晚上就发现了他说的“真共生”是什么意思。她做了一个生动到让她十分烦恼的梦，梦见自己被抬到一座祭坛上，绑在那里，“屁股朝天”，对准一棵兰花，也就是祭司，似乎马上要被杀死。然而，迎接她的不是死亡的剧痛，而只是一场高度兴奋的性梦，她成了一位竞技牛仔，骑在一匹猛烈跃动的野马身上。第二天早上，当她责备保罗晚上把她一个人丢下的时候，保罗却说：“你和他们做了。”一边用手指指兰花。她回答道：“我梦见他们和我做了……你的这些朋友真是令人愉悦。”这个回答鼓舞了保罗，他带她去见了“苏茜”（Susy），是雌性兰花中他最喜欢的一棵，而

图 42 假交配的发现启发了科幻小说作家约翰·博伊德想象出一种星际兰花，后来“找到了理想的动物来实现自己的目的”——人类。

［保罗·莱尔（Paul Lehr）所绘的小说封面，引自《伊甸园的传粉者》，1970］

图片来源：本书作者收藏

苏茜显然也喜欢弗蕾达。在保罗的鼓励下，苏茜拥抱了她，弗蕾达马上就发现，这棵兰花“下部的卷须正在她的大腿之间滑动”，“先是轻轻地吻她，然后便更为放浪地找到了她能做出最大反应的地带”。在这样一幕可能是科幻小说中第一个（可能也是唯一的）毫不隐讳地描绘人与兰花之间的女同性爱场景之后，保罗告诉她，弗洛拉星的兰花最终“找到了理想的动物来实现自己的目的。我们就是伊甸园的传粉者”。弗蕾达先与一棵雄性兰花交配，再与一棵雌性兰花交配，就这样成了兰花的传粉昆虫；她由传粉获得的回报不是花蜜，而是强烈的性愉悦。显然，兰花既能感受到人类的欲望，又能刺激人类的欲望（190—199 页）。

与其他兰花科幻小说一样，博伊德的《伊甸园的传粉者》也带有一丝颓废和腐化的气息。弗洛拉星公转所环绕的恒星已经十分古老，大限将至；演化上已经是听之任之，未来再不会有什么进步可以期待（就像弗兰克的小说一样，兰花在这里也代表了演化上的某种终点）。小说中多处暗示，地球也在面临它的终章，因为整个宇宙已经膨胀到了最大程度，马上就要往回坍缩。小说中也描写了地球上一些复杂的政治决策，就是否要殖民弗洛拉星的问题展开了争论。太空军为殖民表示担心，因为他们的几名男军人已经在弗洛拉星的花丛中失踪，丢下了衣服和所有禁令，再见不到人影，所以太空军贿赂了想要听取殖民请愿的参议院委员会主席。主席投出了他决定性的一票，宣布弗洛拉斯是一颗弃星，不适合人类定居，并谴责那些想要殖民弗洛拉星的人是“贪图安逸之人”。他还宣誓要阻止出现任何“太空塔希提”或“花的死胡同”，因为他断定这些东西只会腐化“我们文明的道德素质”——人类需要奋斗。（这里明显又出现了对帝国退化的世纪末恐惧，也就是害怕白人可能会被热带地区的安逸和感官诱惑所腐化而“变成土著人”；维多利亚时代后期的一些兰花冒险故事，字里行间都透露出这种恐惧。[30]）“如果人类没有被逐出伊甸园的话，本来不会在阳光下如此徜徉。”主席这样宣称。而当质问者谴责他是异端、叫他去死的时候，他回答道：“我终有一死；但是我死的时候，会用男人的双腿站着，对着濒死的太阳大声诅咒；绝不会像一棵植物，沉默地屈服在霜冻的第一波摧残之下。”（88—89 页）如果这位脾气不好的政客如愿以偿的话，那就不会有兰花笼在等着我们。然而与此同时，还有一些人在追求殖民，因为他们坚信，人类与兰花交配会产生耐性很强的种子，不光可以活过行星的崩溃，甚至可能在宇宙本身坍缩之后大难不死。如果它们被弹射到时空之外，就有可能把人类的 DNA 走私到一个当下还没有诞生的未来宇宙，从而让我们试着在下一次的演化上占据先机。不管这种理论在科学上是否成立，弗洛拉星总归提供了一种希望，与消极避世的行为不可同日而语。虽然《伊甸园的传粉者》作为小说大可批评，但它的想象之阔大、雄心之高远，无可争议。

在科幻小说作家的想象中，兰花各式各样的意义变得越来越生动。这些奇诡恣睢的故事显然都可以把创作的源头追溯到 19 世纪的兰花狂热。雾气弥漫的丛林和致命的土著姑娘，这些在我们已经很熟悉的设定，为那批作家提供了很多相关的主题，让科幻小说中的兰花第一次动了起来。就连杀手兰花的构思也一直延续到 20 世纪。在所有讲到致命植物的小说中，最为著名的是约翰·温德姆（John Wyndham）的《三尖树时代》（*Day of the Triffids*，1951）。小说中的致命植物最初是苏联生物学家的实验品，他们努力想要创造一种新的作物，能出产多用途的油料。在小说差不多刚开始时，一个名叫翁贝尔托（Umberto）的神秘角色出价售卖新油料的秘密，这种油料可能把西方生产者挤出市场；

受人质询之后，他说这种怪物植物部分源于兰花。三尖树可以产生大团大团靠空气散播的微小种子，这是它们以兰花为祖先的明确标志。[31]

一旦兰花从任何一丝过于讲究真实的想法中解放出来，它们的性感便会勃然而出。然而，博伊德小说中那个天马行空的故事，其源头仍然清晰可见。弗洛拉星的雄性兰花有分叉的根，上面生有“管状的附属物，证明了古人给这些植物所起的‘兰花’（orchis）之名具有科学精确性”。（19 页）西方科学最早考察的兰花的种具有成对的块根，这在生态学上是碰巧产生的结果，却由此引发了一长串卓著的联想，后来所展开的那些想象是古希腊时基本无人能想的。兰花、昆虫和人类的性生活不光可以交织在一起，就连西部欧洲最古老、最不经人怀疑的假设之一，也开始受到严肃的质疑——兰花，就像自然界中的其他任何事物一样，不再只是等待开发的资源。《伊甸园的传粉者》就借小说这个载体提出了一个现实的问题：一旦我们认识到植物也拥有保证它们存活的策略和目标，那么我们是要和植物合作，还是阻挠它们的行动？

11

濒危的兰花

1850年8月23日，正在印度旅行的英国植物学家约瑟夫·胡克写了封信给他的父亲、时任皇家植物园邱园园长的威廉。见过这里兰花采集的规模之后，约瑟夫十分沮丧，他在信中描述了来自加尔各答植物园的采集员如何把兰花装满整整1,000筐："这里的路边就像槟榔屿的丛林一样，被人扒了个精光，我向您保证，连着几英里的路有时候看上去就像被狂风吹过，撒满了腐烂的枝条和兰科植物。"最后，他决定不在兰花上面花费任何时间和金钱，因为"找到新东西的唯一机会是在死寂的丛林中"。[1] 不过，胡克似乎还没有想到，如此滥采会把一些兰花的种推向灭绝的境地；他很快就推翻了自己不采兰花的决定，采集了360株大花万代兰（*Vanda coerulea*），这是一种非常显眼的蓝色兰花。正如他所记录的，虽然搬运这些标本筐需要7个劳力之多，但"因为无法避免的事故和困难，几乎没什么植株能活着到达英格兰"。他的一位采集对手把一个人就能搬动的兰花运到了英国，卖了 3,000 英镑（合今 220 万英镑或 350 万美元以上），其中每棵兰花都卖到了 10 英镑之多。[2]

在 19 世纪中期，似乎基本没有人想过兰花的未来，但随着兰花狂热在维多利亚后期逐渐退潮，一些爱好者开始担心起他们最喜欢的植物的生存问题。本杰明·威廉斯曾经写过《兆民的兰花》系列，花了很大功夫让兰花流行开来（见第四章），却在《兰花种植者手册》中哀叹，“数以百计的美丽物种”虽然花了人们那么多时间和精力去采集，却因为没有人知道如何种植而在英国“迅速死光”。他对过大规模的采集表示反对意见，并劝诫采集者要保证“在它们的原产国留下一些根株，而不是把一片地区的所有植物席卷一空”。正如威廉斯提到的，当时英国栽培的兰花里面，有好几个种“只进口过一次”。有些种类非常受人欢迎，但是“虽然我们的采集者一直在搜寻这些稀有的植物，但是他们还没能再次找到它们”。他敦促采集者着力于找出把少数植物活着运回国的方法，而不是把整片地区一扫而光，就为了能在其中幸运地找到寥寥几棵奇货。“现在这种毁灭性的工作方法或者说其实根本没有工作方法，已经导致了资产上的损失；不仅如此，还令卖买双方都很厌烦。”甚至还有些采集者“似乎决定把某些种类的兰花从其原产地彻底根除，不让任何人再靠它们获利”（见第六章）。[3]

假如有人怀疑威廉斯可能夸大了兰花采集带来的威胁，那么只要看一看当时兰花采集者中的代表人物阿尔伯特·米利肯（Albert Millican）所写的回忆录，相关的疑虑便会烟消云散。米利肯在安第斯山北部采集，在 1887 年和 1891 年间到南美洲这个“兰花地区”做了 5 次旅行。在那里，他声称自己见到了各色人等，“从森林中未开化的印第安人到参议院中礼貌而有教养的参议员”。[4] 虽然他专门为卡特兰属兰花而来，特别是艳丽的艳唇卡特兰（*Cattleya mendelii*），但是当他首先开始在哥伦比亚首都波哥大东北部探险时，却发现“从这里骑着骡子走了很多天的路，连一棵兰花都见不到”。他爬到山峰的高处，到了兀鹫筑巢的地方，然后记录道——

> 当第一位植物猎人来到这里时，这样令人眩晕的高度丝毫不能阻挡他上来劫掠的决心。土著拉着绳子缒下，同一根绳子又把数以千计的植株拉上来。当我来到这个地方时，曾经美丽而富饶的兰花几乎荡然无存，只能零零星星见到几个苟延残喘的球根，悬挂在半空中一些似乎只有鹰鹫才能到达的地点。（114—115 页）

米利肯想要的很多珍稀兰花，比如壮观的皱花齿舌兰（*Odontoglossum crispum*），只附生在树木高处，所以他最终发现了几株之后，便漫不经心地认为，反正丛林中的树木生长得非常迅速，“就算伐倒几千棵，也不会对它造成什么严重损害；所以我把斧子递给手下的土著，让他们开始工作，把所有长着宝贵兰花的树都砍倒”。一开始他们对所有树都一视同仁，但——

> 很快就对植物采集工作熟络起来，每天晚上都能把几百棵兰花带到我们的营地，其中偶尔混有少数 *Odontoglossum odoratum*（芳香齿舌兰）和 *Odontoglossum Corodinei*[①]（科拉丁氏齿舌兰）。经过差不多两个月的采集工作之后，我们确保已经有了大约 10,000 棵植株；为了得到它们，我们伐倒了

---

① 原文拼写有误，应为 *Odontoglossum coradinei*。

> 大约 4,000 棵树，这附近的兰花应该都采完了，于是就把营地搬走了。（150—151 页）

从 21 世纪的立场来说，看到对这种大规模生态破坏的记载，人们很难不为之唏嘘不已。4,000 棵成年的雨林乔木被伐倒，任其腐烂，就为了采集兰花，而且其中大多数在运抵欧洲之前就死了，也正因如此，有钱的收藏家便能用价格一飞冲天的奇珍装点他们的温室。一直到今天，皱花齿舌兰还以难于种植著称，所以即使是那少数被活着运到英国的植株，大部分可能很快也死了。不到十年之后，弗雷德里克·博伊尔（《兰花搜寻者》的作者之一）便报道，因为采集者的掠夺，皱花齿舌兰几乎已经绝迹。[5]

米利肯似乎很清楚他的所作所为造成的损失；就在这段描写森林中大砍特砍现象的文字之后，没过几页，他就提到自己发现了詹姆斯·维奇派出的一位采集员的坟墓。“远在现代采集者大规模地掠夺和除灭兰花之前”（163 页），那个人就以出色的采集工作服务于他供职的企业。并不令人意外的是，米利肯对原住民的同情，与他对那里生境的同情一样少。他与队员遭到了“印第安人”的毒箭攻击，一名队员丧生。他们被迫撤退，米利肯为此遗憾地说，“奥庞（Opon）河源头处的兰花珍宝，不到最后一个红种人从他的地界上消失”（170 页），是一直不会有人动的。

脆弱的专家

虽然滥采乱挖肯定在 19 世纪后期对很多种兰花产生了巨大影响，但是很多兰花之所以稀少，部分原因也在于兰花本身的生物学特性。20 世纪 20 年代，哈佛大学的兰花专家奥克斯·埃姆斯

（见第十章）与当时的很多人一起，把兰花描述为被子植物中演化程度最高的科，具有非常复杂且特化的花。因此，他有点意外地发现，有些植物学家竟然把兰花视为“颓废的类群”：

> 兰花身上被视为颓废标志的突出特征，是它能结出海量的种子，却只有稀少的分布。这似乎意味着它们与更健壮的植物相竞争的能力在衰退。

结出如此多的微小种子，同时又有如此多的兰花物种越来越少见，按照上面的解释，这个现象预示着兰花正在衰落；因为它们太过特化而无法适应，所以它们在自然中的处境正在变得越来越危险。虽然这似乎可以看成某种意义上的“颓废”，而与诗人和剧作家所用的那个意义完全不同，但是其实这两个意义比人们所想的要接近。按照埃姆斯的说法，兰花——

> 最近刚被一位作者提到，它们在植物世界中的地位，与一个国家艺术发展过程中那些华丽浮夸的母题的地位相同。就像艺术中的浮夸风标志着一个文明的衰亡一样，在动物界和植物界中，斑斓的色彩和怪异的赘生物也意味着那些预示了颓废和灭绝的发展类型。[6]

兰花帝国因此就像古罗马帝国一样在衰退，即将灭亡——颓废，是它们走向毁灭的共同原因。那位没有提到名字的作者在评论中甚至还怀疑，兰花“过于精致”的花朵就像古罗马帝国的狂欢宴会，是性狂乱的证据，因为其目的实际上已经不在生殖。在 19 世纪将终之际，一位法国植物学家诺埃尔·贝尔纳（Noel

Bernard）还发现，兰花的生存依赖于它们的根与真菌之间所形成的共生关系，这样的真菌叫“菌根真菌”。[7] 这种关系也被一些人拿来当成进一步证明兰花颓废的证据；就像古罗马人一样，兰花也在蓄养奴隶；它们原本勇武而阳刚，现在却因为这种关系而越来越虚弱，越来越不能自立。

当土壤中天然存在的多种真菌与兰花形成共生关系时，兰花菌根中那些所谓的奴隶也就出现了。没有它们，兰花的种子甚至都不能萌发（这也是为什么在苗圃中种植兰花如此困难）。真菌之所以如此重要，是因为兰花的种子在所有植物中是最小的，重量只有一百万分之一克。从某些方面来说，这是兰花的巨大优势。每粒种子几乎花不了多少生物能量就能结出。用生物学的眼光来看，它们非常“廉价”，因此可以大规模制造和广泛散播。而且，因为它们如此之轻，风可以把它们刮出数百上千公里之远。（遗传实验表明，一些日本稀有兰花的孤立居群与中国大陆的兰花非常近缘，因此当初必然有些微小的种子旅行了 1,600 多公里之远，横渡数百公里的广阔海面，到日本列岛开疆拓土，那些兰花就是这些种子的后代。塔希提岛的兰花所经的旅程甚至还要漫长，它们竟然来自将近 6,500 公里开外的新几内亚。）

然而，微小的种子也有劣势。每粒种子贮藏的能量少到基本无法让植株生长。所有植物中最大的种子是塞舌尔群岛上的巨子棕（也叫海椰子，学名 *Lodoicea maldivica*），重可达 30 千克。[8] 每个海椰子所贮存的能量足以保证一棵新的巨子棕一开始就能茁壮成长。相比之下，一粒兰花种子在萌发之后必须马上收集能量，为此就得在地下生长很长一段时间，然后才能钻出地面。显然，地底下的植物无法进行光合作用，不能用阳光制造养分，所以兰花依赖菌根真菌把纤维素之类的大分子降解为单糖，再把这些养分直接供应给兰花。[9] 正如兰花专家威廉·斯特恩开玩笑地给兰花罗列“罪行”时所说：

> 从卡尔·马克思的立场来看，维多利亚时代有钱的兰花种植者之所以能优哉游哉地享受兰花，是因为有一群他们从来没见过面的矿工，领着微薄的工资，汗流浃背地劳动着。对菌根的研究表明，我们对兰花也可以作如是观——它们就是些穷奢极欲的植物资本家，依赖真菌那些看不见而鲜为人知的活动为生。[10]

事实上，斯特恩和他的读者当然非常清楚，菌根真菌在任何意义上都不是什么“奴隶”；共生是一种互利互惠的关系。虽然有些兰花种子在散播的时候就已经与菌根真菌建立了关系，但是还有很多种要靠运气。如果种子落地处的土壤中存在正确的菌种，那么它们就能繁茂生长；否则，它们不是无法萌发，就是生长不佳。[11] 这样一来，虽然很多兰花能产生巨量的种子，但是成功萌发的概率常常特别低，这也是任何产生大量小而廉价的种子（或后代）的物种必然要面对的现实。诗人阿尔弗雷德·丁尼生（Alfred Tennyson，“腥牙血爪的自然”这个说法就是他创造的）曾经哀痛地说，在“50 颗种子里”，自然通常“只养成一颗”[《悼念集》(*In Memoriam*)，1850]。兰花更是要用 50,000 颗种子才能养出一棵植株。

正如埃姆斯所说，兰花对菌根真菌的依赖，有时会作为它们颓废的另一个例证。在 20 世纪 20 年代，这种关系有时被称为“奢靡共生”（luxury-symbiosis），与更健康、更均衡的共生关系相区别。一位古怪的英国生物学家赫曼·赖因海默（Hermann

Reinheimer）把奢靡共生描述为这样一种关系：“（它）让那类通过低级的联系而失去了大部分功能的生物体——兰花——最终愈加贫困。兰花濒死的状况，常常以它们病态的外观（以及）……稀少的分布为标志。”他论述说，因为依赖真菌，兰花的根最终就像已经吃了“太多稀软食物”的牙齿，所以会腐败。对这种共生关系所做的此类想当然的科学描述，不只是暗示出了一丝道德非难的意味；显然，一种更加艰苦奋斗的植物应该能够靠它自己的双脚（或根）站立，而不是仰赖地底下的跟班为它递来食物。[12]就这样，加到兰花身上的那些早已有之的文化象征——它们与颓废之间的联系——似乎又一次影响到了科学自诩的客观性。

然而，埃姆斯对所有认为兰花不是在衰退就是在面临崩溃的说法都颇为鄙夷。他以1883年8月喀拉喀托岛（Krakatau或Krakatoa）火山大规模喷发之后植被重建的过程为例，来说明兰花能够在生存竞争中很好地占据立足之地。这场喷发几乎把岛上的所有生物全部除灭，15年之后，有几种兰花［包括鸟仔兰（*Vanda sulingii*，现学名为*Armodorum sulingi*）、马来兰（*Cymbidium finlaysonianum*）以及其他3个种］已经重新在那里生长了。他得出结论说，兰花具有“成功地参与竞争的完善能力，而且……在对所有参与者一视同仁的格斗中颇能处于不败之地”。

兰花能成功地重新占领荒岛，关键在于它们“非常适应风力散播”。兰花微小的种子虽然脆弱且缺乏营养，却非常轻；在面对任何可以开拓的新生境时，这个条件保证了它们可以跻身第一批到达那里的植物之列。到了1897年，喀拉喀托岛上刚刚重建的植物区系中有32%的种（17种）是从爪哇岛、苏门答腊岛以及其他地方被风吹过来的植物，其中8个种属于菊科（*Asteraceae*），5个种属于禾本科（*Poaceae*或*Gramineae*），4个种属于兰科。当人们以为禾本科和菊科才属于世界上分布最广泛的科并将很多最成功的杂草归入其中时，兰科里的一些种类也相伴而来，艰难地守护着自己的生命。[13]

喀拉喀托的兰花，完美地阐明了兰花既稀有又常见的这个悖论。兰花微小的种子让它们能广为扩散，但又让它们难以萌发和站稳脚跟。它们在全世界几乎所有地方都能见到，但是——正如达尔文本人指出的——又没有常见到随处可见。虽然兰科有那么多的种，但其中很多已濒危，因为它们过于特化，太依赖与正确的菌根真菌或专门的传粉者合作；所处环境中任何微小的变化都可能迅速置它们于濒危境地。因此，这些非凡的植物除了拥有那些令人惊异的特征，还能很好地用来研究和测量人类对地球所造成的影响。

萨塞克斯的蜂兰

迈克·哈钦斯（Mike Hutchings）教授是备受尊敬的植物生态学家，多年来一直担任世界上最有声望的生态学期刊之一《生态学报》（*Journal of Ecology*）的执行编辑。[14] 他一生都在萨塞克斯大学（University of Sussex）工作，这是英国唯一一所被国家公园——南唐斯（South Downs）国家公园整个包围的大学。这所大学的校园于20世纪60年代落成，到处是红砖建筑；校园四面是白垩质的低地，查尔斯·达尔文和乔斯林·布鲁克也曾漫步在同样的景观之中，记录并采集兰花。

迈克在伦敦东端的伊尔福德（Ilford）附近长大，那里的树木和空地都难得一见。他小时候从未见过像兰花这么“洋气”的植物。在他学术生涯的早期，一位导师建议他采取一种双重的研究策略：把相对较为短期的项目与需时更久的长期项目结合在一起，短期项目可以保证他定期产出结果和论著，长期项目则可以让他对植物产生非常不同的见地。对迈克来说，兰花是他研究生涯中那道“后灶上的慢炖菜”，是会趁着其他工作之间的休息间隔不断地回来继续推动一下的慢活。

20 世纪 70 年代前期，当迈克刚开始学术生涯时，生态学还是以“植物动力学”占优，研究的是一个植物居群中个体数目的涨落。虽然在逐步获取到更为复杂高深的现代生态学知识的过程中，这类研究提供了有益的帮助，但是现在看来它们实在粗糙无趣。这些研究常常是纯粹的描述，把植物数量绘成图表，画出它们随时间升降的情况。迈克所属的那一代生态学家很快就对这样的工作大失所望——它们看上去太像 19 世纪那种老式的、以描述为主的博物学了。他和同时代的学者开始重新思考可能用来分析植物居群数据的方法，想要发现更深层次的趋势或规律，并去寻找对一些问题的因果解释，比如某些变化为什么会发生。

迈克有关兰花的重要研究便是以探索这些课题为旨趣。1975 年，他在布赖顿（Brighton）附近一个自然保护区的白垩低地上圈出了 20 平方米的样地，这里离他所在的大学也只有几公里路程。迈克在样地四角插上角标，通过测量样地中每一棵早蜂兰（*Ophrys sphegodes*）到角标的距离，他把那年所有相关植株的位置都记了下来。这种兰花已经濒危，所以为了保护它们，人们需要详细了解野外植株的准确数目，以及影响其生存的精确因素。他对每一株个体都进行了测量，做了细致谨慎的记录——是否每年开花？花穗的准确高度是多少？每年开的花和长的叶各有几何？兰花数据与样地中其他植物物种的信息有关，它们又都与降水和气温等气象学方面的详细数据有密切关系。

迈克在每年 5 月兰花开花之时都会重返样地；他年复一年地用双手和双膝工作，遍查样地的每个角落。早蜂兰是很难发现的兰花。当迈克带我去看这种兰花时，我错过了几十棵才终于看到一棵。没开花的时候，早蜂兰只生有一片叶，不过指甲盖大小；就算开了花，高也不过 12 厘米，花的颜色也是难于察觉的巧克力

图 43　迈克 · 哈钦斯在布赖顿附近的南唐斯国家公园，与他最爱的一株早蜂兰在一起。
图片来源：吉姆 · 恩德斯比

褐色。然而，迈克和他的学生坚持在每年春天来这里给每棵植株绘制分布图、做记录，那些没开花的植株也包括在内。

通过分析所采集的信息，问题的答案很快变得明朗：连续多年坚持采集数据非常关键，因为任何一年的数据单拿出来看都充满了无法预料的不确定性。首先，有一个困难是要判断是否有任何新的兰花植株添加到了居群之中，用生态学的行话来说就是，要评估“补充量”。因为兰花的种子微小（见第三章），它们要在地下与菌根真菌结伴生长一段时间，积累足够的能量之后才会重见天日。新萌发的兰花种子的地下生活，为兰花生态学家和保护人员出了一道难题，因为人们要用几年时间才能确定有多少新种子在存活了足够长的时间之后破土而出，成功萌发，成为所研究样地中的新植株。除非补充进来的植株能超过死亡的植株，否则居群就注定灭绝。

兰花生命的另一端令兰花普查的推进变得更为棘手。一棵植株是不是真的死了是特别难判断的。如果某个格点中的植株没有长出任何叶或花，你也许会自觉合理地推测它的生命已经到了尽头；但是早蜂兰——与其他很多植物一样——在地下生有块根，因此可以维持一年、两年甚至多年的休眠状态。事实上，有些种类的兰花可能历经 10 年或更久的休眠而不死，之后又能迅速恢复活力。在迈克的兰花研究点附近有个高尔夫球场，其中有些古代的废墟，已经很久无人问津，被生长多年的稠密荆棘完全覆盖。最后，人们决定妥善处置这块土地，于是把所有的荆棘都除掉了。谁想第二年春天，这个地方竟然长满了雄兰粗壮的花穗，它们的块根肯定已经在荆棘之下蛰伏多年。经过好几年的研究，一项细致的数据分析才揭示，萨塞克斯的这些兰花每年大约有一半的活植株无法出露到地面之上。

图 44 本书作者手中的早蜂兰，是一朵小而不显眼的花。
图片来源：吉姆·恩德斯比

早蜂兰的寿命相对较短。从它们第一次出现在地面之上的那年算起，这些兰花的半衰期只有两年半（也就是说，两年半之后，居群中的植株就会死掉一半）。因此，垂死植株需要持续不断地得到替换，这对居群的存续来说至关重要。迈克的研究揭示，兰花生长的土地所受的人工管理方式也非常重要。南唐斯是英国最古老的人造景观之一，是在原始森林伐光的迹地上从事了许多个世纪的农业生产之后的产物。白垩低地饲养的传统牲畜一直是绵羊；有个叫“南唐”（Southdown）的绵羊品种［由格林德的约翰·埃尔曼（John Ellman of Glynde）在 18 世纪后期育成］，就得名于唐斯地区。然而在 20 世纪 70 年代中期，欧洲的农业补贴让萨塞克斯郡的农户发现养牛的收益更诱人，于是那里的羊群开始为牛群所替代。对兰花来说，牛完全是灾星。放养的绵羊会小口细咬植物，像披着羊毛的剪草机一样啃掉草叶，但会把植物的根和球根（包括兰花的块根）完好无损地留下，于是这些植物还能再次萌发。而牛会把它们的厚舌头卷在一丛草周围，将草连根拔起，常常吃一嘴泥。又因为牛的身体比绵羊重，当唐斯地区的陡坡比较湿润时，它们的蹄子更容易打滑。低地的表土只有极薄的一层，打滑的牛很快就会把它们全都扒掉，暴露出下方的白垩；植物那些肉质的地下器官都会被踩烂，兰花的块根也不能幸免。牛就这样开始破坏唐斯地区有着千年历史的生态系统，将兰花推到了非常危险的境地。幸好在 70 年代后期，补贴政策有所改变，绵羊东山再起；即便如此，这里仍然需要小心谨慎地管理，才能保证兰花存活下去。从花期开始之时，牲畜就需要远离兰花比较繁茂的地区，直到结出种子为止。如果让绵羊一年到头都能随意牧食，那么它们对兰花的破坏力也会与牛相当。

鉴于连年给兰花居群规模做出准确测量所面临的困难，迈克在连续做了 9 年观察之后考虑结束这项工作可能也就不令人意外了。对学院里的植物生物学家来说，5 月正是忙碌的时候，课要讲，考试要安排，考卷要打分，学生的田野工作也要一直盯着。迈克还参加了布赖顿节日合唱团，而 5 月正好是个节日集中的月份，演唱的排练也是一年中最多的。然而有人说服他，干到第 9 年就停止是件很不明智的事情，至少也应该再干一年，收集满 10 年的数据。在第 10 年将终的时候，迈克又获得了一些经费来支持这项工作，于是项目继续进行，最终——多亏后来又陆续有一笔笔的小额资助到账——执行了 32 年之久，就植物方面来说可能是开展时间最长的生态学研究了。当然，（至少在写作本书的时候）在所有与兰花有关的科研项目中，该研究也是开展时间最长的。

总的来说，兰花并不是特别脆弱或容易水土不服的植物（假如真是这样，兰科也就不太可能演化成全世界被子植物中最大的科之一了）。大多数英国本土兰花就习性而言非常像杂草。因为兰花可以产生大团的微小种子靠风散播，可以迅速占领刚遭扰动的地面（它们常常在新修道路两边冒出，有时候一开花就是一大片）。与此类似，如果在低地地区以正确的方式放牧，那也可以为兰花创造出萌发的空间，就像雨林中的一根倒木可以让足够的阳光照下来，供新的幼苗破土而出一样。然而，正如绵羊、农户和欧洲农业补贴之间的复杂关系所揭示的，兰花的成功部分源于它们通过演化利用到了非常特别的生态位，包括那些由人类农业活动创造的生态位。政府的官僚作风让整个系统运转得看起来可能像冰川一样缓慢，但是如果以演化的标准来衡量，变化的步伐却快得令人恐惧；而农业补贴的调整能够以比兰花的自然演化快得多的速度改变这些小植物的生境。基于此，迈克相信植物生态学家不能回避参与保护政策的制定。一些学院派生态学家更想让他们的工作与这些工作所导向的政策之间保持一段距离，如果公众把生态学的科学研究与环保主义和生物保护运动混为一谈，就很容易激怒他们。但是对迈克来说，这些更广泛存在的议题是回避不开的。在他看来，象牙塔中的学者对公众负有责任（最终是公众为英国大学中的大多数研究提供了经费）。迈克相信，作为一名科研工作者，他有一定职责来解释为什么他要花 32 年时间数兰花，这种类型的研究意义何在，从中所得的发现又有何重要性。

长时段的研究很难开展，除了要有毅力，也很难获得经费支持。学术上的经费资助越来越多地聚焦于短期项目。然而，开展为期 30 年以上的研究而不是更为常见的 3 年，可以为人们提供意想不到的宝贵发现。比如，对萨塞克斯兰花的研究就揭示，兰花的花期会像人们所预期的那样逐年变化。有些年份比较湿润，有些年份比较干旱，有些年份霜冻更频繁，另一些年份阳光更充足。仅仅两三年的时间远不足以让人察觉出什么模式。但如果坚持研究 32 年，就能看到更为清晰的图景。平均来说，英国的春季随着年份的推移在变得越来越暖，在任何一个春天，气温每暖和 1℃，兰花就会提前 6 天开花。虽然单个年份之间存在差异，但是跨度 30 年的研究揭示，后来的兰花比研究刚开始时早开了 3 个星期。

这些结果让迈克和他的一些同事想知道，春季变暖导致花期更早的现象，在跨度比 32 年更长的时段内是否也同样明显。他们突然想到，说不定通过检查标本馆中的标本可以找到类似的效应。标本馆是集中存放干燥的压制植物标本的地方。乍一看，这些枯死多时的干燥标本似乎不能为我们透露任何有关活植物群落的生态学信息。然而，因为标本馆中的标本通常只在植物开花的时候采集，标本台纸上又总是会记录采集日期，所以这些材料就有用了起来。在我写作本书时，迈克和他的团队仍在继续一项研究，他们利用标本馆中从 1850 年这样早的年份开始采集的早蜂兰标本，分析其开花日期和历史天气记录之间的关系。在田野研究和标本馆标本中看到的两种关系，不是近似相同，而是完全一样：在 150 多年间，更暖的春季总是会导致兰花提前开花——而且都是气温每升高 1℃，花期就提前 6 天。在过去的一个半世纪里，英国的平均气温一直在上升，温暖的春季越来越多。就这样，田野数据不光为气候变化对花期的影响提供了完全意想不到的证据，还提供了一种方法来预测气温的进一步上升会导致未来出现哪些变化。不仅如此，标本馆数据进一步支持了田野研究结果，这说明，根据许多类型的生物标本集中贮存的有关其他物种的信息，我们可以预测开花、昆虫羽化和动物产卵等事件响应气候变化后所发生改变的时间。全世界的标本馆和其他收藏贮存了大约 25 亿份上了年头的动植物标本，为预测气温继续上升之后的变化提供了巨量待挖掘的信息。

田野和标本馆研究表明，兰花开花时间会如何受到天气影响，因此会如何对气候变化做出响应。然而除此之外，让早蜂兰这样的珍稀物种因为变化的气候而进一步陷入濒危境地的，还另有一个因素。就像几乎一个世纪之前普亚纳在阿尔及利亚所研究的那些兰花一样，萨塞克斯的几种蜂兰也由蜂类传粉，特别是被花朵拟态愚弄、前来与花朵进行假交配的雄蜂。早蜂兰几乎所有的异花传粉都由营独居生活的黑铜地花蜂（*Andrena nigroaenea*）的雄蜂来完成。如今，雄蜂在兰花开花之前就开始出现，而兰花又是在很多雌蜂羽化之前开花。在雌蜂没露面之前，尝试与兰花交配，就是雄蜂发泄蓬勃爱意的唯一方式。无论是田野观察还是博物馆中贮藏的蜂类标本记录都显示，更暖的春季会导致地花蜂更早羽化，所以人们也许会觉得，温暖的春天不会给兰花传粉带来什么问题。然而，实际情况要复杂得多。事实表明，春季气温对雄蜂羽化时间的影响，比对兰花开花时间的影响更大；春季气温每变暖 1℃，雄蜂会提前 9 天飞出。因此，随着气候变暖，兰花开花与为兰花传粉的蜂类羽化之间至关重要的同步性也会失去。更严重的是，春季气温每变暖 1℃，雌蜂的羽化日期竟会提前 15 天之多。这意味着，随着气候变暖，兰花开花时，附近会飞舞着更多雌蜂。只有在附近没有雌蜂时，雄蜂才会为兰花传粉（雄蜂虽然很笨，但还没笨到那个程度）；如果雌蜂很多，兰花就会被雄蜂忽视。全球变暖——人类改变地球气候的后果——就这样威胁到了兰花与传粉者之间的微妙关系。

达尔文在预言那种尚未发现的长喙蛾类及其兰花的时候，也预见了如果二者中的任何一种灭绝，另一种也逃不过悲惨的命运。而现在我们可以看到，与此类似的一场以兰花为中心的灾难，并没有在遥远的马达加斯加肆虐，而是与我写作本书的地方相距甚近。造成这灾难的原因，并非维多利亚时代过分热情的采集者，而是在于过去两百多年来我们以越来越快的速率焚烧化石燃料，却直到最近才认识到这种行为的后果。

结　语

兰花的视角？

写作本书的源起纯属巧合。长期以来，我一直对达尔文的植物学著作抱有兴趣，也痴迷于雷蒙德·钱德勒和H. G. 威尔斯的小说；而且，几乎再没有什么比一边吃着香草味的巧克力一边看《炎热的夏夜》更怡情了。我是非常凑巧地才发现，兰花竟然把我的很多兴趣爱好都联结在了一起。出于无聊而对这些花朵产生的好奇心，让我花了多年时间来研究它们；而在这个过程中，我发现了各种各样意想不到的联系。我压根没想过我吃的巧克力或者给它调味的那种香料是怎样来到商店让我买到的，正如我压根没想过它们在催情剂的历史中居然也能构成一章内容（不过非常遗憾的是，似乎根本没有证据表明香荚兰或其他任何种类的兰花真的具有催情效力）；我根本不知道曾经有一大批“杀手兰花”小说构成一个流派，正如我根本不知道这个流派居然可以让人一瞥19世纪欧洲人对待他们所征服的地域和民众的态度，以及女性在维多利亚时代社会身份的变化。我也从来没想到，达尔文的兰花研究竟然会让我苦苦思考“邪恶”这个神学问题。让我同时感兴趣的一些事物渐渐贯穿起来，呈现出某些脉络，在乍一看互不相干的历史之间揭示出奇怪而（我希望能）有所启发的联系——文学与科学，帝国与性，电影与园艺，还有很多很多。

让我最为惊喜的发现之一，是蜂兰、假交配以及在我母校所开展的那项把兰花与气候变化联系在一起的研究。当然，这个局地的研究故事，只是全球为兰花研究和保护所投入的付出中的一小部分而已；还有其他很多兰花，现在也因为人们对它们生境的影响而陷入濒危境地。国际自然保护联盟（IUCN）目前已经把400多种兰花列为“极危”“濒危”“易危”级别，还有更多的兰花尚无足够数据表明它们正在面临何种处境。[1]

鉴于一些兰花的种因为人类的影响而濒临灭绝，我很惊讶地发现，现如今，其他很多种类的兰花竟然比它们当年最热门的时候还受欢迎、还要普及；如今在自家种植这些兰花的人，竟然比兰花狂热达到高潮时还要多。当下这股复兴的热潮，始于1922年纽约州北部的康奈尔大学，在那里，一位名叫刘易斯·纳德森（Lewis Knudson）的美国生物学家最终找到了让兰花种子生长的方法。此前，法国植物学家诺埃尔·贝尔纳最先发现，兰花种子要萌发，菌根真菌必不可少；继他之后，一个名叫汉斯·布尔格夫（Hans Burgeff）的德国人设法让兰花在实验室中萌发，但只有当他从母株上收集到一些有益的真菌之后，试验才获得成功。纳德森就是发现了菌根真菌到底对兰花做了什么；它们不仅积极参与兰花种子的萌发，而且在种子已经萌发之后仍会主动喂养它们，正是这样才让如此微小的种子能存活足够长的时间，最终长出叶，开始光合作用。[2] 纳德森认识到这一点之后，便觉察到可以直接把兰花所需要的糖分供应给它们，由此开发了用琼脂培养它们的方法；琼脂是从海藻中提取的一种果冻状的便宜培养基，此前已经被生物学实验室用来培养细菌。在此之后又过了几年，兰花种植业便完全脱胎换骨。

是的，在纳德森提出他的发现之后，没过几年兰花种植已经成了一门大产业，美国的商业杂志《财富》都专门为此做了详细的报道。杂志派出的是一位年轻的记者，名叫詹姆斯·阿吉（James Agee），虽然后来在大萧条期间凭借一部有关佃农生活的纪实报道《现在，让我们赞美伟大的人》（*Let Us Now Praise Famous Men*，1941）赢得了很大声誉，但在他的兰花报道于 1935 年 12 月见刊时，他基本还默默无闻。[3] 阿吉重点关注了托马斯·扬（Thomas Young）的职业生涯。扬在新泽西州的邦德布鲁克（Bound Brook）经营一家兰花苗圃，是第一位把纳德森的发现付诸应用的商业种植者。据阿吉介绍，扬的种植实在太成功，这让他很快就没钱养活他繁育出来的大量兰花。1929 年，他把苗圃卖给了华尔街的投资公司查尔斯·D. 巴尼公司（Charles D. Barney & Co.）；巴尼为此支付了 275 万美元（合今 1 亿多美元或 6200 多万英镑），之后便将它扩张成了一个全国性的种植者和批发商网络，但公司名称仍然保留托马斯·扬的名字。托马斯·扬兰花公司的利润时而丰厚，时而微薄，但是——正如阿吉以讽刺的笔调所写的——如果一个人能想起来这家企业成立于大萧条的起始之年，所以它最初的 6 年也是“这个时代赚钱难度登峰造极的 6 年”，再考虑到兰花又是“这个世界上无用程度登峰造极的商品之一”，那么这家公司的利润波动“之小，完全低于你以任何理由作出的预期”。

阿吉为《财富》的读者提供了关于托马斯·扬公司兰花生产线的详细而引人入胜的报道。这条生产线始于人类手工为兰花传粉（要让蜜蜂在工作时间上班，还要遵守各种规章制度，可能实在太困难了）；之后，每棵兰花可以结出 50 万到 100 万粒种子。这些种子再用“尖头上镶铂、以火焰灭菌的针”移种到满是琼脂的试管里，每根试管 200 粒。一张工作台上种下的兰花，总数要以千计。一年之后，再从中选出 50 株耐性最强（但仍然只有大约 6.5 毫米高）的幼苗，移植到新的容器中。再过一年，把最大的 30 株幼苗移入盆中，每盆 5 株。又过一年，表现最佳的植株可以享受专门的花盆。以上每个阶段中，“最弱小的幼苗都会被丢弃”。就这样过了 3 年，最初的 200 粒种子可以产出 25～35 棵健康的植株，几乎没有病害。然后，再用 4 年时间把兰花养到开花，复用 6 年时间让它们充分长成。用作切花的兰花，花朵必须在盛花时切下（切完之后植株将不再长出任何新的花蕾，这一点与其他一些花卉不同），它们覆有蜡质的花瓣天然地可以保持很长时间，但也要冷藏几个小时，让它们“硬化”。用蜡纸（不会吸收潮气）小心包装之后，这些切花便被打包到加固过的箱子中，贴上以“俗艳的红色斜体”写着“小心轻放”字样的标签，然后快马加鞭地运到批发商那里，最终到达花店——有时候离它们的种植地点已有 1,600 多公里之远。圣诞节是兰花的采购旺季之一；1934 年，那列名为“20 世纪特快”（20th Century Limited）的著名列车为了运输托马斯·扬公司的兰花，竟然需要加挂一节车厢。几年之后，《星期六晚邮报》（*Saturday Evening Post*）把托马斯·扬苗圃描述为“兰花产业的总发动机”，能够以“一分钟一棵”的速度生产兰花（很自然地，这篇报道提到了尼罗·沃尔夫，又重述了几个寻找失落兰花的植物猎人的老故事，说他们有时“把自己的头留在了兰花丛林中”）。这份报纸还描述说，托马斯·扬苗圃的 56 个温室面积加起来相当于 62 个棒球场，供应了美国每年消耗的兰花中的一半——包括在白宫见到的那些。托马斯·扬公司甚至还雇用了一位全职的宣传专员琼·哈密尔顿·罗兹（June Hamilton Rhodes），其工作是在提升兰花影响力的同时，维护住它的高雅形象。托马斯·扬公司拒绝给爱德华·G. 鲁宾孙的电影《兰花哥》（见第九章）供应兰花，“等剧照公开时，大家就能理解原因了”；原来，这是因为电影里有一个镜头展示了“一个抽香烟的女郎，短裙长度才到大腿”。[4]

阿吉对兰花不感兴趣，所以没有选择去描写托马斯·扬公司——对他来说，只要写的东西能养活自己就行了。而且，虽然他的报道赞扬了美国企业的创新能力，但也传达了一种感觉，就是他真的不喜欢兰花。举例来说，阿吉在提到达尔文如何第一个阐明了兰花“生殖器的微妙结构”之后，马上写了一句，“我们对此最好点到为止：您一定要知道，自然发明每一种（兰）花，就相当于发出了一封强奸邀请”。兰花就充分利用了“这种特权”，“其精彩和复杂程度远远超过单纯的滥用（abuse）”。考虑到花朵为了吸引昆虫而在演化上付出了很多心血，“强奸”基本算不上是个恰当的用词［不过，如果阿吉了解过兰花戏耍传粉者的手段，“滥用”（同时也有“虐待”的意思）放在这里倒可以谅解了］。在一封私信中，阿吉坦承他深深地厌恶兰花。虽然他承认“这种花本身对此没有责任”，但他仍然觉得“人们对它的反应，过去就糟透了，现在还是糟透了，这让我既讨厌他们的本性，也顺带着讨厌它的本性”。[5] 在之后的一封信中，他又承认自己如此讨厌兰花的想法是“愚蠢”的，但这部分是“恶其余胥”，因为他讨厌那类喜欢兰花的人。他还觉得：“因为一个东西是最大的，最艳的，最贵的，最能体现情色、魅力、声望的而喜欢这个东西——我不喜欢这样。出于这些理由而想当然地认为一个东西是美的，这我就更不喜欢了。”

阿吉还在一封信中摘录了他正在写作的草稿中的几句话（对兰花来说，幸运的是这些文字没有印成铅字）。他一开始把兰花形容为“用彩色片播放出来的精神错乱的噩梦”，就像发情的狒狒裸露的臀部一样吸引人。当男人把兰花送给女人时，它们只是一笔“炫耀式的开销，用来表明她在你心目中是某种看上去特别养眼的东西”。复活节那周的兰花销售最旺，于是在这篇草稿中，阿吉调侃人们对兰花的使用是“把格调租借给了任何需要体现社会和情感地位的场合”，比如“通过耶稣基督的光荣复活，来让死神难堪并最终毁灭”。[6] 而在公开发表的版本中，阿吉删掉了这句话，其他议论的语气也有所缓和，但是他仍然非常强烈地批评了兰花贸易。他相信，兰花种植者是一个垄断同盟；哪怕琼脂培养法可以让兰花种植的成本非常低、足以让它们在市场上以便宜得多的价格出售，他们也从来没有真的想过要用降低售价来竞争。他们完全有可能让“大量现在连兰花的边都够不到的人”买得起兰花。虽然那种更大的市场可能还不存在，但是种植者可以确信：“颇有那么几种类型和档次的女士与先生，当下非常满意于自己可以享有购买兰花的特权；如果所有地方的兰花都几乎像月季那么便宜充足，那么在购买兰花的人里面，这些男男女女会所剩无几。”支撑兰花市场运作的完全就是这种刻意营造出来的高档感；正如阿吉所坦言的，“人们喜欢兰花就是因为它们卖得贵”。

兰花人为的高价，是阿吉讨厌它们的核心原因。他认为兰花“更多地利用势利眼的心理来充塞高档感，除此之外，它与我所知的其他任何商品相比没有不同”。不过他也承认：

> 我只是个人不喜欢这种花的普通外貌。当然，任何花开

图 45 1934 年，罗斯福一家在出席圣诞节宗教活动的路上。第一夫人埃莉诺·罗斯福（Eleanor Roosevelt）胸前佩戴的兰花非常显眼，很可能就是托马斯·扬苗圃提供的。
图片来源：美国国会图书馆图版和摄影组（Library of Congress Prints and Photographs Division）

> 起来都是为了一个专门的目的：繁衍自身。任何花朵的私处和面孔都是同一样东西，对于这一点，我完全没有什么不可接受的；但是我的确觉得，兰花在滥用这种特权。[7]

称兰花“滥用”了每一种花都有的把生殖器挂在脸上的特权，这是个相当惊人的说法。毫无疑问，阿吉真正反感的，是有人竟然会为了单独一棵兰花而浪掷 12 美元（约合今 480 美元或 300 英镑），与此同时，他们还有那么多美国同胞挣扎在饥饿边缘。想到这篇报道正写于大萧条时期，阿吉又对其受害者非常关注，那么他的这种反应并不令人意外，不过，似乎还是很难想象能有别的什么花可以引发这样一种发自肺腑的反应。阿吉似乎真的是因为兰花在人群中所激起的那些反响而指责这种花。兰花身上的性意象和其他文化意象常常在人群中引发强烈的反响，但是阿吉似乎是在中伤兰花本身的道德品质，简直就像在怀疑兰花是有意操纵人类的势利心理来达到繁衍自身的目的。

阿吉控诉得有道理吗？从 20 世纪 30 年代开始，组织培养和克隆（无性繁殖）技术育出的兰花数量与日俱增，我们对兰花的理解也有了可观的增长。结果便是兰花占据了类型更为繁多的生态位：机场礼品店，花店，住处附近的超市，可能还有办公室和家中厨房窗户下的花槽。就像先于我们被兰花吸引的蜜蜂和胡蜂一样，我们也被兰花招徕，协助它们赢得达尔文的竞赛，留下更多它们自己的复制品。花朵身上的意象，无论是象征的、神话的、宗教的，还是传统习俗上的，从来就不可能与其科学解读完全分割开来。比如月季（俗称玫瑰）在西方人的想象中有着十分突出的地位，科学家也因此给它们命名了大量的种名；与那些文化包袱较少的花卉相比，这样的种数基本可以肯定是过度膨胀了。[8] 可能约翰·博伊德的《伊甸园的传粉者》不全是科幻；似乎并不是只有他想象的兰花才“找到了理想的动物来实现自己的目的”。

如果我们改而从兰花的视角出发考虑（这也是我在写作本书的过程中学到的东西之一），那么最近一百年来发生的事情就是，它们找到了一个新的传粉者——我们。通过占据我们的想象、修饰我们的品位和偏好，我们被它们成功说服，协助它们完成生殖和散播的工作（至少是一部分属种的）。

自从达尔文把植物从它们麻木乏味的存在中解放出来，为它们赋予了形形色色的欲望和能满足自身欲求的狡黠，植物在我们的想象中就占据了更为突出的位置。许许多多的植物，在达尔文之后都以全新的、常常是令人惊恐的方式经人重新想象，兰花只是其中之一。在科幻作品中，植物被描写成“终极外星生物”，也就是我们能想到的与我们最不相似的东西。[9]然而，也许兰花可以为我们在人与植物之间指点出一种不同的关系。在阿吉的文章中，几乎只有一位与兰花产业相关联的人看上去还比较可爱，就是那位首席园艺师，一个“沉默、谦和得奇怪、几乎可以说是神秘的瑞典前水手”。在阿吉笔下，他“会说他的兰花‘告诉’他‘自己需要什么’，而且能够让人觉得这种说法听上去并不傻，反而很可信”。[10]这位园艺师看上去有点像达尔文，会耐心地给兰花手工传粉，想象自己是一只昆虫，温雅地探索着方法，与他努力想要理解的植物达成一种更为亲密的关系。这位耐心的园艺师在有关兰花的报道中经常出现，被描绘为一个安静的人，与植物的品格非常一致，能够沉默地倾听。（行文至此，我开始明白为什么我自己的种花手艺这么差。）一个人根本连“半截子”神秘主义都不需要（达尔文就不神秘）就能发现，对植物的体察可以改变我们与它们的关系，让我们想象出一个新的世界，它们在其中不再只是需要开发的资源和拿来利用的东西，而是与我们同类的生物，也有自己的需求、欲望和目标——所有这些我们都可以替它们实现，而不是视而不见。在《伊甸园的传粉者》中，博伊德塑造的那位植物学家保罗·西斯顿告诉他的恋人弗蕾达·卡伦：“只要你开始了解兰花，就会发现你能体会它们的心意，也能体会其他人类的心意，这种能力你以前从来都察觉不到。”万一，这部离奇的小说真的道出了什么意想不到的真理呢？

带着推出新兰花的渴望，维多利亚时代的采集者们常常为兰花创造新的名字，比如图中的植物曾被称为 *Phalaenopsis grandiflora aurea*。很多兰花如今不再被单独分为一种，图中这种兰花被分类为白花蝴蝶兰。

［引自桑德与合伙人公司《赖兴巴赫：得到绘制和描述的兰花》（*Reichenbachia: Orchids Illustrated and Described*），1888］

由贝内迪克特·罗兹尔于大约 1877 年在秘鲁采集的一种尾萼兰属异域兰花 *Masdevallia polysticta* 的干燥和压制标本。这一份标本卡现存于英国皇家植物园邱园的标本室。

难得一见的四裂红门兰（又名“战士兰”），由加文·博恩（Gavin Bone）绘制。

（引自乔斯林·布鲁克《英国的野生兰花》，1950）

蜥蜴兰（即带舌兰），在布鲁克的自传式小说中在一队意大利士兵近旁找到的那种“传说中的花”，由加文·博恩绘制。

（引自乔斯林·布鲁克《英国的野生兰花》，1950）

响彻世界的一记耳光。蒂布斯先生（西德尼·普瓦蒂埃饰）拒绝将另一半边脸转向埃里克·恩迪科特（拉里·盖茨饰）。

（引自《炎热的夏夜》，诺曼·朱伊森执导，1967）

恶之花：艺术家汤姆·亚当斯（Tom Adams）在给雷蒙德·钱德勒的《长眠不醒》（*Ballantine Books*，1971）新设计的封面上将兰花和食肉植物摆放在一起。
图片来源：汤姆·亚当斯

左 一种泥蜂（*Argogorytes mystaceus*）正在试图和一朵黄蜂兰交配，拍摄于2005年6月肯特郡的唐恩兰坡。150年前，达尔文在这同一个地点采集兰花，但是一直没有理解这类物种如何授粉。

图片来源：格兰塔·黑兹尔赫斯特（Grant Hazlehurst）

右 艳唇卡特兰是一种南美洲的兰花，阿尔伯特·米利肯为了得到它们曾经不惜伐倒了4,000多棵树。

［引自《一位兰花猎人的旅行探险记》（*Travels and Adventures of an Orchid Hunter*），1891］

库克森氏齿舌兰。曾经有人为了买到这株“由一个老球根和一个带着一片 8 英寸长的叶子的细小新球根构成”的植物出价到 650 畿尼（约合今天的 298,000 英镑或 471,000 美元）。

（引自桑德与合伙人公司《赖兴巴赫：得到绘制和描述的兰花》，1888）

19 世纪的分类方法要求解剖花，这些解剖图确实让兰花看起来像外星生物。

由弗朗兹・安德烈亚斯・鲍尔（Franz Andreas Bauer）绘制。

［引自约翰・林德利，《兰花图谱》（*Illustrations of Orchidaceous Plants*），1830—1838］

注　释

导　言

1. Susan Orlean, *The Orchid Thief* (London: Vintage, 2000), 47. 电影《兰花贼》(2002)由斯派克·琼斯(Spike Jonze)执导，查理·考夫曼(Charlie Kaufman)和唐纳德·考夫曼(Donald Kaufman)编剧[这两个人在电影中所对应的角色均由尼古拉斯·凯奇(Nicolas Cage)饰演]。
2. Patrick Brantlinger, *Rule of Darkness: British Literature and Imperialism, 1830–1914* (Ithaca: Cornell University Press, 1988), 239, 47.

第一章　被删改的起源

1. Andrew Dalby, "The Name of the Rose Again; or, What Happened to Theophrastus 'On Aphrodisiacs'?" *Petits Propos Culinaires* 64 (2000): 9–11.
2. Diogenes Laertius, *The Lives and Opinions of Eminent Philosophers*, trans. C. D. Yonge, Bohn's Classical Library (London: Henry G. Bohn, 1853), 195.
3. 原文的英文译文曾出现在 Dalby, "Theophrastus 'On Aphrodisiacs,'" 11, 更早还出现在 Anthony Preus, "Drugs and Psychic States in *Theophrastus' Historia Plantarum 9.8–20," in Theophrastean Studies: On Natural Science, Physics and Metaphysics, Ethics, Religion, and Rhetoric*, ed. William Wall Fortenbaugh and Robert W. Sharples (New Brunswick, NJ: Transaction, 1988), 76；各英文译本之间没有显著差异，但 Dalby 版不是那么逐字翻译的，因此更具可读性。
4. Peter Bernhardt, *Gods and Goddesses in the Garden: Greco-Roman Mythology and the Sci-*

entific Names of Plants (New Brunswick, NJ: Rutgers University Press, 2008), 118.

5. Edward Lee Greene, *Landmarks of Botanical History. A Study of Certain Epochs in the Development of the Science of Botany. Part I.—Prior to 1562 A.D.*, Smithsonian Miscellaneous Collections, Vol. 54 (Washington, DC: Smithsonian Institution Press, 1909), 53.
6. Theophrastus 源自 Θειός [theios] = divine，以及 φράσις [phrasis] = diction, Laertius, *Lives of Eminent Philosophers*, 195。
7. 同上，197–99。
8. 这里提及的著作信息都来自同上条目，196–99。
9. Greene, *Landmarks of Botanical History*, 54, 61.
10. Preus, "Drugs and Psychic States in Theophrastus," 88.
11. G. E. R. Lloyd, *Science, Folklore and Ideology: Studies in the Life Sciences in Ancient Greece* (Cambridge: Cambridge University Press, 1983), 1.
12. Jerry Stannard, "Pliny and Roman Botany," *Isis* 56, no. 4 (1965): 420–21.
13. Conway Zirkle, "The Death of Gaius Plinius Secundus (23–79 A.D.)," *Isis* 58, no. 4 (1967): 553–54.
14. Adanson, *Familles des Plantes*, Preface, p. ⅶ. 引用于 Greene, *Landmarks of Botanical History*, 54, 159。
15. Pliny, *Natural History*, ⅩⅩⅥ, 62: 189–91.
16. Pliny, *Natural History*, ⅩⅩⅦ, 42: 240.
17. Pedianus Dioscorides, *De Materia Medica*, ed. Tess Anne Osbaldeston (Johannesburg, South Africa: Ibidis, 2000), 520–21. 原文来自 ca. 50–60 CE。
18. Pedanius Dioscorides, *De Materia Medica*, trans. Lily Y. Beck (New York: Olms-Weidmann, 2005), 237–38.
19. Alma Kumbaric, Valentina Savo, and Giulia Caneva, "Orchids in the Roman Culture and Iconography: Evidence for the First Representations in Antiquity," *Journal of Cultural Heritage* 14 (2013).

第二章　红宝书和黑色花

1. Martin dela Cruz, *The Badianus Manuscript: (Codex Barberini, Latin 241) Vatican Library; An Aztec Herbal of 1552* (Baltimore: Johns Hopkins University Press, 1940), 314.
2. William Turner, *A New Herball: Parts II and III*, Vol. 2 (Cambridge: Cambridge University Press, 1568 [1992]), 586.
3. "Of Dogs Stones: The Vertues," John Gerard, *The Herball: Or, Generall Historie of Plants* [photoreprint of the 1597 ed. published by J. Norton, London],Vol. 1, chapter 98, The English Experience, Its Record in Early Printed Books Published in Facsimile (Norwood, NJ: W. J. Johnson, 1974), 158.
4. Elizabeth L Eisenstein, *The Printing Revolution in Early Modern Europe* (Cambridge: Cambridge University Press, 1983), 12–40.
5. Paula Findlen, "Natural History," in *The Cambridge History of Science*, Vol. 3, *Early Modern Science*, ed. Katharine Park and Lorraine Daston (Cambridge: Cambridge University Press, 2006), 439–40.
6. J. B. Trapp, "Dioscorides in Utopia," *Journal of the Warburg and Courtauld Institutes* 65

(2002): 259–60.

7. Findlen, "Natural History," 440–41.
8. Logbook, October 19 and 21, 1492, quoted in: ibid., 448.
9. Simon Varey and Rafael Chabrán, "Medical Natural History in the Renaissance: The Strange Case of Francisco Hernández," *Huntington Library Quarterly* 57, no. 2 (1994): 133; Findlen, "Natural History," 451–52.
10. 我们所指的阿兹特克人说的只是生活在中美洲讲纳瓦特尔语（Náhuatl）的一群人，现代学者将他们统称为纳瓦人（Náhuas）。阿兹特克人称自己为"墨西加人"，但德拉克鲁斯和巴迪亚诺都不是墨西加人，所以这里用"纳瓦人"最合适。Millie Gimmel, "Reading Medicine in the *Codex de la Cruz Badiano*," *Journal of the History of Ideas* 69, no. 2 (2008): 177.
11. 同上，175–77。
12. Ralph Bauer, "A New World of Secrets: Occult Philosophy and Local Knowledge in the Sixteenth-Century Atlantic," in *Science and Empire in the Atlantic World*, ed. James Delbourgo and Nicholas Dew (London: Routledge, 2008), 99–101.
13. Henry Lowood, "The New World and the European Catalog of Nature," in *America in European Consciousness, 1493–1750*, ed. Karen Ordahl Kupperman (Chapel Hill: University of North Carolina Press, 1995), 303–5; Bauer, "New World of Secrets," 110.
14. Findlen, "Natural History," 444–55.
15. Donovan S. Correll, "Vanilla: Its Botany, History, Cultivation and Economic Import," *Economic Botany* 7, no. 4 (1953): 295.
16. Richard H. Drayton, *Nature's Government: Science, Imperial Britain and the "Improvement" of the World* (New Haven: Yale University Press, 2000), 13–14.
17. Eisenstein, *Printing Revolution*, 51.
18. Agnes Arber, *Herbals: Their Origin and Evolution. A Chapter in the History of Botany 1470–1670*, 3rd ed. (Cambridge: Cambridge University Press, 1990), 58–59; Thomas Archibald Sprague, "The Evolution of Botanical Taxonomy from Theophrastus to Linnaeus," in *Linnean Society's Lectures on the Development of Taxonomy* (London: Linnean Society of London, 1948–49), 5.
19. Tragus, *De Stirpium Historia*, Vol. 2, chapter 82 (Zurich, 1552), 784. (This is the Latin translation of the *Kreütter Buch*.) Greene, *Landmarks of Botanical History*, 1024n32.
20. Arber, *Herbals*, 248–49; Allen G. Debus, *The Chemical Philosophy: Paracelsian Science and Medicine in the Sixteenth and Seventeenth Centuries* (New York: Science History, 1977), 46–48.
21. Arber, *Herbals*, 250–51.
22. Valeria Finucci, *The Manly Masquerade: Masculinity, Paternity and Castration in the Italian Renaissance* (Durham, NC: Duke University Press, 2003), 18.
23. John Baptista Porta, *Natural Magick* (London: Thomas Young and Samuel Speed, 1658). Quoted in: Debus, *Chemical Philosophy*, 34.
24. Finucci, *Manly Masquerade*, 18.
25. Debus, *Chemical Philosophy*, 117–23.
26. Oswald Croll and Johann Hartmann, *A Treatise of Oswaldus Crollius of Signatures of Internal Things; or, A True and Lively Anatomy of the Greater and Lesser World* (London: Star-

key, 1669), 1–6. Lobelius 是 Matthias de l'Obel 拉丁化的名字。

27. Arber, *Herbals*, 252–54.
28. John Parkinson, *Paradisi in Sole Paradisus Terrestris, or, a Garden of All Sorts of Pleasant Flowers Which Our English Ayre Will Permitt to Be Noursed Vp: With a Kitchen Garden of All Manner of Herbes, Rootes, & Fruites,for Meate or Sause Vsed with Vs, and an Orchard of All Sorte of Fruitbearing Trees and Shrubbes Fit for Our Land Together with the Right Orderinge Planting & Preseruing of Them and Their Vses & Vertues* (London: Humfrey Lownes and Robert Young, 1629), 67.
29. Steven Shapin, *The Scientific Revolution* (Chicago: University of Chicago Press, 1996).
30. John Parkinson,J. Mackie, and University of Cambridge Dept. of Plant Sciences, *Theatrum Botanicum: The Theater of Plants: Or, an Herball of a Large Extent; Containing Therein a More Ample and Exact History and Declaration of the Physicall Herbs and Plants That Are in Other Authours, Encreased by the Accesse of Many Hundreds of New, Rare, and Strange Plants from All the Parts of the World, with Sundry Gummes, and Other Physicall Materials, Than Hath Beene Hitherto Published by Any before; and a Most Large Demonstration of Their Natures and Vertues; Shewing Withall the Many Errors, Differences, and Oversights of Sundry Authors That Have Formerly Written of Them; and a Certaine Confidence, or Most Probable Conjecture of the True and Genuine Herbes and Plants. Distributed into Sundry Classes or Tribes, for the More Easie Knowledge of the Many Herbes of One Nature and Property, with the Chiefe Notes of Dr. Lobel, Dr. Bonham, and Others Inserted Therein* (London: Tho. Cotes, 1640), 1346.
31. *Stirpium Historiae Pemptades Sex* (1581), 引用于 Arber, *Herbals*, 255–56。
32. Greene, *Landmarks of Botanical History*, 54, 237.
33. Julius Rembert Dodoens, *Stirpium Historiae Pemptades Sex* (Antwerp: Christopher Plantin, 1583); Greene, *Landmarks of Botanical History*, 1, 858–59.
34. Mark A. Waddell, "Magic and Artifice in the Collection of Athanasius Kircher," *Endeavour* 34, no. 1 (2009), 30–34.
35. Jakob Breyne, *Exoticarum Aliarumque Minus Cognitarum Plantarum* (1678). 引用于 Oakes Ames, *Orchids in Retrospect: A Collection of Essays on the Orchidaceae* (Cambridge, MA: Botanical Museum of Harvard University, 1948), 1.

第三章　兰花之名

1. William T. Stearn, "Two Thousand Years of Orchidology," in *Proceedings of the Third World Orchid Conference* (London: Royal Horticultural Society, 1960), 32.
2. Drayton, *Nature's Government*, 14–15. See also: Bruno Latour, *Science in Action: How to Follow Scientists and Engineers through Society* (Cambridge, MA: Harvard University Press, [1987] 1994), 219–25.
3. Julius Sachs, *History of Botany, 1530–1860*, trans. Henry E. F. Garnsey (Oxford: Oxford University Press, 1906), 30.
4. *Stirpium Adversaria Nova* (1576), quoted in: ibid., 31–32.
5. Charles Schweinfurth, "Classification of Orchids," in *The Orchids: A Scientific Survey*, ed. Carl Leslie Withner (New York: Ronald Press, 1959), 16.

6. Lowood, "European Catalog," 295; Drayton, *Nature's Government*, 15–16; Arthur James Cain, "Rank and Sequence in Caspar Bauhin's Pinax," *Botanical Journal of the Linnean Society* 114 (1994): 311–56.
7. Drayton, *Nature's Government*, 17.
8. 同上，17–18。
9. Hans Sloane, *A Voyage to the Islands Madera, Barbados, Nieves, S. Christophers and Jamaica: With the Natural History of the Herbs and Trees, Four-Footed Beasts, Fishes, Birds, Insects, Reptiles, &C. Of the Last of Those Islands; to Which Is Prefix'd, an Introduction, Wherein Is an Account of the Inhabitants, Air, Waters, Diseases, Trade, &C. Of That Place, with Some Relations Concerning the Neighbouring Continent, and Islands of America. Illustrated with Figures of the Things Described, Which Have Not Been Heretofore Engraved* (London: B. M. for the Author, 1707–1725)，引言。
10. Varey and Chabrán, "Strange Case of Francisco Hernández," 141.
11. Peter Dear, *Revolutionizing the Sciences: European Knowledge and Its Ambitions, 1500–1700* (Basingstoke: Palgrave, 2001), 111–13.
12. Jorge Cañizares-Esguerra, "Iberian Science in the Renaissance: Ignored How Much Longer?" *Perspectives on Science* 12, no. 1 (2004): 86–124.
13. Lowood, "European Catalog," 295–315.
14. Sachs, *History of Botany*, 76–77.
15. Stearn, "Two Thousand Years of Orchidology," 32; Charlie Jarvis and Phillip Cribb, "Linnaean Sources and Concepts of Orchids," *Annals of Botany* 104 (2009): 367.
16. Van Rheede, preface to Vol. 3 of *Hortus Malabaricus*. 引用于 H. Y. Mohan Ram, "On the English Edition of Van Rheede's Hortus Malabaricus by K. S. Manilal (2003)," *Current Science* 89, no. 10 (2005): 1673–74。
17. Stearn, "Two Thousand Years of Orchidology," 33.
18. Jarvis and Cribb, "Linnaean Concepts of Orchids," 367.
19. Wilfrid Blunt, *The Compleat Naturalist: A Life of Linnaeus* (London: Collins, 1971).
20. Lisbet Koerner, "Carl Linnaeus in His Time and Place," in *Cultures of Natural History*, ed. Nicholas Jardine, James A. Secord, and Emma Spary (Cambridge: Cambridge University Press, 1996), 148–49.
21. Peter Harrison, "Linnaeus as a Second Adam? Taxonomy and the Religious Vocation," *Zygon* 44, no. 4 (2009): 879–80.
22. Londa Schiebinger, "The Private Life of Plants: Sexual Politics in Carl Linnaeus and Erasmus Darwin," in *Science and Sensibility: Gender and Scientific Enquiry, 1780–1945*, ed. Marina Benjamin (Oxford: Blackwell, 1991), 122–23.
23. Carl Linnaeus, *Systema Naturae, sive Regna Tria Naturae Systematice Proposita per Classes, Ordines, Genera, & Species* (Leiden, 1735). 引用于 Staffan Müller-Wille, "Systems and How Linnaeus Looked at Them in Retrospect," *Annals of Science* 70, no. 3 (2013): 311。
24. 同上，314。
25. Linnaeus, *Philosophia Botanica* (1751), aphorism 77. 引用于 Staffan Müller-Wille, "Collection and Collation: Theory and Practice of Linnaean Botany," *Studies in History and Philosophy of Biological and Biomedical Sciences* 38 (2007): 553.
26. Lisbet Koerner, *Linnaeus: Nature and Nation* (Cambridge, MA: Harvard University Press,

1999), 114.

27. Carl Linnaeus, *Critica botanica* (1737). 引用于 Müller-Wille, "Collection and Collation," 560。
28. Carl Linnaeus, *Genera Plantarum Eorumque Characters Naturales Secundum Numerum, Figuram, Situm, Proportionem Omnium FructificationisPartium, sixth edition* (Stockholm, 1764), "Ordines naturales," [aph. 10]. 引用于 Staffan Müller-Wille, "Systems and How Linnaeus Looked at Them in Retrospect," *Annals of Science* 70, no. 3 (2013): 305–17。
29. Carl Linnaeus, *Philosophia Botanica in qua ExplicanturFundamenta Botanica cum Definitionibus Partium, Exemplis Terminorum, Observationibus Rariorum* (Stockholm, 1751). 引用于 Müller-Wille, "Systems and How Linnaeus Looked at Them," 314。
30. Jarvis and Cribb, "Linnaean Concepts of Orchids," 367–71.
31. James Larson, "Linnaeus and the Natural Method," *Isis* 58, no. 3 (1967): 304–20; Peter F. Stevens, *The Development of Biological Systematics: Antoine-Laurent de Jussieu, Nature, and the Natural System* (New York: Columbia University Press, 1994).
32. Linnaeus, *Prœludia Sponsaliorum Plantarum* (On the prelude to the wedding of plants), XVI, p. 14. 引用于 Larson, "Linnaeus and the Natural Method," 306。
33. Schiebinger, "Private Life of Plants."
34. Janet Browne, "Botany for Gentlemen: Erasmus Darwin and The Loves of the Plants," *Isis* 80, no. 304 (1989): 600.
35. Díaz del Castillo Bernal, *True History of the Conquest of New Spain* (*Historia Verdaderadela Conquista dela Nueva España*). 引用于 Sophie D. Coe and Michael D. Coe, *The True History of Chocolate* (London: Thames & Hudson, 1996 [2013]).
36. Hernández, Obras Completas. 引用于 Coe and Coe, *True History of Chocolate*。
37. Cruz, *Badianus Manuscript*, 314; Johannes de Laet, "Manuscript Translation of Hernández," trans. Rafael Chabrán, Cynthia L. Chamberlin, and Simon Varey, in *The Mexican Treasury: The Writings of Dr. Francisco Hernández*, ed. Simon Varey (Stanford: Stanford University Press, 2000), 167.
38. 这个故事出现在 Patricia Rain, *Vanilla: The Cultural History of the World's Favorite Flavor and Fragrance* (Los Angeles: Jeremy P. Tarcher, 2004), 在这本书里 Zimmermann 的姓氏被错写成了"Bezaar"。
39. Coe and Coe, *True History of Chocolate*; Roy Porter and Mikuláš Teich, eds., *Drugs and Narcotics in History* (Cambridge: Cambridge University Press, 1995), 29–30.
40. Louis Liger, *The Compleat Florist: Or, the Universal Culture of Flowers, Trees and Shrubs; Proper to Imbellish Gardens* (London: Printed for Benj. Tooke, at the Temple-Gate, Fleetstreet, 1706), 269.
41. Annette Giesecke, *The Mythology of Plants: Botanical Lore from Ancient Greece and Rome* (Los Angeles: J. Paul Getty Museum, 2014), 23.
42. Bernhardt, *Gods and Goddesses*, 59; Giesecke, *Mythology of Plants*, 30.
43. Giesecke, *Mythology of Plants*, 49.
44. Liger, *Compleat Florist*, 270.
45. Renate Blumenfeld-Kosinski, "The Scandal of Pasiphae: Narration and Interpretation in the 'Ovide Moralisé,'" *Modern Philology* 93, no. 3 (1996): 307–26.
46. 感谢艾玛·斯帕里（Emma Spary）的建议，她还向我提供了很多有用的与路易·利热相关的背景信息。

47. Liger, *Le Voyageur Fidèle, ou le Guide des Etrangers dans la Ville de Paris, qui Enseigne Toutce qu'ilya de Plus Curieux à Voir*, (1715: 356). 引用于 E. C. Spary, *Eating the Enlightenment: Food and the Sciences in Paris* (Chicago: University of Chicago Press, 2012), 115。
48. Spary, *Eating the Enlightenment*, 121. 也可见 Geoffrey V. Sutton, *Science for a Polite Society* (Boulder, CO: Westview, 1995), 8。
49. Sutton, *Science for a Polite Society*, 8–15.
50. Grace Greylock Niles, *Bog-Trotting for Orchids* (New York: G. P. Putnam's Sons, 1904), 109–10.
51. 即使是学术著作，有时候也会不明确说明这个神话的古典来源而直接引用，比如 Bernhardt 的 *Gods and Goddesses*。

第四章　兰花狂热

1. 合今的价格是通过 MeasuringWorth.com 网站上的"劳动价值"的算法相对于平均工资来计算的。对美元的换算依据 2014 年的平均汇率。
2. Harry James Veitch, "A Retrospect of Orchid Culture," in *A Manual of Orchidaceous Plants: Cultivated under Glass in Great Britain* (London: James Veitch and Sons, 1887–94), 109.
3. Stearn, "Two Thousand Years of Orchidology," 35–36.
4. Sander to Roezl,c.1883. 引用于 Arthur Swinson, *Frederick Sander: The Orchid King* (London: Hodder and Stoughton, 1970), 29。也可见 Merle A. Reinikka, *A History of the Orchid*, 2nd ed. (Portland, OR: Timber, 1995), 61–64。
5. James Brooke, *The Fairfield Orchids,a Descriptive Catalogue of the Species and Varieties Grown by James Brooke and Co., Fairfield Nurseries* (Manchester: James Brooke, 1872), 7.
6. 引用于 Veitch, "Retrospect of Orchid Culture," 110。
7. Peter Bernhardt, *Wily Violets and Underground Orchids: Revelations of a Botanist* (New York: Vintage, 1990), 186–87.
8. 这些在 *Botanical Register*, Vol. 3, 1817（图版 220 之后，暗码）中有所描述。
9. Veitch, "Retrospect of Orchid Culture," 113.
10. 同上, 114–16。
11. 引用于 Phillip Cribb, Mike Tibbs, John Day, and Kew Royal Botanic Gardens, *A Very Victorian Passion: The Orchid Paintings of John Day, 1863 to 1888* (Kew: Royal Botanic Gardens, 2004), 11；以及 Veitch, "Retrospect of Orchid Culture," 116。
12. James Bateman, *The Orchidaceae of Mexico and Guatemala* (London: For the author, J. Ridgway & Sons, 1837–1843), 10–14.
13. 同上, 3–5。
14. E. Charles Nelson, *John Lyons and His Orchid Manual* (Kilkenny, Ireland: Boethius, 1983), 20–22, 46–52.
15. John Charles Lyons, *Remarks on the Management of Orchidaceous Plants, with a Catalogue of Those in the Collection of J. C. Lyons, Ladiston. Alphabetically Arranged, with Their Native Countries and a Short Account of the Mode of Cultivation Adopted* (Ladiston: Self-published, 1843),n.p., 96.
16. In works such as Sertum Orchidaceum (1838) and *The Genera and Species of Orchidaceous Plants* (1830–40). 可 见 Schweinfurth, "Classification of Orchids," 20–23；Brent Elliott,

"The Royal Horticultural Society and Its Orchids: A Social History," *Occasional Papers from the RHS Lindley Library* 2 (2010): 8–11。

17. Lyons, *Management of Orchidaceous Plants*; 着重符号由原文自带。
18. 同上 , 10–15。
19. 同上 , 4。
20. Jeffrey A. Auerbach, *The Great Exhibition of 1851: A Nation on Display* (New Haven: Yale University Press, 1999); James Buzard, Joseph W. Childers, and Eileen Gillooly, eds., *Victorian Prism: Refractions of the Crystal Palace* (Charlottesville: University of Virginia Press, 2007); Isobel Armstrong, *Victorian Glassworlds: Glass Culture and the Imagination 1830–1880* (Oxford: Oxford University Press, 2008).
21. Ker, 给威廉斯的"Orchids for the Million"所作的序言，*Gardeners' Chronicle*, no. 20 (May 17, 1851): 308。
22. Henry Williams, "[Obituary] Bernard S. Williams," *Orchid Album* 9 (1891).

第五章　达尔文的兰坡

1. 之前，荷兰历史中的这一段鲜为人知，后来在维多利亚时代，英国出了一本奇书，让这段历史变得家喻户晓，见 *Memoirs of Extraordinary Popular Delusions and the Madness of Crowds*, by Charles Mackay (1841)。
2. [John Roby Leifchild], "Review of Darwin, CR 'on the Various Contrivances by Which British and Foreign Orchids Are Fertilized by Insects,'" *Athenaeum*, no. 1804 (1862): 683.
3. Anonymous, "Mr. Darwin's Orchids," *Saturday Review of Politics, Literature, Science, and Art* (1862): 486.
4. J. D. Hooker to C. R. Darwin, January 29, 1844 (emphasis added). Darwin Correspondence Database, http://www.darwinproject.ac.uk/entry-734.
5. Jim Endersby, *Imperial Nature: Joseph Hooker and the Practices of Victorian Science* (Chicago: University of Chicago Press, 2008).
6. Francis Darwin, *The Life and Letters of Charles Darwin*, rev. ed., Vol. 3 (London: John Murray, 1888), 263. See also: Retha Edens-Meier and Peter Bernhardt, eds., *Darwin's Orchids: Then and Now* (Chicago: University of Chicago Press, 2014), 6.
7. Mea Allan, *Darwin and His Flowers: The Key to Natural Selection* (London: Faber and Faber, 1977), 195.
8. Charles Darwin, *On the Various Contrivances by Which British and Foreign Orchids Are Fertilised by Insects, and on the Good Effects of Intercrossing* (London: John Murray, 1862), 1–2.
9. Anonymous, "Darwin's Orchids."
10. Richard Bellon, "Inspiration in the Harness of Daily Labor: Darwin, Botany, and the Triumph of Evolution, 1859–1868," *Isis* 102 (2011), 393–420.
11. William Bernhard Tegetmeier, "Darwin on Orchids," *Weldon's Register of Facts and Occurrences* (1862).
12. Anonymous, "Fertilization of Orchids. By Charles Darwin," *Parthenon* 1, no. 6 (1862): 177.
13. Tegetmeier, "Darwin on Orchids."
14. John Murray to Charles Darwin, July 29, 1874, Frederick Burkhardt, James A. Secord, and

the Editors of the Darwin Correspondence Project, eds., *The Correspondence of Charles Darwin*, Vol. 24, 1874 (Cambridge: Cambridge University Press, 2015), 394.

15. Joseph Dalton Hooker, "[Review of] Darwin, C. R. On the Various Contrivances by Which British and Foreign Orchids Are Fertilized by Insects," *Natural History Review* 2, no. 8 (1862): 371.
16. Darwin, *Orchids*, 2.
17. 尽管这两个术语有时候会互换使用，但传粉和受精不是一回事。传粉是让花粉落在雌蕊的柱头上，然后会萌发并伸长成花粉管，精子会顺着花粉管经过花柱进入子房，然后发生受精（即雄性配子和雌性配子发生融合形成受精卵的过程）。
18. Charles Darwin, *On the Origin of Species by Means of Natural Selection: Or the Preservation of Favoured Races in the Struggle for Life* (London: John Murray, 1859), 62–63.
19. Jim Endersby, "Darwin on Generation, Pangenesis and Sexual Selection," in *Cambridge Companion to Darwin*, ed. M. J. S. Hodge and G. Radick (Cambridge: Cambridge University Press, 2003), 69–91.
20. Darwin, *Orchids*, 4.
21. 同上，15。
22. 同上，1。
23. W. Paley, *Natural Theology: Or, Evidences of the Existence and Attributes of the Deity*, 12th ed. (London: J. Faulder, 1809), 11.
24. 我对这些主题的思考最早受到了这篇论文的启发："Beautiful Contrivance: Science, Religion and Language in Darwin's Fertilization of Orchids," by Richard England, Salisbury University, 是 2001 年 10 月一篇未经发表的研讨会论文。关于自然神学的概论，可见 John Hedley Brooke, *Science and Religion: Some Historical Perspectives* (Cambridge: Cambridge University Press, 1991); Thomas Dixon, *Science and Religion: A Very Short Introduction* (Oxford: Oxford University Press, 2008)。
25. Anonymous, "Fertilization of Orchids," 178.
26. Tegetmeier, "Darwin on Orchids."
27. Anonymous, "Darwin's Orchids."
28. George (8th Duke of Argyll) Campbell, "The Supernatural [Review of Darwin on Orchids and Other Works]," *Edinburgh Review* 116, no. 236 (1862): 392. 举个例子，坎贝尔引用了达尔文对某种兰花的评论："蕊喙部分地关闭蜜腺的入口，就像给一轮比赛设好的陷阱。" Darwin, *Orchids*, 30.
29. Paley, *Natural Theology*, 2–12.
30. C. Darwin to Asa Gray, November 23, 1862. Darwin Correspondence Database, http://www.darwinproject.ac.uk/entry-3820.
31. 关于格雷的宗教观，请见 A. Hunter Dupree, *Asa Gray: American Botanist, Friend of Darwin*, 1st paperbacked. (Baltimore: Johns Hopkins University Press, 1959 [1988]), 380–81; 还有 http://www.darwinproject.ac.uk/religion-historical-resources。
32. Asa Gray, "[Review of C. R. Darwin] On the Various Contrivances by Which British and Foreign Orchids Are Fertilised by Insects," *American Journal of Science and Arts New Series* 34 (1862): 139.
33. George (8th Duke of Argyll) Campbell, "What Is Science?" *Good Words* 26 (1885): 243–44.
34. C. Darwin to Asa Gray, May 22, 1860: Frederick Burkhardt et al., eds., *The Correspondence*

of Charles Darwin, Vol. 8, 1860 (Cambridge: Cambridge University Press, 1993), 224.

35. Bernard Lightman and Gowan Dawson, eds., *Victorian Scientific Naturalism: Community, Identity, Continuity* (Chicago: University of Chicago Press, 2014).
36. Gray, "[Darwin] Orchids," 139.
37. Asa Gray to Darwin, July 2, 1862. Darwin Correspondence Database, http://www.darwinproject.ac.uk/entry-3637
38. Darwin to Asa Gray, July 23[–4], 1862, Darwin Correspondence Database, http://www.darwinproject.ac.uk/entry-3662
39. [Leifchild], "Review of Orchids," 684.
40. Darwin, *Orchids*, 210.
41. *The Various Contrivances by Which British and Foreign Orchids Are Fertilised by Insects, and on the Good Effects of Intercrossing*, 2nd ed. (London: John Murray, 1877 [1904]), 175–76.
42. Darwin quoted this from Lindley's *The Vegetable Kingdom* (1853,p. 178), in *Orchids*, 236.
43. Edens-Meier and Bernhardt, *Darwin's Orchids: Then and Now*, 12.
44. Darwin, *Orchids*, 244. 那位"杰出植物学家"是阿方斯·德堪多（Alphonse de Candolle）. Michael T. Ghiselin, "Darwin: A Reader's Guide," *Occasional Papers of the California Academy of Sciences* 155 (2009): 24.
45. Darwin, *Orchids*, 306.
46. Asa Gray, ed., *Darwiniana: Essays and Reviews Pertaining to Darwinism*, ed. A. Hunter Dupree (Cambridge: Harvard University Press, 1963).
47. John Beatty, "Chance Variation: Darwin on Orchids," *Philosophy of Science* 73, no. 5 (2006), 629–41. See also: James G. Lennox, "Darwin Was a Teleologist," *Biology and Philosophy* 8, no. 4 (1993), 409–21.
48. Asa Gray to Darwin, July 2, 1862. Darwin Correspondence Database, http://www .darwinproject.ac.uk/entry-3637
49. Asa Gray to Darwin, July 7, 1863. Darwin Correspondence Database, http://www .darwinproject.ac.uk/entry-4234
50. Darwin to Asa Gray, Aug 4 [1863], Darwin Correspondence Database, http://www .darwinproject.ac.uk/entry-4262
51. Darwin, *Orchids*, 130–33, 349–50.
52. 同上 , 198。
53. Joseph Arditti et al., " 'Good Heavens What Insect Can Suck It'–Charles Darwin, *Angraecum sesquipedale and Xanthopan morganii praedicta*," *Botanical Journal of the Linnean Society* 169 (2012): 408–9.
54. Darwin, *Orchids*, 198.
55. C. R. Darwin to J. D. Hooker, January 25 [1862], Darwin Correspondence Database, http://www.darwinproject.ac.uk/entry-3411
56. C. R. Darwin to J. D. Hooker, January 30 [1862]. Darwin Correspondence Database, http://www.darwinproject.ac.uk/entry-3421
57. Darwin, *Orchids*, 198.
58. 同上 , 201–3。
59. Arditti et al., "What Insect Can Suck It," 419–25.

60. Bernhardt, *Wily Violets*, 199–200.
61. St. G. J. Mivart to C. R. Darwin, June 11, 1870; and C. R. Darwin to St. G. J. Mivart, June 13, 1870. Darwin Correspondence Database, http://www.darwinproject.ac.uk/entry-7227 and entry-7228a
62. St. George Jackson Mivart and Making of America Project, *On the Genesis of Species by St. George Mivart,F. R. S.* (New York: D. Appleton, 1871), 67–68.
63. Darwin, *Orchids*, 68.
64. Darwin, C. "Recollections of the Development of My Mind and Character," published as: *Autobiographies*, ed. Michael Neve and Sharon Messenger (Harmondsworth: Penguin Books, 1887/1903 [2003]).

第六章 兰花争夺战

1. Darwin to Hooker, Jan 13, 1863. Darwin Correspondence Database, http://www.darwinproject.ac.uk/entry-3913
2. Darwin to Hooker, July 6, 1861. Darwin Correspondence Database, http://www.darwinproject.ac.uk/entry-3200
3. Darwin, *Orchids*, 158.
4. Brooke, *Fairfield Orchids*, 2.
5. Swinson, *Frederick Sander*.
6. Frederick Boyle, *The Woodlands Orchids Described and Illustrated, with Stories of Orchid-Collecting* (London: Macmillan, 1901), 17–20.
7. Alice M. Coats, *The Quest for Plants: A History of Horticultural Explorers* (London: Studio Vista, 1969), 348–50.
8. Swinson, *Frederick Sander*, 23–24, 7.
9. 同上，29。
10. Stearn, "Two Thousand Years of Orchidology," 35–36; Lyons, *Management of Orchidaceous Plants*, 7.
11. Swinson, *Frederick Sander*, 29–30.
12. Percy Collins, "The Romance of Auctioneering," *Strand Magazine* 31, no. 181 (1906): 100–106. 拍卖的精确日期没有给出。
13. W. A. Stiles, "Orchids," *Scribner's Monthly* 15, no. 2 (1894): 191.
14. C. G. G. J. van Steenis and M.J. van Steenis-Kruseman, *Flora Malesiana*, Series I, Spermatophyta, ed. C. G. G. J. van Steenis, Vol. 1 (Djakarta: Noordhoff-Kolff, 1950), 360.
15. Swinson, *Frederick Sander*, 81–83.
16. Stiles, "Orchids," 192.
17. Swinson, *Frederick Sander*, 84–85, 103.
18. Micholitz to Sander, Macassar June 2, 1891. Frederick Sander Papers (Archives, Royal Botanic Gardens, Kew),Vol. 11, Letters from Wilhelm Micholitz.
19. Stiles, "Orchids," 193–94; Michael Sidney Tyler-Whittle, *The Plant Hunters, Being an Examination of Collecting, with an Account of the Careers & the Methods of a Number of Those Who Have Searched the World for Wild Plants* (Philadelphia: Chilton, 1970), 9–10.
20. "The Great Orchid Sale," *Standard*, October 17, 1891.

21. 这个故事似乎是从博伊尔那儿传出来的，他说是从帕克斯顿那里知道的，但是没有提供资料来源。Frederick Boyle, *About Orchids: A Chat* (London: Chapman & Hall, 1893), 173–74.
22. John Lindley, *Collectanea Botanica, or Figures and Botanical Illustrations of Rare and Curious Exotic Plants* (London: Richard and Arthur Taylor, Shoe-Lane, 1821), t.33.
23. Boyle, *About Orchids*, 177–79.
24. Tyler-Whittle, *The Plant Hunters*, 124.
25. Robert Allen Rolfe, "Cattleya labiata and Its Habitat," *Orchid Review* 8, no. 96 (1900): 365. 关于斯温森用兰花作为包装填充材料的传说在一些较为可靠的书籍中仍然时常出现，比如 Reinikka, *History of the Orchid*, 23。
26. *Gardeners' Chronicle*, Third Series 10, no. 248 (September 26, 1891): 363.
27. *Gardeners' Chronicle*, Third Series 10, no 150 (October 10, 1891): 414.
28. "Great Orchid Sale."
29. Micholitz to Sander, Macassar February 10, 1891. Frederick Sander Papers (Archives, Royal Botanic Gardens, Kew),Vol. 11, Letters from Wilhelm Micholitz.
30. Micholitz to Sander, Macassar June 2, 1891. Frederick Sander Papers (Archives, Royal Botanic Gardens, Kew),Vol. 11, Letters from Wilhelm Micholitz. Extracts were published in: Swinson, *Frederick Sander*, 106.
31. Swinson, *Frederick Sander*, 106–7.
32. "An Orchid Sale," in: Boyle, *About Orchids*. 本书是报刊文章合集；博伊尔没有提供原始的发表信息，但是他的文章最先肯定是在 1891 年到合集出版的 1893 年之间发表的。
33. Boyle, "The Story of an Orchid," *Ludgate* 4 (1897): 508.
34. Henry Ogg Forbes, "Three Months' Exploration in the Tenimber Islands, or Timor Laut," *Proceedings of the Royal Geographical Society and Monthly Record of Geography* New Monthly Series 6, no. 3 (1884): 113–29; William Turner Thiselton-Dyer and Daniel Oliver, "Report of the Botany of Mr. H. O. Forbes's Expedition to Timor-Laut," *Journal of the Linnean Society* (Botany) 21 (1885): 370–374; Joseph Dalton Hooker, "Dendrobium phalaenopsis," *Curtis's Botanical Magazine, Comprising the Plants of the Royal Gardens of Kew and of Other Botanical Establishments in Great Britain* Third Series 41 (1885).
35. Swinson, *Frederick Sander*, 126, 42–44.
36. Frederick Boyle and Joseph Godseff, *The Culture of Greenhouse Orchids: Old System and New* (London: Chapman & Hall, 1902).
37. Boyle, *About Orchids*, 32.
38. Lady Charlotte, "Most Rare: Flowers That Cost Lives to Secure," *Daily Mail*, no. 3 (1896): 7.
39. Stiles, "Orchids," 193–94.
40. "M. Hamelin's Adventures in Madagascar," *Standard*, July 25, 1893.
41. "Eulophiella elisabethae," *Gardeners' Chronicle* Third Series 14, no. 340 (July 1, 1893): 14.
42. Sander and Co., "Great Orchid Sale" [advertisement], *Gardeners' Chronicle* Third Series 14, no. 340 (July 1, 1893): 7.
43. *Nottinghamshire Guardian* (London, England), July 8, 1893, 5. *The Liverpool Echo's* piece also appeared on July 8, 1893.
44. *Yorkshire Herald, and York Herald* (York, England), July 10, 1893, 3.
45. "London Letter," *Garden and Forest* 6, no. 281 (1893): 294.

46. *Standard* (London, England), October 25, 1893, 3.
47. "Madagascar:—*Eulophiella elisabethae*," *Gardeners' Chronicle* Third Series 14, no. 358 (1893): 556.
48. "The New Orchid, '*Eulophiella elisabethæ*,' of Madagascar," *Standard* (London, England), October 27, 1893, 3. 该物种由罗伯特·艾伦·罗尔夫描述并命名，可见 *Lindenia* Part 16, 5 (1892): 29–30。
49. Lucien Linden, "History of the Introduction of *Eulophiella elisabethae*," *Lindenia* Part 16, 3 (1892): 29–30.
50. "Orchid Hunting: A Dangerous Pastime," *Singapore Free Press and Mercantile Advertiser*, October 18, 1901, 3.
51. Boyle, *Woodlands Orchids*, 117.
52. Brooke, *Fairfield Orchids*, 10.
53. 自古罗马时代以来，种满异域植物的花园就被视为帝国征服的战利品。Giesecke, *Mythology of Plants*, 18–19.
54. Stiles, "Orchids," 193.
55. 同上，196。
56. Boyle, *About Orchids*, 26.

第七章 野蛮的兰花

1. Benjamin Samuel Williams, *The Orchid-Grower's Manual: Containing Brief Descriptions of Upwards of Four Hundred Species and Varieties of Orchidaceous Plants: Together with Notices of Their Times of Flowering and Most Approved Modes of Treatment: Also, Plain and Practical Instructions Relating to the General Culture of Orchids: And Remarks on the Heat, Moisture, Soil, and Seasons of Growth and Rest Best Suited to the Several Species. Seventh Edition, Enlarged and Revised to the Present Time by Henry Williams* (London Victoria and Paradise Nurseries, 1894), 17.
2. Samuel Moskowitz, ed., *Science Fiction by Gaslight: A History and Anthology of Science Fiction in the Popular Magazines*, 1891–1911, 2nd ed. (Westport, CT: Hyperion, 1974), 25.
3. Charlotte F. Otten, "Ophelia's 'Long Purples' or 'Dead Men's Fingers,'" *Shakespeare Quarterly* 30, no. 3 (1979): 397–402.
4. 引用于 Londa Schiebinger, "Gender and Natural History," in *Cultures of Natural History*, ed. Nicholas Jardine, James A. Secord, and Emma Spary (Cambridge: Cambridge University Press, 1996), 163–77。
5. Schiebinger, "Private Life of Plants," 128.
6. Brooke, *Fairfield Orchids*, 10.
7. 对于这个故事以及我讨论的其他几个故事，我深深感谢查德·阿门特（Chad Arment）的工作。他花了数年时间追踪这些故事，并由此出版了三本古灵精怪又精彩至极的故事集。Chad Arment, ed., *Botanica Delira: More Stories of Strange, Undiscovered, and Murderous Vegetation* (Landisville, PA: Coachwhip, 2010); *Flora Curiosa: Cryptobotany, Mysterious Fungi, Sentient Trees, and Deadly Plants in Classic Science Fiction and Fantasy*, 2nd (rev.) ed. (Greenville, OH: Coachwhip, 2013); and *Arboris Mysterius: Stories of the Uncanny and Undescribed from the Botanical Kingdom* (Greenville, OH: Coachwhip, 2014).

其中一些故事（还有其他的）可以在这本书里找到：Carlos Cassaba, ed. *Roots of Evil: Beyond the Secret Life of Plants* (London: Corgi Books, 1976).

8. Hawthorne, "Rappaccini's Daughter" (1844), in: Arment, *Flora Curiosa*, 7–37.
9. Fred M. White, "The Purple Terror," *Strand Magazine* 18, no. 105 (1896): 244.
10. Charles Darwin and Francis Darwin, *The Power of Movement in Plants* (London: John Murray, 1880), 281–418.
11. H. G. Wells, David Y. Hughes, and Harry M. Geduld, *A Critical Edition of the War of the Worlds: H. G. Wells's Scientific Romance* (Bloomington: Indiana University Press, 1993), 52. 对塔斯马尼亚原住民命运的描述可见威尔斯的 *Outline of History* (1920)。
12. Brantlinger, *Rule of Darkness*, 238, 51.
13. Grant Allen, "Queer Flowers," *Popular Science Monthly* 26, no. 10 (1884): 182.
14. My thanks to Jonathan Smith, whose work brought this aspect of Allen's to my attention. Jonathan Smith, "Grant Allen, Physiological Aesthetics, and the Dissemination of Darwin's Botany," in *Science Serialized: Representations of the Sciences in Nineteenth-Century Periodicals*, ed. Sally Shuttleworth and Geoffrey N. Cantor (Cambridge, MA: MIT Press, 2004); Jonathan Smith, "Une Fleur du Mal? Swinburne's 'the Sundew' and Darwin's Insectivorous Plants," *Victorian Poetry* 41 (2003): 131–50; and Jonathan Smith, *Charles Darwin and Victorian Visual Culture*, Cambridge Studies in Nineteenth-Century Literature and Culture (Cambridge: Cambridge University Press, 2009). See: Grant Allen, *Charles Darwin* (New York: D. Appleton, 1885).
15. Herbert George Wells, *Experiment in Autobiography. Discoveries and Conclusions of a Very Ordinary Brain* (since 1866). (Philadelphia: J. B. Lippincott, 1934 [1967]), 461. 还可见：David Y. Hughes, "A Queer Notion of Grant Allen's," *Science Fiction Studies* 25, no. 2 (1998): 271–84; David Cowie, "The Evolutionist at Large: Grant Allen, Scientific Naturalism and Victorian Culture" (PhD diss., University of Kent, 2000); Patrick Parrinder, "The Old Man and His Ghost: Grant Allen, H. G. Wells and Popular Anthropology," in *Grant Allen: Literature and Cultural Politics at the Fin de Siècle*, ed.William Greenslade and Terence Rodgers (Aldershot: Ashgate, 2005)。
16. 奇怪的是，对达尔文的植物学研究至今没有一个很好的概述，但如果你还想了解更多，可以试试：Allan, *Darwin and His Flowers*; Peter Ayres, *The Aliveness of Plants: TheDarwins at the Dawn of Plant Science* (London: Pickering and Chatto, 2008)；Richard Bellon, "Charles Darwin Solves the 'Riddle of the Flower'; or, Why Don't Historians of Biology Know about the Birds and the Bees?" *History of Science* 47 (2009): 373–406；Jim Endersby, *A Guinea Pig's History of Biology: The Plants and Animals Who Taught Us the Facts of Life* (London: William Heinemann, 2007)；以及 David Kohn, "Darwin's Botanical Research," in *Charles Darwin at Down House*, ed. Solene Morris, Louise Wilson, and David Kohn (Swindon: English Heritage, 2003)。
17. 引用于 Jonathan Smith, "Grant Allen," 294。
18. Allen, "Queer Flowers," 183.
19. Allen, *Colin Clout's Calendar: The Record of a Summer, April–October* (London: Chatto & Windus, 1883), 98.
20. 同上，137。
21. 当 Germán Carnevali 和 Ivón Ramirez 将一种兰花命名为 *Aracamunia liesneri* 的时候，

他们注意到了这种兰花身上形状奇怪的唇瓣，并评论道：未来需要进一步研究这个部位，看其是否“可能有吸收消化功能”，见 J. Steyermark and B. Holst, “Flora of the Venezuelan Guayana, VII: Contributions to the Flora of the Cerro Aracamuni, Venezuela,” *Annals of the Missouri Botanical Garden* 76 (1989): 962–64。

22. For example: Arthur Conan Doyle, “The American’sTale” (1880), in Arment, *Flora Curiosa*, 38–45; Manly Wade Wellman, “Come into My Parlour” (1949), in Cassaba, *Roots of Evil*, 73–85; Howard R. Garis, “Professor Jonkin’s Cannibal Plant” (1905), in Arment, *Flora Curiosa*, 113–22.
23. *Botanica Delira*, 188–94; *Flora Curiosa*, 188–204; *Botanica Delira*, 273–77; Wyatt Blassingame, “Passion Flower,” in *The Unholy Goddess and Other Stories: The Weird Tales of Wyatt Blassingame*, Vol. 3, 13–46 (Vancleave, MS: Dancing Tuatara, 1936 [2011]); Marvin Dana, *The Woman of Orchids* (London: Anthony Treherne, 1901). Oscar Cook’s “Si Urag of the Tail” 收录在 Arment 更早版本的 *Flora Curiosa* 中，但没有收录后面的故事；它最早出现在 *Weird Tales* 8, no. 1 (1926)。
24. Cassaba, *Roots of Evil*, 13–24.
25. Allen, *Colin Clout's Calendar*, 97.
26. Darwin, *Orchids*, 230.
27. 同上, 87–88。
28. Tina Gianquitto, “Criminal Botany: Progress, Degeneration and Darwin’s *Insectivorous Plants*,” in *America's Darwin: Darwinian Theory and U. S. Literary Culture*, ed. Tina Gianquitto and Lydia Fisher (Athens: University of Georgia Press, 2014), 235–64.
29. Alfred W. Bennett, “Insectivorous Plants,” *Nature* 12, no. 299 (1875): 207.
30. Charles Darwin, *On the Movements and Habits of Climbing Plants* (London: Longman, Green, Longman, Roberts & Green, 1865), 115–18.
31. C. Darwin to W. E. Darwin, July 25, 1863: Darwin Correspondence Database, http://www.darwinproject.ac.uk/entry-4199. See also: Endersby, *A Guinea Pig's History of Biology*, 29–60.
32. Charles Darwin, *Insectivorous Plants* (London: John Murray, 1875), 286–320.
33. John Ellor Taylor, ed., *The Sagacity and Morality of Plants: A Sketch of the Life and Conduct of the Vegetable Kingdom... New edition, etc.* (London: George Routledge and Sons, 1884 [1904]), v.
34. 同上, 1–2。他的话引用自 Charles Darwin, *The Power of Movement in Plants*, 573。
35. Taylor, *Sagacity and Morality of Plants*, 2–9, 15–16, 88–89.
36. 同上, 183, 206。
37. 同上, 61。
38. Mordecai Cubitt Cooke, *Freaks and Marvels of Plant Life: Or, Curiosities of Vegetation* (London: Society for Promoting Christian Knowledge, 1881), 49.
39. 现代历史学家和科学哲学家对这一区别更加怀疑，但这也许是另一本书的主题。
40. Cooke, *Marvels of Plant Life*, 20.
41. Tegetmeier, “Darwin on Orchids.”
42. Allen, “Queer Flowers,” 182.
43. Jim Endersby, Introduction to Charles Darwin, *On the Origin of Species by Means of Natural Selection: Or the Preservation of Favoured Races in the Struggle for Life*, ed. Jim Endersby

(Cambridge: Cambridge University Press, 2009), l–lvi.

44. Jonathan Smith, "Grant Allen," 288.
45. Allen, "Evolutionist at Large," pp. 36–37. 引用于同上 , 292。
46. T. F. H., *Feeble Faith,a Story of Orchids* (London: Hodder and Stoughton, 1882), 4–5, 13.

第八章　性感的兰花

1. Ruskin, Prosperina (1875–86), quoted in: Martha Hoffman Lewis, "Power & Passion: The Orchid in Literature," in *Orchid Biology: Reviews and Perspectives*, ed. Joseph Arditti (Portland, OR: Timber, 1990), 212–13.
2. 根据 *Oxford English Dictionary*，该词最早出现于 J. Langhorne's "Sun-flower & Ivy" (in *Fables of Flora* [1771]), "Go, splendid sycophant! no more Display thy soft seductive arts!"
3. *Oxford English Dictionary* 认定 "man-eater" 一词于 1906 年第一次使用，"vamp" 则是在 1911 年。
4. Arment, *Flora Curiosa*, 188–204.
5. *Botanica Delira*, 283–89; Mike Ashley and Robert A.W. Lowndes, *The Gernsback Days: A Study of the Evolution of Modern Science Fiction* (Rockville, MD: Wildside, 2004).
6. "The Largest Flower in the World," *Amazing Stories*, September 1927,p. 529.
7. Dana, *Woman of Orchids*; "Dana, Marvin Hill," in *Men of Vermont: An Illustrated Biographical History of Vermonters and Sons of Vermont*, ed. Jacob G. Ulleryet al. (Brattleboro: Transcript Publishing Co., 1894), 93–94.
8. 伊格纳茨 · F. 弗尔斯特曼在 1880—1886 年间为桑德和其儿子采集兰花，后来管理他们位于新泽西州萨米特的分公司，见 Steenis and Steenis-Kruseman, Flora Malesiana, Series 1,Vol. 1, 168。还可见 http://plants.jstor.org/stable/history/10.5555/al.ap.person.bm000357247。
9. Charlotte, "Most Rare."
10. [Rolfe, Robert Allen?], "Dies Orchidianae [Demon Flowers]," *Orchid Review* 4, no. 44 (1896): 233.
11. Edna Worthley Underwood, "An Orchid of Asia: A Tale of the South Seas" (1920); Gordon Philip England, "White Orchids" (1927); both in: Arment, *Arboris Mysterius*, 82–114, 219–29.
12. 遗憾的是，一旦兰花从小说中消失，这个故事就沦为一个相当无聊和俗气的道德说教，马尔库夫人成功地向分居的丈夫求得了原谅，她丈夫也在决斗中把阿斯代尔杀了。
13. Blassingame, *Unholy Goddess*.
14. Underwood, "An Orchid of Asia," in: Arment, *Arboris Mysterius*, 93–99.
15. Dawn Sanders, "Carnivorous Plants: Science and the Literary Imagination," *Planta Carnivora* 32, no. 1 (2010): 30–34. 这个词可能源自 "tippet"（a fur collar，或者 muff）和 "twitchy"。
16. Smith, "Une Fleur duMal?"
17. Underwood, "An Orchid of Asia," in: Arment, *Arboris Mysterius*, 91–92.
18. Jane Rendall, "The Citizenship of Women and the Reform Act of 1867," in *Defining the Victorian Nation: Class, Race, Gender and the Reform Act of 1867*, ed. Catherine Hall, Keith McClelland, and Jane Rendall (Cambridge: Cambridge University Press, 2000), 136–38.

19. St. Louis (MO) *Globe-Democrat*, July 21, 1879, *Oxford English Dictionary*.
20. Rebecca Stott, *Fabrication of the Late Victorian Femme Fatale: The Kiss of Death* (Basingstoke: Macmillan, 1992), viii – xiii, 1–30.
21. Sally Ledger and Roger Luckhurst, eds., *The Fin de Siècle: A Reader in Cultural History, c.1880–1900* (Oxford: Oxford University Press, 2000), 75–96.
22. Lucy Bland, "The Married Woman, the 'New Woman' and the Feminist: Sexual Politics in the 1890s," in *Equal or Different: Women'sPolitics, 1800–1914*, ed.Jane Rendall (Oxford: Blackwell, 1987), 141–62.
23. William Greenslade and Terence Rodgers, eds., *Grant Allen: Literature and Cultural Politics at the Fin de Siècle* (Aldershot: Ashgate, 2005), 13.
24. Lewis, "Orchid in Literature," 217.
25. 同上，214–15。
26. Oscar Wilde, *The Picture of Dorian Gray* (Harmondsworth: Penguin, 1891 [1985]).
27. Joris-Karl Huysmans, *Against Nature* (À Rebours) (Harmondsworth: Penguin, 1884 [1959]).
28. Marcel Proust, *Swann's Way*, trans. C. K. Scott Moncrieff and Terence Kilmartin, Vol. 1 of *In Search of Lost Time* (London: Vintage, 1913 [2005]).
29. James Neil, *Rays from the Realms of Nature: Or, Parables of Plant Life*, 4th ed. (London: Cassell, Petter, Galpin, 1879 [1884]).
30. 同上., 25–27。
31. 我好奇伊恩·弗莱明（Ian Fleming）是否知道这个故事，也好奇作家的中间名是不是启发自《铁金刚勇破太空城》中挥舞兰花的反派雨果·德拉克斯。
32. Lewis, "Orchid in Literature," 218.
33. Richard Le Gallienne, "Fractional Humanity" (1894), in: ibid.
34. Ashmore Russan and Frederick Boyle, *The Orchid Seekers: A Story of Adventure in Borneo* (London: Frederick Warne, 1897).
35. 就连桑德斯的传记也格外提到，博伊尔经常因其提供不准确的日期和故事讲得太夸张而受到批评。Swinson, *Frederick Sander*, 16–20.
36. Charlotte, "Most Rare."
37. Boyle, *About Orchids*, 145–46.
38. Ashmore Russan and Frederick Boyle, *The Riders; or, through Forest and Savannah with the Red Cockades*, ed. Frederick Boyle (London: Frederick Warne, 1896).
39. Percy Ainslie, *The Priceless Orchid: A Story of Adventure in the Forests of Yucatan* (London: Sampson Low, Marston, 1892). Anon. review of *The Priceless Orchid in Spectator*, December 24, 1892, 933.
40. Henry Rider Haggard, *Allan and the Holy Flower* (Berkeley Heights, NJ: Wildside, 1915 [1999]). For Haggard's own gardening, see: *A Gardener's Year* (London: Longmans, Green, 1905).
41. Haggard, *Holy Flower*, 46.
42. Russan and Boyle, *Orchid Seekers*, 15.

第九章 阳刚的兰花

1. *The Big Sleep* (1939), in: Raymond Chandler, *Three Novels* (Harmondsworth: Penguin

Books, 1993), 6.

2. Charles J. Rzepka, "'I'm in the Business Too': Gothic Chivalry, Private Eyes, and Proxy Sex and Violence in Chandler's The Big Sleep," *Modern Fiction Studies* 46, no. 3 (2000): 708–9. 也可见 Ernest Fontana, "Chivalry and Modernity in Raymond Chandler' The Big Sleep," in *The Critical Response to Raymond Chandler*, ed.J. K. Van Dover (Westport: Greenwood, 1995), 159–65。
3. 例如，杰出的兰花生物学家约瑟夫·阿迪蒂（Joseph Arditti）想知道为什么钱德勒引入它们只是为了让它们受到"诽谤"。Joseph Arditti, "Orchids in Novels, Music, Parables, Quotes, Secrets, and Odds and Ends," *Orchid Review* 92 (1984): 373.
4. Rex Stout, *The League of Frightened Men* (New York: Bantam Books, 1935 [1985]), 4–5.
5. John H. Vandermeulen, "Nero Wolfe—Orchidist Extraordinaire," *American Orchid Society Bulletin* 54, no. 2 (1985): 146.
6. Letter to Mrs. Dorothy Beach, June 3, 1957: Frank MacShane, ed., *Selected Letters of Raymond Chandler* (London: Cape, 1982), 453.
7. Vandermeulen, "Nero Wolfe."
8. http://www.tcm.com/mediaroom/video/69968/Brother-Orchid-Original-Trailer-.html
9. http://www.imdb.com/title/tt0026829/?ref_=fn al tt 1; Lewis, "Orchid in Literature," 228–29; *The Big Sleep*, in: Chandler, *Three Novels*, 136.
10. Jocelyn Brooke, *The Wild Orchids of Britain* (London: Bodley Head, 1950), 15.
11. *The Orchid Trilogy* (Harmondsworth: Penguin Books, 1981). 后面引文中所有的省略号都是布鲁克小说中自带的。乔纳森·亨特（Jonathan Hunt）在"企鹅经典"系列中对《战士兰》的导读尤其有助于理解布鲁克的作品，见 http://jocelynbrooke.com/an-introduction-to-the-military-orchid/。
12. 严格来说，这一处情节逆转不合理，因为 20 世纪 50 年代，冷杉树皮和其他更便宜的材料已经开始替代紫萁属蕨类的根。但是，为什么要让历史上的学究破坏一个好故事呢？见 *Reinikka, History of the Orchid*, 57。
13. 有意思的是，有一个传播度极高的流言，认为普瓦蒂埃即兴发挥了这一巴掌，因此让拉里·盖茨当场吃了一惊。但是根据朱伊森的说法，这一记报复性的耳光不仅是写在剧本里的，普瓦蒂埃还坚持无论是在哪个市场发行的版本，这些镜头都要保留。见 http://www.dga.org/Craft/DGAQ/All-Articles/1101-Spring-2011/Shot-to-Remember -Norman-Jewison.aspx。

第十章 欺诈的兰花

1. Darwin, *Orchids*, 292.
2. Gerard Edwards Smith, *Catalogue of Rare or Remarkable Phaenogamous Plants, Collected in South Kent* (London: Longman, Rees, Orme Brown, and Green, 1829), 52.
3. Darwin, *Orchids*, 68.
4. M. Åsberg and W. T. Stearn, "Linnaeus's Öland and Gotland Journey 1741," *Biological Journal of the Linnean Society* 5, no. 1 (1973): 1–220; Jarvis and Cribb, "Linnaean Concepts of Orchids," 369.
5. Darwin, *Orchids*, 46–47.
6. E. G. Britton, "The Swiss League for the Protection of Nature," *Torreya* 19, no. 5 (1919).

7. Oakes Ames, *Pollination of Orchids through Pseudocopulation* (*Botanical Museum Leaflets, Vol. V, No. 1*) (Cambridge, MA: Botanical Museum of Harvard University, 1937), 3.
8. Correvon and Pouyanne, “Un Curieux Cas de Mimétisme chez les Ophrydées,” *Journal dela Société Nationale d'Horticulture de France*, Series 4, no. 17 (1916): 42. 翻译自法语版 Nicholas J. Vereecken and Ana Francisco, “Ophrys Pollination: From Darwin to the Present Day,” in *Darwin's Orchids: Then and Now*, ed. Retha Edens-Meier and Peter Bernhardt (Chicago: University of Chicago Press, 2014), 53。
9. Ames, *Pseudocopulation*, 6–7.
10. Correvon and Pouyanne, “Un Curieux Cas de Mimétisme chez les Ophrydées,” *Journal dela Société Nationale d'Horticulture de France*, Series 4, no. 17 (1916): 42. Quoted in: ibid., 6.
11. Edith Coleman, “Pollination of the Orchid *Cryptostylis leptochila*,” *Victorian Naturalist* 44, no. 1 (1927).
12. “[Obituary] Col. M.J. Godfery,” *Nature* 155, no. 3943 (1945).
13. “Pollination of the Orchid Cryptostylisleptochila,” *Victorian Naturalist* 44, no. 532 (1928): 334–37, 40.
14. Ames, *Pseudocopulation*, 12; Allan McEvey, “Coleman, Edith,” *Australian Dictionary of Biography*, http://adb.anu.edu.au/biography/coleman-edith-9784/text17291
15. Vereecken and Francisco, “Ophrys Pollination,” 56–57.
16. Coleman, “Pollination of the Orchid *Cryptostylis leptochila*,” 336–37, 40.
17. Stearn, “Two Thousand Years of Orchidology,” 27–28.
18. Ames, *Pseudocopulation*.
19. Ibid., 18; 最后一句来自 19 世纪初的赞美诗，“From Greenland's Icy Mountains,” also known as the “Missionary Hymn,” by Reginald Heber。
20. https://www.darwinproject.ac.uk/darwins-notes-on-marriage. See: Evelleen Richards, “Darwin and the Descent of Women,” in *The Wider Domain of Evolutionary Thought*, ed. David Oldroydand Ian Langham (Dordrecht: D. Reidel, 1983), 87; Endersby, “Darwin on Generation, Pangenesis and Sexual Selection.”
21. 我更详细地探究了这种联系和诱骗交配的发现史，更多细节可见“Deceived by Orchids: Sex, Science, Fiction and Darwin,” *British Journal for the History of Science* 49 (June 2016): 205–29。
22. 科尔曼的外孙彼得记得外婆读过很多威尔斯的书籍。私下交流，通过 Danielle Clode, Flinders University, September 1, 2015。
23. David Seed, ed., *A Companion to Science Fiction* (Oxford: Blackwell, 2005), 39.
24. John Collier, “Green Thoughts,” in *Roots of Evil: Beyond the Secret Life of Plants*, ed. Carlos Cassaba (London: Corgi, 1931 [1976]), 121–36.
25. Arthur C. Clarke, “The Reluctant Orchid,” in *Tales from the White Hart* [New York: Ballantine, 1956 (1957)], 103–13.
26. J. G. Ballard, “Prima Belladona,” in *The Four-Dimensional Nightmare* (London: Science Fiction Book Club, 1956 [1963]), 79–92. 巴拉德当月还在《新世界》(*New Worlds*，1956 年 12 月号）上发表了另一篇科幻小说“Escapement”；更多详情请见 http://www.isfdb.org/。
27. Herbert W. Franke, *The Orchid Cage*, trans. Christine Priest (New York: Daw, 1961 [1973]).
28. Pete Adams and Charles Nightingale, “Planting Time,” in *Galactic Empires*, Vol. 1, ed. Bri-

an W. Aldiss (New York: St Martin's, 1976).

29. John Boyd, *The Pollinators of Eden* (London: Pan Science Fiction, 1969 [1972]). Boyd 是 Boyd Bradfield Upchurch 的主要笔名。

30. See: Brantlinger, *Rule of Darkness*, 234–47.

31. John Wyndham, *Day of the Triffids* (Harmondsworth: Penguin, 1951 [1954]), 32–33; Bernhardt, *Wily Violets*, 210–11.

第十一章　濒危的兰花

1. Leonard Huxley, *Life and Letters of Joseph Dalton Hooker*, Vol. 1 (London: John Murray, 1918), 337.

2. Joseph Dalton Hooker, *Himalayan Journals: Or, Notes of a Naturalist in Bengal, the Sikkim and Nepal Himalayas, the Khasia Mountains*, Vol. 2 (London: John Murray, 1855), 321–22.

3. Williams, *Orchid-Grower's Manual*, 2–6.

4. Albert Millican, *Travels and Adventures of an Orchid Hunter: An Account of Canoe and Camp Life in Colombia, While Collecting Orchids in the Northern Andes* (London: Cassell, 1891), vii.

5. Boyle, *Woodlands Orchids*, 144–45.

6. "Observations on the Capacity of Orchids to Survive in the Struggle for Existence," *Orchid Review* 30 (1922): 229–234. Collected in: Ames, *Orchids in Retrospect*, 12–13.

7. Joseph Arditti, "An History of Orchid Hybridization, Seed Germination and Tissue Culture," *Botanical Journal of the Linnean Society* 89 (1984): 359–81. 许多其他植物也依赖菌根。菌根于 1885 年命名，见 Albert Bernhard Frank. Albert, Bernhard Frank and James M. Trappe, "On the Nutritional Dependence of Certain Trees on Root Symbiosis with Below-ground Fungi [an English translation of A. B. Frank's classic paper of 1885]," *Mycorrhiza* 15 (2004): 267–75。

8. 正如我本科的生物学讲师迈克尔·阿彻（Michael Archer）教授在提到这个事实后所说的：如果今天学的你什么都不记得了，有一点请务必记住——永远不要在塞舌尔巨子棕树下打盹。

9. Arditti, "History of Orchid Hybridization," 370–72.

10. Stearn, "Two Thousand Years of Orchidology," 28.

11. Bernhardt, *Wily Violets*, 192–93.

12. H. Reinheimer, *Symbiosis: A Socio-Physiological Study of Evolution* (London: Headley Brothers, 1920), 243–44. 更多关于赖因海默的信息见 Jan Sapp, *Evolution by Association: A History of Symbiosis* (New York: Oxford University Press, 1994), 60–61。

13. Ames, *Orchids in Retrospect*, 14–15; Douglas Houghton Campbell, "The New Flora of Krakatau," *American Naturalist* 43, no. 512 (1909): 449–60.

14. 这一节中的信息来自对迈克尔·哈钦斯教授的采访。我极为感谢他的协助。

结　语

1. http://www.iucnredlist.org/

2. Arditti, "History of Orchid Hybridization," 371–72.

3. James Agee, “The U.S. Commercial Orchid,” in *James Agee: Selected Journalism*, ed. Paul Ashdown (Knoxville: University of Tennessee Press, 1985 [2005]). 一个奇怪的巧合：阿吉为电影《非洲女王号》重新写了一版剧本，第一版是由写了《绿色思想》的约翰·科利尔写的（见第十章）。
4. Don Wharton, “An Orchid a Minute,” *Saturday Evening Post* 213, no. 41 (1941): 16–84.
5. Agee to Father Flye, August 23, 1935: James Agee, *Letters of James Agee to Father Flye* (New York: George Braziller, 1962), 77.
6. Agee to Father Flye, September 17, 1935: ibid., 81–82.
7. 同上。
8. S. M.Walters, “The Name of the Rose: A Review of Ideas on the European Bias in Angiosperm Classification,” *New Phytologist*, no. 104 (1986): 527–46.
9. Lynda H. Schneekloth, “Plants: The Ultimate Alien,” *Extrapolations* 42, no. 3 (2001): 246–54.
10. Agee, “Commerical Orchid,” 110. 阿吉没有设定名字，但是《星期六晚邮报》给他安了个名字：Godfrey Erickson。Wharton, “Orchid a Minute,” 82.

参考文献

Adams, Pete, and Charles Nightingale. "Planting Time." In *Galactic Empires*, Vol. 1, edited by Brian W. Aldiss, 293–305. New York: St. Martin's, 1976.

Agee, James. *Letters of James Agee to Father Flye*. New York: George Braziller, 1962.

———. "The U.S. Commercial Orchid." In *James Agee: Selected Journalism*, edited by Paul Ashdown. Knoxville: University of Tennessee Press, 1985 (2005).

Ainslie, Percy. *The Priceless Orchid: A Story of Adventure in the Forests of Yucatan*. London: Sampson Low, Marston, 1892.

Allan, Mea. *Darwin and His Flowers: The Key to Natural Selection*. London: Faber and Faber, 1977.

Allen, Grant. *Charles Darwin*. New York: D. Appleton, 1885.

———. *Colin Clout's Calendar: The Record of a Summer, April–October*. London: Chatto & Windus, 1883.

———. "Queer Flowers." *Popular Science Monthly* 26, no. 10 (1884): 177–87. Ames, Oakes. *Orchids in Retrospect: A Collection of Essays on the Orchidaceae*. Cambridge, MA: Botanical Museum of Harvard University, 1948.

———. *Pollination of Orchids through Pseudocopulation (Botanical Museum Leaflets, Vol. V, No. 1)*. Cambridge, MA: Botanical Museum of Harvard University, 1937.

Anonymous. "Fertilization of Orchids. By Charles Darwin." *Parthenon* 1, no. 6 (1862): 177–78.

———. "Mr. Darwin's Orchids." *Saturday Review of Politics, Literature, Science, and Art* (1862): 486.

Arber, Agnes. *Herbals: Their Origin and Evolution. A Chapter in the History of Botany 1470–*

1670. 3rd ed. Facsimile of the 1938 2nd edition, with an introduction by W. T. Stearn. Cambridge: Cambridge University Press, 1990.

Arditti, Joseph. "An History of Orchid Hybridization, Seed Germination and Tissue Culture." *Botanical Journal of the Linnean Society* 89 (1984): 359–81.

———. "Orchids in Novels, Music, Parables, Quotes, Secrets, and Odds and Ends." *Orchid Review* 92 (1984): 373–76.

Arditti, Joseph, John Elliott, Ian J. Kitching, and Lutz T. Wasserthal. " 'Good Heavens What Insect Can Suck It'—Charles Darwin, *Angraecum sesquipedale* and *Xanthopan morganii praedicta*." *Botanical Journal of the Linnean Society* 169 (2012): 403–32.

Arment, Chad, ed. *Arboris Mysterius: Stories of the Uncanny and Undescribed from the Botanical Kingdom*. Greenville, OH: Coachwhip, 2014.

———, ed. *Botanica Delira: More Stories of Strange, Undiscovered, and Murderous Vegetation*. Landisville, PA: Coachwhip, 2010.

———, ed. *Flora Curiosa: Cryptobotany, Mysterious Fungi, Sentient Trees, and Deadly Plants in Classic Science Fiction and Fantasy*. 2nd (rev.) ed. Greenville, OH: Coachwhip, 2013.

Armstrong, Isobel. *Victorian Glassworlds: Glass Culture and the Imagination 1830–1880*. Oxford: Oxford University Press, 2008.

Ashley, Mike, and Robert A. W. Lowndes. *The Gernsback Days: A Study of the Evolution of Modern Science Fiction*. Rockville, MD: Wildside, 2004.

Auerbach, Jeffrey A. *The Great Exhibition of 1851: A Nation on Display*. New Haven: Yale University Press, 1999.

Ayres, Peter. *The Aliveness of Plants: The Darwins at the Dawn of Plant Science*. London: Pickering and Chatto, 2008.

Ballard, J. G. "Prima Belladona." In *The Four-Dimensional Nightmare*, 79–92. London: Science Fiction Book Club, 1956 (1963).

Bateman, James. *The Orchidaceae of Mexico and Guatemala*. London: For the author, J. Ridgway & Sons, 1837–1843.

Bauer, Ralph. "A New World of Secrets: Occult Philosophy and Local Knowledge in the Sixteenth-Century Atlantic." In *Science and Empire in the Atlantic World*, edited by James Delbourgo and Nicholas Dew, 99–126. London: Routledge, 2008.

Beatty, John. "Chance Variation: Darwin on Orchids." *Philosophy of Science* 73, no. 5 (2006): 629–41.

Bellon, Richard. "Charles Darwin Solves the 'Riddle of the Flower' ; or, Why Don't His- torians of Biology Know about the Birds and the Bees?" *History of Science* 47 (2009): 373–406.

———. "Inspiration in the Harness of Daily Labor: Darwin, Botany, and the Triumph of Evolution, 1859–1868." *Isis* 102 (2011): 393–420.

Bennett, Alfred W. "Insectivorous Plants." *Nature* 12, no. 299 (1875): 228–31.

Bernhardt, Peter. *Gods and Goddesses in the Garden: Greco-Roman Mythology and the Scientific Names of Plants*. New Brunswick, NJ: Rutgers University Press, 2008.

———. *Wily Violets and Underground Orchids: Revelations of a Botanist*. New York: Vintage, 1990.

Bland, Lucy. "The Married Woman, the 'New Woman' and the Feminist: Sexual Politics in the 1890s." In *Equal or Different: Women's Politics, 1800–1914*, edited by Jane Rendall. Oxford:

Blackwell, 1987.

Blassingame, Wyatt. "Passion Flower." In *The Unholy Goddess and Other Stories: The Weird Tales of Wyatt Blassingame*, Vol. 3, 13–46. Vancleave, MS: Dancing Tuatara, 1936 (2011).

Blumenfeld-Kosinski, Renate. "The Scandal of Pasiphae: Narration and Interpretation in the 'Ovide Moralisé.' " *Modern Philology* 93, no. 3 (1996): 307–26.

Blunt, Wilfrid. *The Compleat Naturalist: A Life of Linnaeus*. London: Collins, 1971.

Boyd, John. *The Pollinators of Eden*. London: Pan Science Fiction, 1969 (1972).

Boyle, Frederick. *About Orchids: A Chat*. London: Chapman & Hall, 1893.

———. "The Story of an Orchid." *Ludgate* 4 (1897): 508–11.

———. *The Woodlands Orchids Described and Illustrated, with Stories of Orchid-Collecting*. London: Macmillan, 1901.

Boyle, Frederick, and Joseph Godseff. *The Culture of Greenhouse Orchids: Old System and New*. London: Chapman & Hall, 1902.

Brantlinger, Patrick. *Rule of Darkness: British Literature and Imperialism, 1830–1914*. Ithaca: Cornell University Press, 1988.

Britton, E. G. "The Swiss League for the Protection of Nature." *Torreya* 19, no. 5 (1919): 101–2.

Brooke, James. *The Fairfield Orchids, a Descriptive Catalogue of the Species and Varieties Grown by James Brooke and Co., Fairfield Nurseries*. Manchester: James Brooke, 1872.

Brooke, Jocelyn. *The Orchid Trilogy*. Harmondsworth: Penguin, 1981.

———. *The Wild Orchids of Britain*. London: Bodley Head, 1950.

Brooke, John Hedley. *Science and Religion: Some Historical Perspectives*. Cambridge: Cambridge University Press, 1991.

Browne, Janet. "Botany for Gentlemen: Erasmus Darwin and *The Loves of the Plants*." *Isis* 80, no. 304 (1989): 593–621.

Burkhardt, Frederick, Duncan M. Porter, Janet Browne, and Marsha Richmond, eds. *The Correspondence of Charles Darwin. Vol. 8, 1860*. Cambridge: Cambridge University Press, 1993.

Burkhardt, Frederick, James A. Secord, and the Editors of the Darwin Correspondence Project, eds. *The Correspondence of Charles Darwin. Vol. 24, 1874*. Cambridge: Cam- bridge University Press, 2015.

Buzard, James, Joseph W. Childers, and Eileen Gillooly, eds. *Victorian Prism: Refractions of the Crystal Palace*. Charlottesville: University of Virginia Press, 2007.

Cain, Arthur James. "Rank and Sequence in Caspar Bauhin's Pinax." *Botanical Journal of the Linnean Society* 114 (1994): 311–56.

Campbell, Douglas Houghton. "The New Flora of Krakatau." *American Naturalist* 43, no. 512 (1909): 449–60.

Campbell, George (8th Duke of Argyll). "The Supernatural [Review of Darwin on Orchids and Other Works]." *Edinburgh Review* 116, no. 236 (1862): 236–45.

———. "What Is Science?" *Good Words* 26 (1885): 236–45.

Cañizares-Esguerra, Jorge. "Iberian Science in the Renaissance: Ignored How Much Longer?" *Perspectives on Science* 12, no. 1 (2004): 86–124.

Carnevali, Germán, and Ivón Ramírez. "New or Noteworthy Orchids for the Venezuelan Flora, VII: Additions in Maxillaria from the Venezuelan Guayana." *Annals of the Mis- souri Botanical Garden* 76, no. 2 (1989): 374–80.

Cassaba, Carlos, ed. *Roots of Evil: Beyond the Secret Life of Plants*. London: Corgi, 1976. Chandler, Raymond. *Three Novels*. Harmondsworth: Penguin, 1993.

Charlotte, Lady. "Most Rare: Flowers That Cost Lives to Secure." *Daily Mail*, no. 3 (1896): 7.

Clarke, Arthur C. "The Reluctant Orchid." In *Tales from the White Hart*, 103–13. New York: Ballantine, 1956 (1957).

Coats, Alice M. *The Quest for Plants: A History of Horticultural Explorers*. London: Studio Vista, 1969.

Coe, Sophie D., and Michael D. Coe. *The True History of Chocolate*. London: Thames & Hudson, 1996 (2013).

Coleman, Edith. "Pollination of the Orchid *Cryptostylis leptochila*." *Victorian Naturalist* 44, no. 1 (1927): 20–22.

———. "Pollination of the Orchid *Cryptostylis leptochila*." *Victorian Naturalist* 44, no. 532 (1928): 333–40.

Collier, John. "Green Thoughts." In *Roots of Evil: Beyond the Secret Life of Plants*, edited by Carlos Cassaba, 121–36. London: Corgi, 1931 (1976).

Collins, Percy. "The Romance of Auctioneering." *Strand Magazine* 31, no. 181 (1906): 100–106.

Cooke, Mordecai Cubitt. *Freaks and Marvels of Plant Life: Or, Curiosities of Vegetation*. London: Society for Promoting Christian Knowledge, 1881.

Correll, Donovan S. "Vanilla: Its Botany, History, Cultivation and Economic Import." *Economic Botany* 7, no. 4 (1953): 291–358.

Cowie, David. "The Evolutionist at Large: Grant Allen, Scientific Naturalism and Victorian Culture." PhD diss., University of Kent, 2000.

Cribb, Phillip, Mike Tibbs, John Day, and Kew Royal Botanic Gardens. *A Very Victorian Passion: The Orchid Paintings of John Day, 1863 to 1888*. Kew: Royal Botanic Garden, 2004.

Croll, Oswald, and Johann Hartmann. *A Treatise of Oswaldus Crollius of Signatures of Internal Things; or, A True and Lively Anatomy of the Greater and Lesser World*. London: Starkey, 1669.

Cruz, Martin de la. *The Badianus Manuscript: (Codex Barberini, Latin 241) Vatican Library; An Aztec Herbal of 1552*. Baltimore: Johns Hopkins University Press, 1940.

Dalby, Andrew. "The Name of the Rose Again; or, What Happened to Theophrastus 'On Aphrodisiacs'?" *Petits Propos Culinaires* 64 (2000): 9–15.

Dana, Marvin. *The Woman of Orchids*. London: Anthony Treherne, 1901.

Darwin, Charles. *Autobiographies*. Edited by Michael Neve and Sharon Messenger. Harmondsworth: Penguin, 1887/1903 (2003).

———. *Insectivorous Plants*. London: John Murray, 1875.

———. *On the Movements and Habits of Climbing Plants*. London: Longman, Green, Longman, Roberts & Green, 1865.

———. *On the Origin of Species by Means of Natural Selection: Or the Preservation of Favoured Races in the Struggle for Life*. London: John Murray, 1859.

———. *On the Various Contrivances by Which British and Foreign Orchids Are Fertilised by Insects, and on the Good Effects of Intercrossing*. London: John Murray, 1862.

———. *The Power of Movement in Plants*. London: John Murray, 1880.

———. *The Various Contrivances by Which British and Foreign Orchids Are Fertilised by In-*

sects, and on the Good Effects of Intercrossing. 2nd ed. London: John Murray, 1877 (1904).

Darwin, Charles, and Francis Darwin. *The Power of Movement in Plants*. London: John Murray, 1880.

Darwin, Francis. *The Life and Letters of Charles Darwin*. Rev. ed. Vol. 3. London: John Murray, 1888.

de Laet, Johannes. "Manuscript Translation of Hernández." Translated by Rafael Chabrán, Cynthia L. Chamberlin, and Simon Varey. In *The Mexican Treasury: The Writings of Dr. Francisco Hernández*, edited by Simon Varey, 161–72. Stanford: Stanford University Press, 2000.

Dear, Peter. *Revolutionizing the Sciences: European Knowledge and Its Ambitions, 1500–1700*. Basingstoke: Palgrave, 2001.

Debus, Allen G. *The Chemical Philosophy: Paracelsian Science and Medicine in the Sixteenth and Seventeenth Centuries*. New York: Science History, 1977.

Dioscorides, Pedianus. *De Materia Medica*. Edited by Tess Anne Osbaldeston. Johannesburg, South Africa: Ibidis, 2000. Original is from ca. 50–60 CE.

Dioscorides, Pedanius. *De Materia Medica*. Translated by Lily Y. Beck. New York: Olms Weidmann, 2005. Original is from ca. 50–60 CE.

Dixon, Thomas. *Science and Religion: A Very Short Introduction*. Oxford: Oxford University Press, 2008.

Drayton, Richard H. *Nature's Government: Science, Imperial Britain and the "Improvement" of the World*. New Haven: Yale University Press, 2000.

Dupree, A. Hunter. *Asa Gray: American Botanist, Friend of Darwin*. Baltimore: Johns Hop- kins University Press, 1959 (1988).

Edens-Meier, Retha, and Peter Bernhardt, eds. *Darwin's Orchids: Then and Now*. Chicago: University of Chicago Press, 2014.

Eisenstein, Elizabeth L. *The Printing Revolution in Early Modern Europe*. Cambridge: Cambridge University Press, 1983.

Elliott, Brent. "The Royal Horticultural Society and Its Orchids: A Social History." *Occasional Papers from the RHS Lindley Library* 2 (2010): 3–53.

Endersby, Jim. "Darwin on Generation, Pangenesis and Sexual Selection." In *Cambridge Companion to Darwin*, edited by M. J. S. Hodge and G. Radick, 69–91. Cambridge: Cambridge University Press, 2003.

———. *A Guinea Pig's History of Biology: The Plants and Animals Who Taught Us the Facts of Life*. London: William Heinemann, 2007.

———. *Imperial Nature: Joseph Hooker and the Practices of Victorian Science*. Chicago: University of Chicago Press, 2008.

———. Introduction to *On the Origin of Species by Means of Natural Selection: Or the Preservation of Favoured Races in the Struggle for Life*, by Charles Darwin, xi–lxv, edited by Jim Endersby. Cambridge: Cambridge University Press, 2009.

Findlen, Paula. "Natural History." In *The Cambridge History of Science*. Vol. 3, *Early Modern Science*, edited by Katharine Park and Lorraine Daston, 435–68. Cambridge: Cambridge University Press, 2006.

Finucci, Valeria. *The Manly Masquerade: Masculinity, Paternity and Castration in the Italian Renaissance*. Durham, NC: Duke University Press, 2003.

Forbes, Henry Ogg. “Three Months’ Exploration in the Tenimber Islands, or Timor Laut.” *Proceedings of the Royal Geographical Society and Monthly Record of Geography* New Monthly Series 6, no. 3 (1884): 113–29.

Frank, Albert Bernhard, and James M. Trappe. “On the Nutritional Dependence of Cer- tain Trees on Root Symbiosis with Belowground Fungi [an English translation of A. B. Frank's classic paper of 1885].” *Mycorrhiza* 15 (2004): 267–75.

Franke, Herbert W. *The Orchid Cage*. Translated by Christine Priest. New York: Daw, 1961 (1973).

Gerard, John. *The Herball: Or, Generall Historie of Plants* [photoreprint of the 1597 ed. published by J. Norton, London]. The English Experience, Its Record in Early Printed Books Published in Facsimile. 2 vols. Norwood, NJ: W. J. Johnson, 1974.

Ghiselin, Michael T. “Darwin: A Reader’s Guide.” *Occasional Papers of the California Academy of Sciences* 155 (2009): 1–185.

Gianquitto, Tina. “Criminal Botany: Progress, Degeneration and Darwin’s *Insectivorous Plants*.” In *America’s Darwin: Darwinian Theory and U. S. Literary Culture*, edited by Tina Gianquitto and Lydia Fisher, 235–64. Athens: University of Georgia Press, 2014.

Giesecke, Annette. *The Mythology of Plants: Botanical Lore from Ancient Greece and Rome*. Los Angeles: J. Paul Getty Museum, 2014.

Gimmel, Millie. “Reading Medicine in the *Codex de la Cruz Badiano*.” *Journal of the History of Ideas* 69, no. 2 (2008): 169–92.

Gray, Asa, ed. *Darwiniana: Essays and Reviews Pertaining to Darwinism*. Edited by A. Hunter Dupree. Cambridge: Harvard University Press, 1963.

———. “[Review of C. R. Darwin] On the Various Contrivances by Which British and Foreign Orchids Are Fertilised by Insects.” *American Journal of Science and Arts* New Series 34 (1862): 138–41.

“The Great Orchid Sale.” *Standard*, October 17, 1891.

Greene, Edward Lee. *Landmarks of Botanical History. A Study of Certain Epochs in the Development of the Science of Botany. Part I.—Prior to 1562 A.D.* Smithsonian Miscellaneous Collections. Vol. 54. Washington, DC: Smithsonian Institution Press, 1909.

———. *Landmarks of Botanical History: Part 1*. Publications of the Hunt Institute for Botanical Documentation Carnegie-Mellon University. Edited by Frank N. Egerton. Vol. 1. Stanford California: Stanford University Press, 1909–1915 (1983).

Greenslade, William, and Terence Rodgers, eds. *Grant Allen: Literature and Cultural Politics at the Fin de Siècle*. Aldershot: Ashgate, 2005.

Haggard, Henry Rider. *Allan and the Holy Flower*. Berkeley Heights, NJ: Wildside, 1915 (1999).

———. *A Gardener’s Year*. London: Longmans, Green, 1905.

Harrison, Peter. “Linnaeus as a Second Adam? Taxonomy and the Religious Vocation.” *Zygon* 44, no. 4 (2009): 879–93.

Hooker, Joseph Dalton. “*Dendrobium phalaenopsis*.” *Curtis’s Botanical Magazine, comprising the plants of the Royal Gardens of Kew and of other botanical establishments in Great Britain*. Third Series 41 (1885): t. 6817.

———. *Himalayan Journals: Or, Notes of a Naturalist in Bengal, the Sikkim and Nepal Himalayas, the Khasia Mountains*. Vol. 2. London: John Murray, 1855.

———. “[Review of] Darwin, C. R. On the Various Contrivances by Which British and Foreign

Orchids Are Fertilized by Insects." *Natural History Review* 2, no. 8 (1862): 371–76.

Hughes, David Y. "A Queer Notion of Grant Allen's." *Science Fiction Studies* 25, no. 2 (1998): 271–84.

Huxley, Leonard. *Life and Letters of Joseph Dalton Hooker*. Vol. 1. London: John Murray, 1918.

Huysmans, Joris-Karl. *Against Nature (À Rebours)*. Harmondsworth: Penguin, 1884 (1959).

Jarvis, Charlie, and Phillip Cribb. "Linnaean Sources and Concepts of Orchids." *Annals of Botany* 104 (2009): 365–76.

Koerner, Lisbet. "Carl Linnaeus in His Time and Place." In *Cultures of Natural History*, edited by Nicholas Jardine, James A. Secord, and Emma Spary, 145–62. Cambridge: Cambridge University Press, 1996.

———. *Linnaeus: Nature and Nation*. Cambridge, MA: Harvard University Press, 1999.

Kohn, David. "Darwin's Botanical Research." In *Charles Darwin at Down House*, edited by Solene Morris, Louise Wilson, and David Kohn, 50–59. Swindon: English Heritage, 2003.

Kumbaric, Alma, Valentina Savo, and Giulia Caneva. "Orchids in the Roman Culture and Iconography: Evidence for the First Representations in Antiquity." *Journal of Cultural Heritage* 14 (2013): 311–16.

Laertius, Diogenes. *The Lives and Opinions of Eminent Philosophers*. Translated by C. D. Yonge. Bohn's Classical Library. London: Henry G. Bohn, 1853.

Larson, James. "Linnaeus and the Natural Method." *Isis* 58, no. 3 (1967): 304–20.

Latour, Bruno. *Science in Action: How to Follow Scientists and Engineers through Society*. Cambridge, MA: Harvard University Press, 1987 (1994).

Ledger, Sally, and Roger Luckhurst, eds. *The Fin de Siècle: A Reader in Cultural History, c. 1880–1900*. Oxford: Oxford University Press, 2000.

[Leifchild, John Roby]. "Review of Darwin, CR 'on the Various Contrivances by Which British and Foreign Orchids Are Fertilized by Insects.' " *Athenaeum*, no. 1804 (1862): 683–85.

Lennox, James G. "Darwin *Was* a Teleologist." *Biology and Philosophy* 8, no. 4 (1993): 409–21.

Lewis, Martha Hoffman. "Power & Passion: The Orchid in Literature." In *Orchid Biology: Reviews and Perspectives*, edited by Joseph Arditti, 207–49. Portland, OR: Timber, 1990.

Liger, Louis. *The Compleat Florist: Or, the Universal Culture of Flowers, Trees and Shrubs; Proper to Imbellish Gardens*. London: Printed for Benj. Tooke, at the Temple-Gate, Fleetstreet, 1706.

Lightman, Bernard, and Gowan Dawson, eds. *Victorian Scientific Naturalism: Community, Identity, Continuity*. Chicago: University of Chicago Press, 2014.

Linden, Lucien. "History of the Introduction of *Eulophiella elisabethae*." *Lindenia* 5, no. 29 (1893): 46, 50.

Lindley, John. *Collectanea Botanica, or Figures and Botanical Illustrations of Rare and Curious Exotic Plants*. London: Richard and Arthur Taylor, Shoe-Lane, 1821.

Lloyd, G. E. R. *Science, Folklore and Ideology: Studies in the Life Sciences in Ancient Greece*. Cambridge: Cambridge University Press, 1983.

"London Letter." *Garden and Forest* 6, no. 281 (1893): 294.

Lowood, Henry. "The New World and the European Catalog of Nature." In *America in European Consciousness, 1493–1750*, edited by Karen Ordahl Kupperman, 295–323. Chapel Hill: University of North Carolina Press, 1995.

Lyons, John Charles. *Remarks on the Management of Orchidaceous Plants, with a Catalogue of Those in the Collection of J. C. Lyons, Ladiston. Alphabetically Arranged, with Their Native Countries and a Short Account of the Mode of Cultivation Adopted*. Ladiston: Self- published, 1843.

"M. Hamelin's Adventures in Madagascar." *Standard*, July 25, 1893, 6.

MacShane, Frank, ed. *Selected Letters of Raymond Chandler*. London: Cape, 1982.

"Madagascar:—*Eulophiella elisabethae*." *Gardeners' Chronicle* Third Series 14, no. 358 (1893): 556.

Millican, Albert. *Travels and Adventures of an Orchid Hunter: An Account of Canoe and Camp Life in Colombia, While Collecting Orchids in the Northern Andes*. London: Cassell, 1891.

Mivart, St. George Jackson, and Making of America Project. *On the Genesis of Species by St. George Mivart, F.R.S.* New York: D. Appleton, 1871. doi:10.5962/bhl.title.30543.

Mohan Ram, H. Y. "On the English Edition of Van Rheede's *Hortus Malabaricus* by K. S. Manilal (2003)." *Current Science* 89, no. 10 (2005): 1672–80.

Moskowitz, Samuel, ed. *Science Fiction by Gaslight: A History and Anthology of Science Fiction in the Popular Magazines, 1891–1911*. 2nd ed. Westport, CT: Hyperion, 1974.

Müller-Wille, Staffan. "Collection and Collation: Theory and Practice of Linnaean Botany." *Studies in History and Philosophy of Biological and Biomedical Sciences* 38 (2007): 541–62.

———. "Systems and How Linnaeus Looked at Them in Retrospect." *Annals of Science* 70, no. 3 (2013): 305–17.

Neil, James. *Rays from the Realms of Nature: Or, Parables of Plant Life*. 4th ed. London: Cassell, Petter, Galpin, 1879 (1884).

Nelson, E. Charles. *John Lyons and His Orchid Manual*. Kilkenny, Ireland: Boethius, 1983.

Niles, Grace Greylock. *Bog-Trotting for Orchids*. New York: G. P. Putnam's Sons, 1904.

"[Obituary] Col. M. J. Godfery." *Nature* 155, no. 3943 (1945): 627.

"Orchid Hunting: A Dangerous Pastime." *Singapore Free Press and Mercantile Advertiser*, October 18, 1901, 3.

Orlean, Susan. *The Orchid Thief*. London: Vintage, 2000.

Otten, Charlotte F. "Ophelia's 'Long Purples' or 'Dead Men's Fingers.'" *Shakespeare Quarterly* 30, no. 3 (1979): 397–402.

Paley, W. *Natural Theology: Or, Evidences of the Existence and Attributes of the Deity*. 12th ed. London: J. Faulder, 1809.

Parkinson, John. *Paradisi in Sole Paradisus Terrestris, or, a Garden of All Sorts of Pleasant Flowers Which Our English Ayre Will Permitt to Be Noursed Vp: With a Kitchen Garden of All Manner of Herbes, Rootes, & Fruites, for Meate or Sause Vsed with Vs, and an Orchard of All Sorte of Fruitbearing Trees and Shrubbes Fit for Our Land Together with the Right Orderinge Planting & Preseruing of Them and Their Vses & Vertues*. London: Humfrey Lownes and Robert Young, 1629. doi:http://dx.doi.org/10.5962/bhl.title.7100.

Parkinson, John, J. Mackie, and University of Cambridge Dept. of Plant Sciences. *Theatrum Botanicum: The Theater of Plants: Or, an Herball of a Large Extent; Containing Therein a More Ample and Exact History and Declaration of the Physicall Herbs and Plants That Are in Other Authours, Encreased by the Accesse of Many Hundreds of New, Rare, and Strange Plants from All the Parts of the World, with Sundry Gummes, and Other Physicall Materi- als, Than Hath

Beene Hitherto Published by Any before; and a Most Large Demonstration of Their Natures and Vertues; Shewing Withall the Many Errors, Differences, and Oversights of Sundry Authors That Have Formerly Written of Them; and a Certaine Confidence, or Most Probable Conjecture of the True and Genuine Herbes and Plants. Distributed into Sundry Classes or Tribes, for the More Easie Knowledge of the Many Herbes of One Nature and Property, with the Chiefe Notes of Dr. Lobel, Dr. Bonham, and Others Inserted Therein. London: Tho. Cotes, 1640.

Parrinder, Patrick. "The Old Man and His Ghost: Grant Allen, H. G. Wells and Popular Anthropology." In *Grant Allen: Literature and Cultural Politics at the Fin de Siècle*, edited by William Greenslade and Terence Rodgers. Aldershot: Ashgate, 2005.

Pliny, the Elder. *Natural History*. Translated by H. Rackham. 10 vols. London: Heinemann, 1968.

Porter, Roy, and Mikuláš Teich, eds. *Drugs and Narcotics in History*. Cambridge: Cambridge University Press, 1995.

Preus, Anthony. "Drugs and Psychic States in Theophrastus' *Historia Plantarum* 9.8–20." In *Theophrastean Studies: On Natural Science, Physics and Metaphysics, Ethics, Religion, and Rhetoric*, edited by William Wall Fortenbaugh and Robert W. Sharples, 76–99. New Brunswick, NJ: Transaction, 1988.

Proust, Marcel. *Swann's Way*. Translated by C. K. Scott Moncrieff and Terence Kilmartin. Vol. 1 of *In Search of Lost Time*. London: Vintage, 1913 (2005).

Rain, Patricia. *Vanilla: The Cultural History of the World's Favorite Flavor and Fragrance*. Los Angeles: Jeremy P. Tarcher, 2004.

Reinheimer, H. *Symbiosis: A Socio-Physiological Study of Evolution*. London: Headley Brothers, 1920.

Reinikka, Merle A. *A History of the Orchid*. 2nd ed. Portland, OR: Timber, 1995.

Rendall, Jane. "The Citizenship of Women and the Reform Act of 1867." In *Defining the Victorian Nation: Class, Race, Gender and the Reform Act of 1867*, edited by Catherine Hall, Keith McClelland. and Jane Rendall, 119–78. Cambridge: Cambridge University Press, 2000.

Richards, Evelleen. "Darwin and the Descent of Women." In *The Wider Domain of Evolutionary Thought*, edited by David Oldroyd and Ian Langham, 57–111. Dordrecht: D. Reidel, 1983.

Rolfe, Robert Allen. "*Cattleya labiata* and Its Habitat." *Orchid Review* 8, no. 96 (1900): 362–65.

[Rolfe, Robert Allen?]. "Dies Orchidianae [Demon Flowers]." *Orchid Review* 4, no. 44 (1896): 233–35.

Russan, Ashmore, and Frederick Boyle. *The Orchid Seekers: A Story of Adventure in Borneo*. London: Frederick Warne, 1897.

———. *The Riders; or, through Forest and Savannah with the Red Cockades*. Edited by Frederick Boyle. London: Frederick Warne, 1896.

Rzepka, Charles J. " 'I'm in the Business Too': Gothic Chivalry, Private Eyes, and Proxy Sex and Violence in Chandler's *The Big Sleep*." *Modern Fiction Studies* 46, no. 3 (2000): 695–724.

Sachs, Julius. *History of Botany, 1530–1860*. Translated by Henry E. F. Garnsey. Oxford: Oxford University Press, 1906.

Sanders, Dawn. "Carnivorous Plants: Science and the Literary Imagination." *Planta Carnivora* 32, no. 1 (2010): 30–34.

Sapp, Jan. *Evolution by Association: A History of Symbiosis*. New York: Oxford University Press, 1994.

Schiebinger, Londa. "Gender and Natural History." In *Cultures of Natural History*, edited by Nicholas Jardine, James A. Secord, and Emma Spary, 163–77. Cambridge: Cambridge University Press, 1996.

———. "The Private Life of Plants: Sexual Politics in Carl Linnaeus and Erasmus Darwin." In *Science and Sensibility: Gender and Scientific Enquiry, 1780–1945*, edited by Marina Benjamin, 121–43. Oxford: Blackwell, 1991.

Schneekloth, Lynda H. "Plants: The Ultimate Alien." *Extrapolations* 42, no. 3 (2001): 246–54.

Schweinfurth, Charles. "Classification of Orchids." In *The Orchids: A Scientific Survey*, edited by Carl Leslie Withner, 15–43. New York: Ronald Press, 1959.

Seed, David, ed. *A Companion to Science Fiction*. Oxford: Blackwell, 2005.

Shapin, Steven. *The Scientific Revolution*. Chicago: University of Chicago Press, 1996.

Sloane, Hans. *A Voyage to the Islands Madera, Barbados, Nieves, S. Christophers and Jamaica: With the Natural History of the Herbs and Trees, Four-Footed Beasts, Fishes, Birds, Insects, Reptiles, &C. Of the Last of Those Islands; to Which Is Prefix'd, an Introduction, Wherein Is an Account of the Inhabitants, Air, Waters, Diseases, Trade, &C. Of That Place, with Some Relations Concerning the Neighbouring Continent, and Islands of America. Illustrated with Figures of the Things Described, Which Have Not Been Heretofore Engraved*. London: B. M. for the author, 1707–1725.

Smith, Gerard Edwards. *Catalogue of Rare or Remarkable Phaenogamous Plants, Collected in South Kent*. London: Longman, Rees, Orme Brown, and Green, 1829.

Smith, Jonathan. *Charles Darwin and Victorian Visual Culture*. Cambridge Studies in Nineteenth-Century Literature and Culture. Cambridge: Cambridge University Press, 2009.

———. "Grant Allen, Physiological Aesthetics, and the Dissemination of Darwin's Botany." In *Science Serialized: Representations of the Sciences in Nineteenth-Century Peri- odicals*, edited by Sally Shuttleworth and Geoffrey N. Cantor, 285–305. Cambridge, MA: MIT Press, 2004.

———. "Une Fleur du Mal? Swinburne's 'the Sundew' and Darwin's Insectivorous Plants." *Victorian Poetry* 41 (2003): 131–50.

Spary, E. C. *Eating the Enlightenment: Food and the Sciences in Paris*. Chicago: University of Chicago Press, 2012.

Sprague, Thomas Archibald. "The Evolution of Botanical Taxonomy from Theophrastus to Linnaeus." In *Linnean Society's Lectures on the Development of Taxonomy*. London: Linnean Society of London, 1948–49.

Stannard, Jerry. "Pliny and Roman Botany." *Isis* 56, no. 4 (1965): 420–25.

Stearn, William T. "Two Thousand Years of Orchidology." In *Proceedings of the Third World Orchid Conference*, 26–42. London: Royal Horticultural Society, 1960.

Steenis, C. G. G. J. van, and M. J. van Steenis-Kruseman. *Flora Malesiana*. Series I, Spermatophyta. Edited by C. G. G. J. van Steenis. Vol. 1. Djakarta: Noordhoff-Kolff, 1950. doi:10.5962/bhl.title.40744.

Stevens, Peter F. *The Development of Biological Systematics: Antoine-Laurent de Jussieu, Nature, and the Natural System*. New York: Columbia University Press, 1994.

Steyermark, Julian A., and Bruce K. Holst. "Flora of the Venezuelan Guayana, VII: Contributions to the Flora of the Cerro Aracamuni, Venezuela." *Annals of the Missouri Botani- cal Garden* 76, no. 4 (1989): 945–92.

Stiles, W. A. "Orchids." *Scribner's Monthly* 15, no. 2 (1894): 190–203.

Stott, Rebecca. *Fabrication of the Late Victorian Femme Fatale: The Kiss of Death*. Basingstoke: Macmillan, 1992.

Stout, Rex. *The League of Frightened Men*. New York: Bantam, 1935 (1985).

Sutton, Geoffrey V. *Science for a Polite Society*. Boulder, CO: Westview, 1995.

Swinson, Arthur. *Frederick Sander: The Orchid King*. London: Hodder and Stoughton, 1970.

Taylor, John Ellor, ed. *The Sagacity and Morality of Plants: A Sketch of the Life and Conduct of the Vegetable Kingdom . . . New edition, etc.* London: George Routledge and Sons, 1884 (1904).

Tegetmeier, William Bernhard. "Darwin on Orchids." *Weldon's Register of Facts and Occurrences* (1862).

T. F. H. *Feeble Faith, a Story of Orchids*. London: Hodder and Stoughton, 1882.

Thiselton-Dyer, William Turner, and Daniel Oliver. "Report of the Botany of Mr. H. O. Forbes's Expedition to Timor-Laut." *Journal of the Linnean Society (Botany)* 21 (1885): 370–74.

Trapp, J. B. "Dioscorides in Utopia." *Journal of the Warburg and Courtauld Institutes* 65 (2002): 259–61.

Turner, William *A New Herball: Parts II and III*. Vol. 2. Cambridge: Cambridge University Press, 1568 (1992).

Tyler-Whittle, Michael Sidney. *The Plant Hunters, Being an Examination of Collecting , with an Account of the Careers & the Methods of a Number of Those Who Have Searched the World for Wild Plants*. Philadelphia: Chilton, 1970.

Ullery, Jacob G., Redfield Proctor, Charles H. Davenport, Hiram Augustus Huse, and Levi Knight Fuller. *Men of Vermont: An Illustrated Biographical History of Vermonters and Sons of Vermont*. Brattleboro: Transcript Publishing Co., 1894.

Vandermeulen, John H. "Nero Wolfe—Orchidist Extraordinaire." *American Orchid Society Bulletin* 54, no. 2 (1985): 142–49.

Van Dover, J. K., ed. *The Critical Response to Raymond Chandler*. Westport, CT: Greenwood, 1995.

Varey, Simon, and Rafael Chabrán. "Medical Natural History in the Renaissance: The Strange Case of Francisco Hernández." *Huntington Library Quarterly* 57, no. 2 (1994): 124–51.

Veitch, Harry James. "A Retrospect of Orchid Culture." In *A Manual of Orchidaceous Plants: Cultivated under Glass in Great Britain*, 109–27. London: James Veitch and Sons, 1887–94.

Vereecken, Nicholas J., and Ana Francisco. "Ophrys Pollination: From Darwin to the Present Day." In *Darwin's Orchids: Then and Now*, edited by Retha Edens-Meier and Peter Bernhardt, 47–67. Chicago: University of Chicago Press, 2014.

Waddell, Mark A. "Magic and Artifice in the Collection of Athanasius Kircher." *Endeavour* 34, no. 1 (2009): 30–34.

Walters, S. M. "The Name of the Rose: A Review of Ideas on the European Bias in Angiosperm Classification." *New Phytologist*, no. 104 (1986): 527–46.

Wells, H. G., David Y. Hughes, and Harry M. Geduld. *A Critical Edition of the War of the Worlds: H.G. Wells's Scientific Romance*. Bloomington: Indiana University Press, 1993.

Wells, Herbert George. *Experiment in Autobiography. Discoveries and Conclusions of a Very Ordinary Brain (since 1866)*. Philadelphia: J. B. Lippincott, 1934 (1967).

Wharton, Don. "An Orchid a Minute." *Saturday Evening Post* 213, no. 41 (1941): 16–84.

White, Fred M. "The Purple Terror." *Strand Magazine* 18, no. 105 (1896): 242–51.

Wilde, Oscar. *The Picture of Dorian Gray*. Harmondsworth: Penguin, 1891 (1985).

Williams, Benjamin Samuel. *The Orchid-Grower's Manual: Containing Brief Descriptions of Upwards of Four Hundred Species and Varieties of Orchidaceous Plants: Together with Notices of Their Times of Flowering and Most Approved Modes of Treatment: Also, Plain and Practical Instructions Relating to the General Culture of Orchids: And Remarks on the Heat, Moisture, Soil, and Seasons of Growth and Rest Best Suited to the Several Species. Seventh Edition, Enlarged and Revised to the Present Time by Henry Williams*. London: Victoria and Paradise Nurseries, 1894.

Williams, Henry. "[Obituary] Bernard S. Williams." *Orchid Album* 9 (1891).

Wyndham, John. *Day of the Triffids*. Harmondsworth: Penguin, 1951 (1954).

Zirkle, Conway. "The Death of Gaius Plinius Secundus (23–79 A.D.)." *Isis* 58, no. 4 (1967): 553–59.

译后记

兰花是植物分类学上所谓兰科（Orchidaceae）植物的统称，是广受欢迎的观赏植物，一些种还有食用、药用等其他经济用途。我所供职的上海辰山植物园，就非常重视兰花，专门建设了引种、栽培和研究团队，每两年还会举办国际兰展。为了配合植物园对兰花的宣传，我曾经译有大型图鉴《兰花博物馆》（北京大学出版社，2018 年 11 月）。因此当本书的编辑来请我翻译这本《兰花诸相》时，我欣然应允，这便是本书的翻译缘起。

作为一名植物学研究者，我很喜欢这类植物文化史著作的写法，即把科学与文化结合起来。本书作者恩德斯比在导言中明确写道：“本书的核心，是我们从科学上了解兰花的历史。”因此，读者可以利用这类著作中讲述的科学知识，对植物建立起一种客观的认识，再在这个超然的基础之上，去审视千百年来人们施加在植物之上的那些文化意象，从而可以更好地感受到它们的精妙和幽默，也能体会其中的沉重和荒谬。

当然，我知道在信奉后现代主义哲学的读者眼中，我所谓的“客观”“超然”，也只是一种偏见，只是施加在植物之上的“科学文化意象”。即便如此，哪怕只是换个视角去打量植物身上的那些人文涂抹，我相信你同样可以更好地感受到其中的精妙和幽默，以及沉重和荒谬。

以樱花为例。从科学上来说，它们不过就是蔷薇科李属的一群温带植物，出于繁衍后代的需要，在春天的时候开出灿烂的花朵，借此吸引昆虫传粉，然后结出种子。正巧，人类是一种很容易被美丽的花朵所吸引的动物。演化心理学认为，这是因为人类的祖先曾经以果实为食，而花朵可以兆示果实的出现。如果一只古猿可以掌握分辨花朵的能力，而且能记住开花植物所在的位置，那么等到植物结果的时候，它就可以比其他古猿更早找到果实食用。因此，演化会青睐人类祖先对花朵感兴趣的能力，久而久之，就让对花朵的喜爱内化为人类的一种情感。

演化心理学的这个理论，为全世界的人类普遍喜欢樱花这样又多又浓艳的花卉提供了一种很有说服力的解释。在这样一种超然的科学知识基础上，你就会发现，争论樱花的产地在哪里，恐怕在很大程度上只是一种庸人自扰。历史研究表明，栽培樱花和赏樱文化都起源于日本。很多因为历史文化等因素而纠结于这个客观事实的，要么连樱花的审美价值都一并推翻，要么以结果倒推证据，试图论证樱花原产中国，后来才传到日本。我觉得这就是文化施加的魔咒，它让人迷失在花卉附带的外部意象中，丧失了从本真的内心出发感受花卉之美的能力。

兰花的情况也是类似的。《兰花诸相》在开篇的导言中就指出，全世界 2 万多种兰花中，只有少数生活在地上的兰花（所谓

“地生兰”）会在地下长出一对块根。但这类地生兰偏偏在地中海地区分布较多，古希腊人觉得它们像是睾丸，于是通过“取象比类”的传统思维，认定它们可以入药，用于催发人的性欲，结果就让西方的兰花意象怎么也无法摆脱与性的关联。“地理大发现”之后，西方人对全世界的殖民，以及对异域珍稀兰花的疯狂搜集，又让兰花成为令人畏惧的热带丛林以及发生在丛林内外的杀戮的象征，于是又与死亡的意象挂起钩来。假如兰花像人一样有意识的话，它大概会觉得这一切都太荒唐了——我不过是一株小小的草本植物，老老实实地过我的日子，应付大自然的胁迫，天晓得怎么就会被附加上这么多千奇百怪的联想，有的甚至还成了刻板印象。

恩德斯比敏锐地指出，假如兰花的故事开始于世界上的其他任何地方（比如中国和日本），那么“可能从来都不会与人类的性欲产生什么关联”。不过，因为本书“主要关注欧洲文化（以及明显受到欧洲人影响的文化）”，所以他没有提及中国和日本的兰花文化。然而，暂且不论日本，中国的兰花意象与西方的兰花意象在本质上没有什么不同，也是往小小的草本植物身上强加了联想和刻板印象。

正如英国人类学家杰克·古迪在《鲜花人类学》（此书亦由我参与翻译，商务印书馆 2024 年 5 月出版）所指出的，中国古代的花卉文化，由士大夫阶层主导。这些士人从儒家思想出发，不喜欢樱花、桃花这样花又多又浓的花卉，认为它们俗艳而轻佻，象征着奢靡和堕落。当然，这种对抗奢侈和颓废的价值观，并非中国士人所独有，在古罗马、印度、基督教世界和伊斯兰世界等其他多种古代文明中也都有所发展，是理解花文化史的一条重要线索。

士大夫们喜欢的花卉，则以“花中四君子”——梅、兰、竹、菊——为代表。它们都不以花又多又浓取胜，而是靠一种克制、坚忍的气质和风骨来博得士人的青睐。其中的兰，既不是今天广泛栽培的这些花又大又艳的“洋兰”，也有别于地中海地区那些在地下长有两枚块根的地生兰，而主要是兰属（学名 *Cymbidium*）的几个种，通称“国兰”。它们在野外多生长于人迹稀少的山林，其花排列稀疏，多为黄绿色调，并不显眼，但非常芳香，再配合形态优雅的长条形叶片，就体现出了独处空谷、孤芳自赏的高洁气质。其实无论是美艳的花色，还是飘荡的花香，目的无非都是为了吸引动物传粉，服务于生殖活动，繁衍后代，但这丝毫不妨碍文人雅客把自身的精神追求投射到国兰身上，给它涂上中华文化的浓重颜色。

当然，我并不想一味批评中西的植物文化。我只是认为，我们对于植物的认识，可以有三重境界。第一重境界，是受从小耳濡目染的文化所遮蔽，带着文化的有色眼镜去看待植物；第二重境界，是知道这些文化油彩都是人类强加给植物的涂饰，于是学会从科学的客观角度去看待植物；第三重境界，则是明白无论科学知识还是植物文化，都是人类的智慧，都可以丰富我们的心灵。就像英国动物学家、科普作家理查德·道金斯（Richard Dawkins）所说的，我们完全可以一边理性地了解彩虹的形成原理，一边被彩虹的美丽激发心底的感性赞叹。只有对世间万物同时具备理性认识和感性认识，而且不为这二者所束缚，才能够达成一种理想状态的知识自由。

不过正如本书最后一章所述，兰花的生存，在今天已经普遍受到了人类活动的威胁，容易陷入濒危境地。这种局面，在西方是如此，在中国也是如此。假如兰花灭绝了，那么人类创造出来的种种兰花文化，也便都成了空中楼阁；这正如野生老虎在中国的广大地区绝迹之后，那些有关老虎的文化也都变得干瘪空洞、无所凭依一样。因此，理性认识终究要比感性认识更基础、更重要。只有凭借科学知识指导我们开展兰花的保护和拯救工作，兰花文化才能可持续发展，在未来演绎出更精彩的篇章。

每一本文化类著作的翻译，对我都是一种考验。本书中提到的文学和影视作品，我基本都没有看过；对于文艺史和文艺理论，也不甚了解。感谢后浪出版公司和海峡书局的编校工作，指正了许多不够妥当的翻译，并对译文做了细致的润色。如果仍有翻译错误，那完全是我个人的责任，敬希读者指正。

刘夙　谨识

2025 年 4 月 10 日

图书在版编目（CIP）数据

兰花诸相 /（英）吉姆·恩德斯比 (Jim Endersby) 著；刘夙译 . -- 福州 : 海峡书局 , 2025. 6. -- ISBN 978-7-5567-1290-8

Ⅰ. S682.31

中国国家版本馆 CIP 数据核字第 20256U8C17 号

Orchid: A Cultural History
by Jim Endersby

著作权合同登记号　图字：13-2024-063

著　　者：［英］吉姆·恩德斯比
译　　者：刘　夙
出版统筹：吴兴元
特约编辑：费艳夏
装帧制造：墨白空间·曾艺豪
出 版 人：林前汐
选题策划：后浪出版公司
责任编辑：廖飞琴
营销推广：ONEBOOK

LÁNHUĀ ZHŪXIÀNG
兰　花　诸　相

出版发行　海峡书局
社　　址　福州市台江区白马中路15号
邮　　编　350004
印　　刷　河北中科印刷科技发展有限公司
开　　本　889 mm × 1194 mm　1/32
印　　张　11.25
字　　数　263 千字
版　　次　2025年6月第1版
印　　次　2025年6月第1次印刷
书　　号　ISBN 978-7-5567-1290-8
定　　价　82.00元

读者服务：editor@hinabook.com 188-1142-1266
投稿服务：onebook@hinabook.com 133-6631-2326
直销服务：buy@hinabook.com 133-6657-3072

后浪出版咨询(北京)有限责任公司　